普通高等教育公共基础课系列教材

新编概率论与数理统计协同训练指导

陈　刚　主编

傅红笋　庄举娟　鄂　强　副主编

科学出版社

北　京

内 容 简 介

本书是为帮助高等院校学生提高“概率论与数理统计”课程的教学效果与学习效率，使学生在学习的过程中，真正做到同步协调的一本教学指导书. 本书所选例题及测试题紧扣内容，针对性强，对相关教师的日常教学与指导亦可提供有益的帮助.

本书分为概率论、数理统计及综合测试题3篇，前两篇采用单元设计的模式，每单元包括5个模块：单元概要、思维导图、典型题解、单元练习及单元测试. 概率论部分包括10个单元及阶段测试卷，数理统计部分包括5个单元及阶段测试卷，综合测试题部分包含两套概率论与数据统计的综合测试卷，最后附有所有练习题与测试题的参考答案.

本书可作为普通高等院校学生学习“概率论与数理统计”课程的辅导用书，也可作为基础复习阶段的考研数学用书.

图书在版编目(CIP)数据

新编概率论与数理统计协同训练指导/陈刚主编. —北京：科学出版社，2019.9

（普通高等教育公共基础课系列教材）

ISBN 978-7-03-061778-1

Ⅰ. ①新… Ⅱ. ①陈… Ⅲ. ①概率论－高等学校－教学参考资料 ②数理统计－高等学校－教学参考资料 Ⅳ. ①O21

中国版本图书馆CIP数据核字（2019）第129755号

责任编辑：宋 丽 李 莎 / 责任校对：王 颖

责任印制：吕春珉 / 封面设计：东方人华平面设计部

科学出版社出版

北京东黄城根北街16号

邮政编码：100717

http://www.sciencep.com

北京中科印刷有限公司印刷

科学出版社发行 各地新华书店经销

*

2019年9月第 一 版 开本：787×1092 1/16

2022年9月第三次印刷 印张：17 1/4

字数：366 000

定价：56.00元

（如有印装质量问题，我社负责调换〈中科〉）

销售部电话 010-62136230 编辑部电话 010-62138978-2046

前　言

“概率论与数理统计”是理工科高等院校的一门重要的公共基础课程，是学生了解和掌握随机现象与研究方法的基础，也是研究生招生考试的必考内容. 随着大数据时代的来临，数据处理的统计方法已经变得必不可少且越来越重要. 因此，“概率论与数理统计”这门随机数学的基础课程得到了空前一致的认可，成为理工科高等院校除高等数学以外最重要的数学类课程. 由于随机现象的不确定性与复杂性，随机数学形成了与确定性数学不同的思维方式和思维方法. 对于习惯用确定性数学的思维模式来分析和思考的学生来讲，在学习“概率论与数理统计”这门课程时，常常会因遇到很多新的困难而感到十分苦恼. 同时，目前很多该课程的教材与参考书的设计与编写，对学生学习的同步性与协调性考虑不足，以致教师的课堂教学与学生的课后复习与练习常常脱节，学生往往是学完一整章的内容后才开始看书与做题，这样极大地影响了教学效果与学习效率. 鉴于此，我们编写了本书，以期对解决上述存在的问题有所裨益.

本书以同步研习、阶段测试、结课达标为编写思路，共分为概率论、数理统计及综合测试题三篇，其中，概率论和数理统计采用单元设计的模式. 本书对所有的单元练习、单元测试、阶段测试及综合测试都给出参考答案，方便研习.

本书由陈刚担任主编，第一篇概率论的第一、二单元由陈国艳负责编写，第三、四单元由高红、黄鸣负责编写，第五、六单元由庄举娟、刘雪松负责编写，第七～十单元由傅红笋、陈明负责编写，概率论阶段测试卷（一）、（二）由傅红笋负责编写；第二篇数理统计第一、二单元由郑佳负责编写，第三、四单元由鄂强负责编写，第五单元由郑恩希负责编写，数理统计阶段测试卷（一）、（二）由鄂强负责编写；第三篇综合测试题由庄举娟负责编写. 全书由陈刚负责整理并定稿.

由于编者水平所限，书中难免存在不足之处，敬请读者在使用本书的过程中不吝指正.

编　者

目　　录

第三篇　综合测试题

概率论与数理统计的思维导图

思维导图是近年来非常流行的一种学习新知识、新方法的有效途径，尤其是将其应用在数学类课程学习中效果明显．“概率论与数理统计”是理工科高等院校的一门重要的公共基础课程，是学生了解和掌握随机数学的基础．随着大数据时代的来临，统计方法已经成为机器学习与数据挖掘的主要工具．由于随机现象的不确定性与复杂性，学生在学习“概率论与数理统计”课程时经常会遇到许多新问题、新困难．为此，我们把“概率论与数理统计”课程的内容以网络式结构（也称思维导图）的形式呈现在学生面前，使本书的内容变成一张图，便于学生记忆与思考，最终提高学生的学习效率．

本书的思维导图如下图所示．

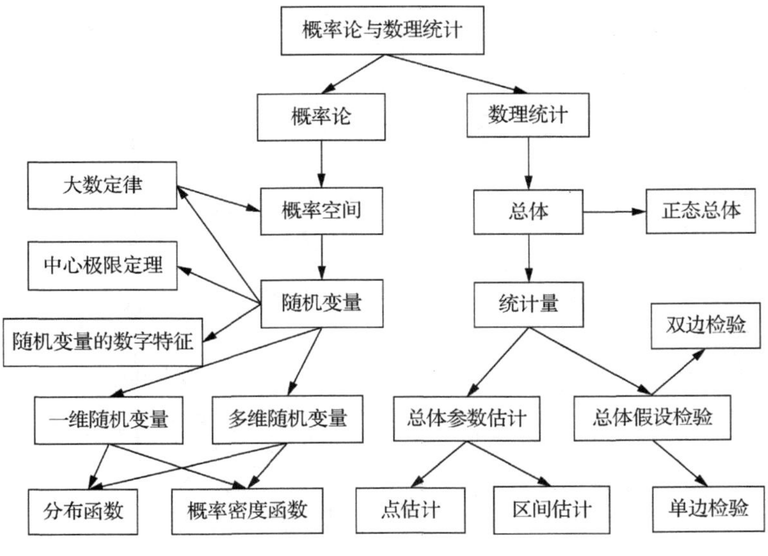

第一篇 概 率 论

人类对不确定性与随机性的认识与了解伴随着人类文明的发展与进步，从 17 世纪的工业革命到 21 世纪的信息化革命，从自然科学、社会科学到经济、金融、工业技术等几乎所有领域的问题都离不开不确定性与随机性．人类也一直在尝试用各种方法来量化、度量这种不确定性和随机性，从法国数学家帕斯卡（1623 — 1662）和费马（1601 — 1665）关于赌博概率的往来信件到苏联数学家柯尔莫格洛夫（1903 — 1987）关于概率的公理化定义的提出，经过了 300 多年的漫长过程，才形成今天我们所看到的概率论理论.

为便于学生全面、系统地把握概率论的内容，我们用图 1-0-1 所示的思维导图展示本书的概率知识.

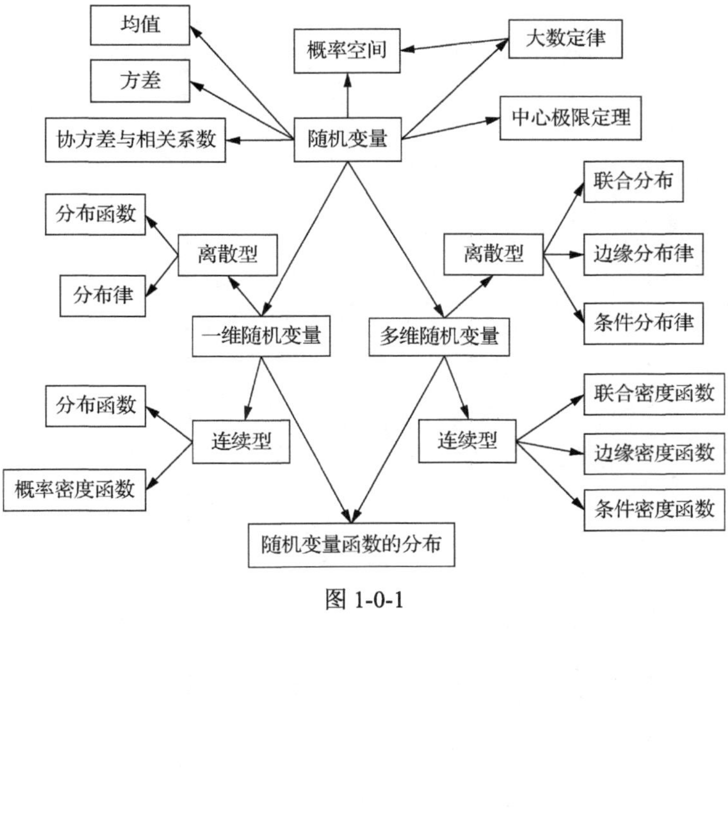

图 1-0-1

第一单元　随机现象与概率空间

单元概要

本单元给出了概率论中的一些基本概念，证明了概率的一些基本性质，并结合古典概型讨论了概率的基本算法. 这些概念、性质和算法是学习概率论的必备条件，直接影响整个课程的学习效果. 因此，对于本单元的学习，应着重对基本概念和思想方法的理解，逐步开启概率论这门课程的大门.

本单元的基本内容概述如下.

一、概念

（1）基本概念：频率、概率、随机事件.

（2）一般概念：随机试验、样本点、基本事件、必然事件、不可能事件、古典概型.

（3）重要概念：样本空间.

二、方法与原理

（1）加法原理：做一件事，完成它可以有 n 类办法，在第 i 类办法中有 $m_i\,(i=1,2,\cdots,n)$ 种不同的方法，那么完成这件事共有 $N=m_1+m_2+\cdots+m_n$ 种不同方法.

（2）乘法原理：做一件事，完成它需要分成 n 个步骤，在第 i 类办法中有 $m_i\,(i=1,2,\cdots,n)$ 种不同的方法，那么完成这件事共有 $N=m_1m_2\cdots m_n$ 种不同的方法.

（3）实际推断原理：小概率事件在一次试验中几乎是不会发生的.

三、公式与结论

（1）从 n 个不同的对象中取 $r(1\leqslant r\leqslant n)$ 个对象的不同排列总数为

$$\mathrm{A}_n^r=n(n-1)(n-2)\cdots(n-r+1).$$

（2）从 n 个不同的对象中取 $r(1\leqslant r\leqslant n)$ 个对象的不同组合总数为

$$\mathrm{C}_n^r=\frac{\mathrm{A}_n^r}{r!}=\frac{n!}{r!(n-r)!}.$$

（3）将 n 个不同的对象分成 k 堆，各堆分别拥有 $r_1,r_2,r_3,\cdots,r_k$ 个对象的分法为

$$\mathrm{C}_n^{r_1}\mathrm{C}_{n-r_1}^{r_2}\mathrm{C}_{n-r_1-r_2}^{r_3}\cdots\mathrm{C}_{n-r_1-r_2-\cdots-r_{k-1}}^{r_k},$$

其中，$r_i>0,i=1,2,\cdots,k$，$r_1+r_2+\cdots+r_k=n$.

（4）二项式展开公式：组合系数C_n^r又称二项式系数，利用它可以把二项式公式表示为

$$(a+b)^n=\sum_{i=0}^{n}C_n^i a^i b^{n-i},$$

上式中令$a=b=1$，可得

$$C_n^0+C_n^1+\cdots+C_n^n=2^n.$$

另外一个有用的公式是

$$C_{m+n}^k=\sum_{i=0}^{k}C_m^i C_n^{k-i}.$$

（5）对于任意事件A，$0\leqslant P(A)\leqslant 1$；对于必然事件$S$，$P(S)=1$.

（6）设$A_1,A_2,\cdots,A_n,\cdots$是两两互不相容的事件，即对于$A_iA_j=\varnothing$，$P(\varnothing)=0$，$i\neq j$，$i,j=1,2,\cdots$，有$P(\bigcup_{i=1}^{\infty}A_i)=\sum_{i=1}^{\infty}P(A_i)$.

（7）设$A_1,A_2,\cdots,A_n$是两两互不相容的事件，则

$$P(A_1\cup A_2\cup\cdots\cup A_n)=P(A_1)+P(A_2)+\cdots+P(A_n).$$

（8）设A,B是两个事件，若$A\subset B$，则有$P(B-A)=P(B)-P(A)$，同时$P(B)\geqslant P(A)$.

（9）若A,B为任意两个事件，则

$$P(B-A)=P(B\overline{A})=P(B-AB)=P(B)-P(AB).$$

（10）对于任意事件A，有$P(\overline{A})=1-P(A)$.

（11）对于任意事件A,B，有

$$P(A\cup B)=P(A)+P(B)-P(AB).$$

（12）设$A_1,A_2,\cdots,A_n$是n个事件，则

$$\begin{aligned}&P(A_1\cup A_2\cup\cdots\cup A_n)\\&=\sum_{i=1}^{n}P(A_i)-\sum_{1\leqslant i<j\leqslant n}P(A_iA_j)\\&\quad+\sum_{1\leqslant i<j<k\leqslant n}P(A_iA_jA_k)+\cdots+(-1)^{n-1}P(A_1A_2\cdots A_n).\end{aligned}$$

（13）几何概型中随机事件A的概率为$P(A)=\dfrac{s}{S}$，其中，S为样本空间的度量，s为随机事件A的度量.

（14）古典概型中事件A的概率为

$$P(A)=\frac{k}{n}=\frac{A\text{包含的基本事件数}}{S\text{中基本事件的总数}}.$$

四、重点

（1）事件之间的关系和运算.

（2）概率的性质.

思维导图

本单元的思维导图如图 1-1-1 所示.

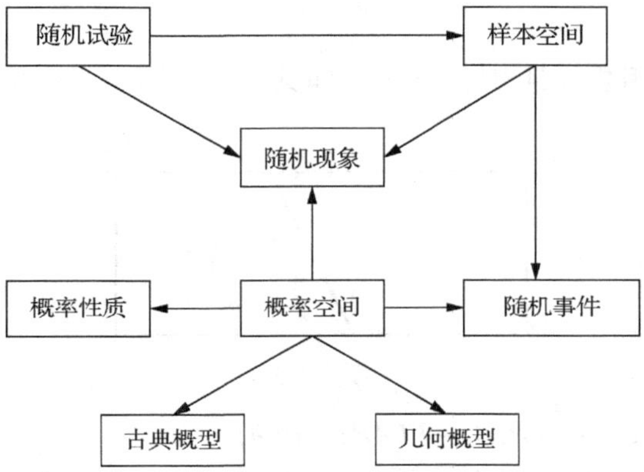

图 1-1-1

典型题解

例 1.1.1　若随机事件 A,B 同时发生时，事件 C 一定发生，则（　　）.

A. $P(C)=P(AB)$　　　　B. $P(C)=P(A\cup B)$

C. $P(C)\geqslant P(A)+P(B)-1$　　　　D. $P(C)\leqslant P(A)+P(B)-1$

解析　事件 A,B 同时发生时，事件 C 一定发生，则事件之间的关系是 $AB\subset C$，由概率的性质可得 $P(AB)\leqslant P(C)$，因此选项 A 与 B 不正确.

对于 C 与 D 两个选项，都涉及了 $P(A)$ 和 $P(B)$，结合题设已知的事件之间的关系，考虑事件的加法公式 $P(A\cup B)=P(A)+P(B)-P(AB)$，得 $P(AB)=P(A)+P(B)-P(A\cup B)$，且 $P(AB)\leqslant P(C)$，$P(A\cup B)\leqslant 1$，故选 C.

注记　该题考查两个方面的知识：一是事件之间的关系，二是概率的性质.

例 1.1.2　设事件 A 与 B 满足条件 $AB=\overline{A}\overline{B}$，试确定 A 与 B 的关系.

解析　由条件，得 $AB=\overline{A}\,\overline{B}=\overline{A\cup B}$. 因为 $AB\cap\overline{A\cup B}=\varnothing$，且 $AB=\overline{A\cup B}$，所以 $AB=\overline{A\cup B}=\varnothing$，$A\cup B=S$，所以 A 与 B 对立.

注记　该题考查两个方面的知识：一是事件之间的对立关系，二是事件之间的运算规律——德摩根规律.

例 1.1.3　设 A,B 为两个概率均不为零的互不相容的随机事件，则（　　）.

A. $\overline{A}$ 与 $\overline{B}$ 互不相容　　　　B. $P(A-B)=P(A)$

C. $\overline{A}$与$\overline{B}$相容　　　　D. $P(AB)=P(A)P(B)$

解析　当事件A,B互不相容，但$A\cup B\neq S$，即其关系如图 1-1-2 所示时，$\overline{A}\cup\overline{B}\neq\varnothing$，此时选项 A 不正确.

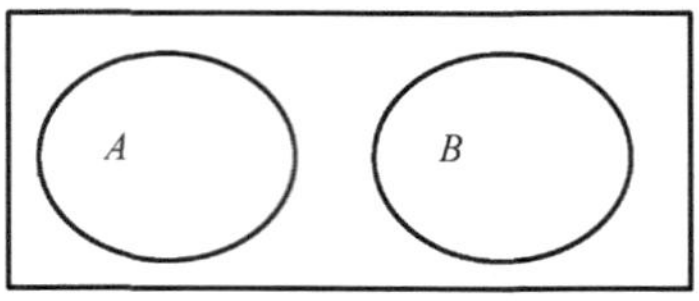

图 1-1-2

当事件A,B互不相容，且$A\cup B=S$，即其关系如图 1-1-3 所示时，$\overline{A}\cup\overline{B}=\varnothing$，此时选项 C 不正确.

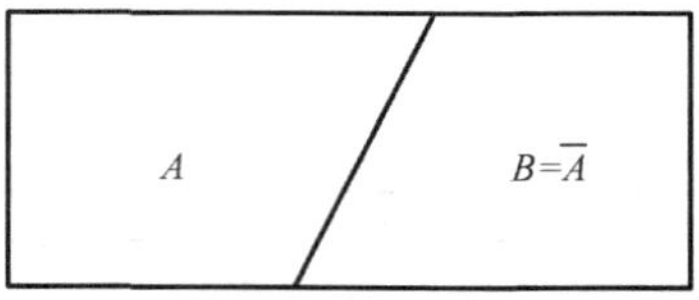

图 1-1-3

对于选项 B，$P(A-B)=P(A)-P(AB)=P(A)$.

对于选项 D，因为事件A,B互不相容，所以当$P(A)>0$，$P(B)>0$时，$P(AB)=0\neq P(A)P(B)$.

故选 B.

注记　该题考查两个事件不相容和互斥的定义.

例 1.1.4　设事件A,B,C，$P(A)=\frac{1}{2}$，$P(B)=\frac{1}{3}$，$P(C)=\frac{1}{5}$，$P(AB)=\frac{1}{10}$，$P(AC)=\frac{1}{15}$，$P(BC)=\frac{1}{20}$，$P(ABC)=\frac{1}{30}$. 求$P(A\cup B)$，$P(\overline{A}\overline{B})$，$P(A\cup B\cup C)$，$P(\overline{A}\overline{B}C)$，$P(\overline{A}\overline{B}\cup C)$.

解
$$P(A\cup B)=P(A)+P(B)-P(AB)=\frac{1}{2}+\frac{1}{3}-\frac{1}{10}=\frac{11}{15}.$$
$$P(\overline{A}\overline{B})=P(\overline{A\cup B})=1-P(A\cup B)=1-\frac{11}{15}=\frac{4}{15}.$$
$$P(A\cup B\cup C)=P(A)+P(B)+P(C)-P(AB)-P(BC)-P(AC)+P(ABC)=\frac{1}{2}+\frac{1}{3}+\frac{1}{5}-\frac{1}{10}-\frac{1}{15}-\frac{1}{20}+\frac{1}{30}=\frac{17}{20}.$$
$$P(\overline{A}\overline{B}C)=P(\overline{A}\overline{B})-P(\overline{A}\overline{B}\overline{C})=P(\overline{A}\overline{B})-[1-P(A\cup B\cup C)]=\frac{4}{15}-\frac{3}{20}=\frac{7}{60}.$$

$$P(\overline{A}\overline{B}\cup C)=P(\overline{A}\overline{B})+P(C)-P(\overline{A}\overline{B}C)=\left[1-P(A\cup B)\right]+P(C)-P(\overline{A}\overline{B}C)$$
$$=\left(1-\frac{11}{15}\right)+\frac{1}{5}-\frac{7}{60}=\frac{7}{20}.$$

注记　该题考查两个方面的知识：一是事件之间的运算关系，二是概率的加法公式.

例 1.1.5　箱中有 10 件产品，其中 4 件为次品，6 件为正品. 在箱中取 2 次，每次任取 1 件不放回. 求下列事件的概率：

（1）两只均为正品；

（2）两只均为次品；

（3）正品、次品各一件；

（4）第二次取出的是次品.

解　本题属于古典概型. 设 A_i 表示事件"第 i 次取到一件正品"，$i=1,2$，则依题意，有样本空间 S 包含 $10\times 9=90$ 个样本点.

（1）两件均为正品表示为 A_1A_2，共包含 $6\times 5=30$ 个样本点，所以

$$P(A_1A_2)=\frac{30}{90}=\frac{1}{3}.$$

（2）两件均为次品表示为 $\overline{A_1}\,\overline{A_2}$，共包含 $4\times 3=12$ 个样本点，所以

$$P(\overline{A_1}\,\overline{A_2})=\frac{12}{90}=\frac{2}{15}.$$

（3）正品、次品各一件表示为 $\overline{A_1}A_2\cup A_1\overline{A_2}$，共包含 $4\times 6+6\times 4=48$ 个样本点，所以

$$P(\overline{A_1}A_2\cup A_1\overline{A_2})=\frac{48}{90}=\frac{8}{15}.$$

（4）第二次取出的是次品表示为 $\overline{A_2}$. 因为第二次取到的次品是 4 件次品中的任意一件，所以有 4 种可能，而第一次取到的产品可以是除第二次取到的次品外剩余 9 件产品中的任意一件，共有 9 种可能，所以 $\overline{A_2}$ 包含 $9\times 4=36$ 个样本点. 或者将 $\overline{A_2}$ 写为 $A_1\overline{A_2}\cup\overline{A_1}\,\overline{A_2}$，同样包含 $6\times 4+4\times 3=36$ 个样本点，所以

$$P(\overline{A_2})=\frac{36}{90}=\frac{2}{5}.$$

注记　该题考查两个方面的知识：一是事件之间的运算关系，二是古典概型中概率的计算公式.

例 1.1.6　箱中有 a 只白球，b 只红球，k 个人依次在箱中任取一只球($k\leqslant a+b$)，求在下列情况下第 $i\ (i=1,2,\cdots,k)$ 个人取到白球的概率.

（1）作有放回抽样；

（2）作无放回抽样.

解　本题属于古典概型. 设 B 表示第 i 个人取到白球，$i=1,2,\cdots,k$.

（1）有放回抽样的情况：因为第 i 个人取到白球不受前面的人取球结果的影响，所

以 $P(B)=\dfrac{a}{a+b}$.

（2）无放回抽样的情况：每个人取一只球，每种取法都是一个基本事件. k 个人取完球共有 $(a+b)(a+b-1)\cdots(a+b-k+1)=\mathrm{A}_{a+b}^{k}$ 个基本事件. 而 B 发生时，即第 i 个人取到白球，取到的这个白球是 a 个白球中的任意一个，有 a 种可能，而其他 $k-1$ 个人没有要求，可以是剩余的 $a+b-1$ 个球中的 $k-1$ 个，共有 A_{a+b-1}^{k-1} 种可能，于是事件 B 共有 $a\times\mathrm{A}_{a+b-1}^{k-1}$ 个基本事件. 所以

$$P(B)=\frac{a\times\mathrm{A}_{a+b-1}^{k-1}}{\mathrm{A}_{a+b}^{k}}=\frac{a}{a+b}.$$

注记　该题主要考查古典概型中概率的计算公式，这个结论称为机会相等模型.

例 1.1.7　在区间(0,1)上随机取两个数，求这两个数之差的绝对值小于 $\dfrac{1}{2}$ 的概率.

解　设 (x,y) 表示在区间(0,1)上随机取的两个数，则全部可能的结果构成的区域为

$$D=\left\{(x,y)\middle|0<x<1,0<y<1\right\},$$

事件 A 表示两个数之差的绝对值小于 $\dfrac{1}{2}$，则 $A=\left\{(x,y)\middle|\,|x-y|<\dfrac{1}{2}\right\}$，如图 1-1-4 所示.

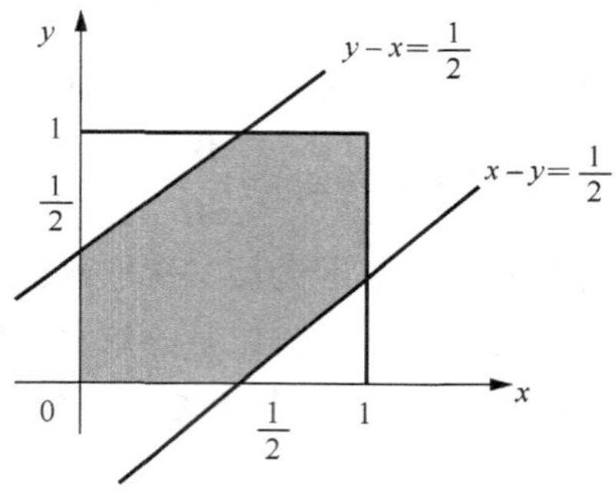

图 1-1-4

所以

$$P(A)=\frac{S_{阴影}}{S_D}=\frac{1-\frac{1}{2}\times\frac{1}{2}}{1\times1}=\frac{3}{4}.$$

注记　该题考查了几何概型中概率的计算公式.

单元练习

一、选择题

1. 随机事件“事件 A_1 或 A_2 发生但不同时发生且事件 A_3 发生”可表示为（　　）.

A. A_1A_3　　　　B. A_2A_3

C. $(A_1 \cup A_2)A_3$　　　　D. $(A_1\overline{A_2} \cup \overline{A_1}A_2)A_3$

2. 设 A,B 为两个随机事件，则下列命题与 $A \cup B = B$ 不等价的是（　　）.

A. $A \subset B$　　B. $\overline{B} \subset \overline{A}$　　C. $A\overline{B} = \varnothing$　　D. $\overline{A}B = \varnothing$

二、计算题

1. 用 A,B,C 表示下列事件：

（1） A,B,C 至少有一个发生；

（2） A,B,C 至少有两个不发生；

（3） A,B,C 不多于两个发生；

（4） A,B,C 都不发生；

（5） A,B,C 不都发生.

2. 设 A,B 为两个随机事件，$P(A\overline{B}) = \dfrac{1}{10}$，$P(\overline{A}\,\overline{B}) = \dfrac{1}{5}$，求 $P(B)$.

3. 已知某袋中有 50 个乒乓球，其中红球 20 个，白球 30 个. 两人依次随机从袋中各取一球，取后不放回，则第二个人取到红球的概率是多少？

4. 已知 1500 件产品中有 400 件次品，1100 件正品，从中任取 200 件. 求下列事件的概率：

（1）恰有 90 件次品的概率；

（2）至少有 2 件次品的概率.

5. 设两人约定 5 点到 6 点在某地会面，先到者等候后到者 15 分钟，过时就可以离开，求两个人能够会面的概率.

三、证明题

设 A,B 是任意两个事件，已知 $A\overline{B}=B\overline{A}$，证明：$A=B$.

单元测试

一、选择题

1. 设 A 表示事件“甲种产品畅销，乙种产品滞销”，则 $\overline{A}$ 表示（　　）.
   A. 甲种产品滞销，乙种产品畅销
   B. 甲种产品滞销或乙种产品畅销
   C. 甲种产品滞销
   D. 甲、乙两种产品均畅销
2. 设 A,B 为两个随机事件，则下列命题正确的是（　　）.
   A. 若 $P(A)\geqslant P(B)$，则 $A\supseteq B$
   B. 若 $P(AB)=P(B)$，则 $A\supseteq B$
   C. 若 $A\subset B$，则 $P(\overline{A})\geqslant P(\overline{B})$
   D. 若 $P(A)=P(B)$，则 $A=B$
3. 设 A,B 为两个互不相容的随机事件，则（　　）.
   A. $P(\overline{A}\,\overline{B})=0$
   B. $P(AB)=P(A)P(B)$
   C. $P(A)=1-P(B)$
   D. $P(\overline{A}\cup\overline{B})=1$

二、计算题

1. 设事件 A,B 仅发生一个的概率为 0.3，且 $P(A)+P(B)=0.5$，求 A,B 至少有一个不发生的概率.

2. 设两个相互独立的事件 A 和 B 都不发生的概率为 $\frac{1}{9}$，而事件 A 发生且事件 B 不发生与事件 B 发生且事件 A 不发生的概率相等，求 $P(A)$.

3. 设有 10 名学生入围知识竞赛决赛，决赛中共有 20 道题，其中数学、英语、历史学科的题目数量分别为 4 道、6 道、10 道，每名学生随机抽取 2 道题. 求下列事件的概率：

（1）3 号学生抽到英语题目的概率；

（2）3 号学生抽到两道英语题目，5 号学生抽到一道英语题目和一道历史题目的概率.

4. 已知 3 名打字员受聘于 4 家公司，每家公司目前各有一份文件需要打印，各家公司随机选择打字员，求每名打字员都收到文件的概率.

5. 在区间 $\left(0,\dfrac{1}{2}\right)$ 和 $\left(\dfrac{1}{2},1\right)$ 中各随机取出一个数，求两数之和大于 $\dfrac{5}{6}$ 的概率.

三、讨论题

1. 考虑一元二次方程 $t^2+Bt+C=0$，其中 B,C 分别是将一枚骰子接连掷两次先后出现的点数. 求该方程有实根的概率 p 与有重根的概率 q.

2. 设事件 A,B 的概率 $P(A)=\frac{1}{2}$，$P(B)=\frac{7}{10}$，问：

（1）当事件 A,B 满足什么条件时，$P(AB)$ 达到最大？最大值是多少？

（2）当事件 A,B 满足什么条件时，$P(AB)$ 达到最小？最小值是多少？

四、拓展题

1. 设事件 A,B,C 两两独立，且 $P(A)=P(B)=P(C)=x$，$P(ABC)=0$，则必有（　　）.

A. $0\leqslant x\leqslant\frac{1}{2}$　　B. $0\leqslant x<\frac{2}{3}$

C. $\frac{1}{4}\leqslant x\leqslant\frac{2}{3}$　　D. $\frac{2}{3}\leqslant x\leqslant 1$

2. 设 A,B 为两个随机事件，且 $P(A)=P(B)=\frac{1}{2}$，$P(A\cup B)=1$，则必有（　　）.

A. $A\cup B=S$　　B. $AB=\varnothing$

C. $P(A-B)=P(A)$　　D. $P(\overline{A}\cup\overline{B})=0$

第二单元　条件概率与独立性

单元概要

在概率空间中，存在一些随机现象的样本空间很复杂或者一些随机事件的概率不能通过样本空间直接求出等问题，本单元的内容能很好地解决这些问题. 本单元介绍了条件概率、样本空间划分的定义，由条件概率定义推出乘法公式、全概率公式及贝叶斯公式，并讨论事件之间的独立性关系. 对于本单元的学习，需注重对概率思想方法的理解.

本单元的基本内容概述如下.

一、概念

（1）基本概念：事件的独立性.

（2）重要概念：条件概率样本空间的划分.

二、方法与原理

样本空间的划分.

三、公式与结论

（1）条件概率：设有两个事件 A,B ，且 $P(B)\neq 0$ ，则

$$P(A\mid B)=\frac{P(AB)}{P(B)}.$$

（2）乘法公式：设有两个事件 A,B ，且 $P(B)>0$ ，则

$$P(AB)=P(A\mid B)P(B).$$

一般地，对于任意 n 个事件 $A_1,A_2,\cdots,A_n$ ($n\geqslant 2$)，且 $P(A_1A_2\cdots A_{n-1})>0$ ，则有

$$P(A_1A_2\cdots A_n)=P(A_n\mid A_1A_2\cdots A_{n-1})P(A_{n-1}\mid A_1A_2\cdots A_{n-2})\cdots P(A_2\mid A_1)P(A_1).$$

（3）全概率公式：设随机试验 E 的样本空间为 S ， A 为 E 的事件， $B_1,B_2,\cdots,B_n$ 为 S 的一个划分，且 $P(B_i>0)(i=1,2,\cdots,n)$ ，则有

$$P(A)=P(A\mid B_1)P(B_1)+P(A\mid B_2)P(B_2)+\cdots+P(A\mid B_n)P(B_n).$$

（4）贝叶斯公式：设随机试验 E 的样本空间为 S ， A 为 E 的事件， $B_1,B_2,\cdots,B_n$ 为 S 的一个划分，且 $P(A)>0$ ， $P(B_i>0)(i=1,2,\cdots,n)$ ，则有

$$P(B_i \mid A)=\frac{P(A \mid B_i)P(B_i)}{\sum_{j=1}^{n}P(A \mid B_j)P(B_j)}, \quad i=1,2,\cdots,n.$$

（5）若事件 A,B 相互独立，则

$$P(AB)=P(A)P(B).$$

一般地，设事件 $A_1,A_2,\cdots,A_n$ 是 $n(n\geqslant 2)$ 个事件，$A_1,A_2,\cdots,A_n$ 相互独立，则对 $\forall k\,(2\leqslant k\leqslant n)$ 个事件的积事件的概率，都等于各事件概率的乘积.

（6）若事件 A,B 相互独立，则下列各对事件也相互独立：

$$A 与 \overline{B}，\ \overline{A} 与 B，\ \overline{A} 与 \overline{B}.$$

一般地，若事件 $A_1,A_2,\cdots,A_n\ (n\geqslant 2)$ 相互独立，则将 $A_1,A_2,\cdots,A_n$ 中任意多个事件换成它们各自的对立事件，所得到的 n 个事件仍相互独立.

（7）若事件 A,B,C 两两独立，则满足

$$P(AB)=P(A)P(B),$$
$$P(AC)=P(A)P(C),$$
$$P(BC)=P(B)P(C).$$

一般地，事件 $A_1,A_2,\cdots,A_n$ 是 $n(n\geqslant 2)$ 个事件，$A_1,A_2,\cdots,A_n$ 两两独立，则

$$\forall i\neq j,\ i,j=1,\cdots,n,\ P(A_iA_j)=P(A_i)P(A_j).$$

四、重点

（1）全概率公式及贝叶斯公式.

（2）事件间的独立性.

思维导图

本单元的思维导图如图 1-2-1 所示.

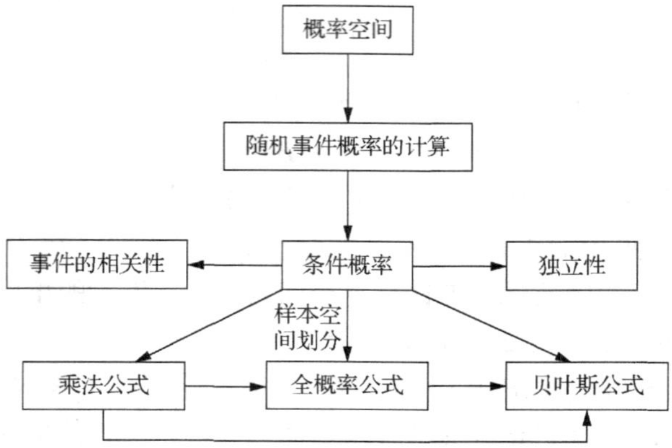

图 1-2-1

典型题解

例 1.2.1　设事件 A 和 B 互斥，且 $P(A)>0$，$P(B)>0$，则下列结论中一定成立的是（　　）.

A. 事件 A,B 为对立事件　　　　B. 事件 $\overline{A}\,\overline{B}$ 互斥

C. 事件 A,B 不独立　　　　　　D. 事件 A,B 独立

解析　事件 A与B 互斥 $\Rightarrow AB=\varnothing$，但并不一定满足 $A\cup B=S$，即事件 A,B 的关系如图 1-2-2 所示.

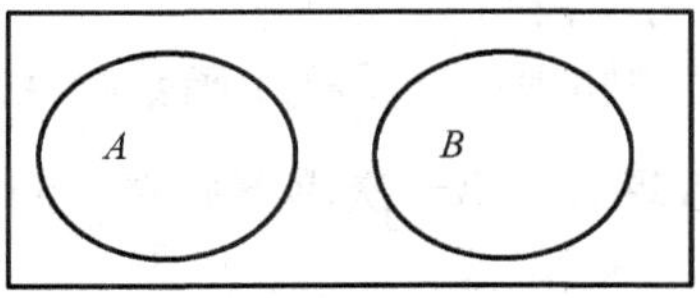

图 1-2-2

所以互斥事件不一定是对立事件. 又因为此时 $A\cup B\neq S$，所以 $\overline{A\cup B}=\overline{A}\,\overline{B}=\varnothing$ 也不成立. 故选项 A 与 B 均不正确.

又因为 $P(AB)=P(\varnothing)=0$，但 $P(A)>0$，$P(B)>0$，所以 $P(AB)\neq P(A)P(B)$，所以选项 D 不正确，选项 C 正确.

故选 C.

注记　该题考查两个方面的知识：一是事件独立性的定义，二是互斥的定义.

例 1.2.2　对于事件 A,B，已知 $P(A)=\dfrac{1}{4}$，$P(B\mid A)=\dfrac{1}{3}$，$P(A\mid B)=\dfrac{1}{2}$. 求 $P(A-B)$，$P(B-A)$，$P(\overline{A}\,\overline{B})$.

解　将所求的三个概率利用概率函数的性质进行转化，得

$$P(A-B)=P(A-AB)=P(A)-P(AB),$$
$$P(B-A)=P(B-AB)=P(B)-P(AB),$$
$$P(\overline{A}\,\overline{B})=P(\overline{A\cup B})=1-P(A\cup B)=1-P(A)-P(B)+P(AB).$$

观察上述三个式子，都和 $P(AB)$ 有关，所以先求 $P(AB)$：

$$P(AB)=P(A)P(B\mid A)=\frac{1}{4}\times\frac{1}{3}=\frac{1}{12}.$$

又因为

$$\frac{1}{12}=P(AB)=P(B)P(A\mid B)=P(B)\cdot\frac{1}{2},$$

所以

$$P(B)=\frac{1}{6}.$$

将 $P(A)=\dfrac{1}{4}$，$P(B)=\dfrac{1}{6}$，$P(AB)=\dfrac{1}{12}$ 代入，得

$$P(A-B)=P(A-AB)=P(A)-P(AB)$$
$$=\frac{1}{4}-\frac{1}{12}=\frac{1}{6},$$
$$P(B-A)=P(B-AB)=P(B)-P(AB)$$
$$=\frac{1}{6}-\frac{1}{12}=\frac{1}{12},$$
$$P(\overline{A}\,\overline{B})=P(\overline{A\cup B})=1-P(A\cup B)=1-P(A)-P(B)+P(AB)$$
$$=1-\frac{1}{4}-\frac{1}{6}+\frac{1}{12}=\frac{2}{3}.$$

注记 该题考查两个方面的知识：一是概率函数的性质，二是乘法公式.

例 1.2.3 一只包装好的玻璃杯，第一次落下后破碎的概率为$\frac{1}{2}$，若第一次落下后未破碎，则第二次落下后破碎的概率为$\frac{7}{10}$，若前两次落下后均未破碎，则第三次落下后破碎的概率为$\frac{9}{10}$. 试求玻璃杯落下三次后破碎的概率.

解 设A_i表示玻璃杯在第i次落下后破碎，$i=1,2,3$，事件A表示玻璃杯落下三次后破碎.

方法一：因为

$$P(\overline{A})=P(\overline{A_1}\,\overline{A_2}\,\overline{A_3})=P(\overline{A_1})P(\overline{A_2}|\overline{A_1})P(\overline{A_3}|\overline{A_1}\,\overline{A_2})$$
$$=\left(1-\frac{1}{2}\right)\times\left(1-\frac{7}{10}\right)\times\left(1-\frac{9}{10}\right)=\frac{3}{200},$$

所以

$$P(A)=1-\frac{3}{200}=\frac{197}{200}.$$

方法二：因为$A=A_1\cup\overline{A_1}A_2\cup\overline{A_1}\,\overline{A_2}A_3$，所以事件$A$可转化为三个互斥事件之和，所以

$$P(A)=P(A_1)+P(\overline{A_1}A_2)+P(\overline{A_1}\,\overline{A_2}A_3)$$
$$=P(A_1)+P(\overline{A_1})P(A_2\mid\overline{A_1})+P(\overline{A_1})P(\overline{A_2}\mid\overline{A_1})P(A_3|\overline{A_1}\,\overline{A_2})$$
$$=\frac{1}{2}+\left(1-\frac{1}{2}\right)\times\frac{7}{10}+\left(1-\frac{1}{2}\right)\times\left(1-\frac{7}{10}\right)\times\frac{9}{10}=\frac{197}{200}.$$

注记 该题考查三个方面的知识：一是事件的运算，二是概率函数的性质，三是多个事件的乘法公式.

例 1.2.4 设从编号为 1，2，3 的三个盒子中任取一盒，再从取到的盒子中任取一球. 若 1 号盒子中有 14 只黑球，6 只白球；2 号盒子中有 5 只黑球，25 只白球；3 号盒子中有 8 只黑球，42 只白球. 求：

（1）取到的球是黑球的概率；

（2）若取到的球为黑球，则其取自 1 号盒子的概率.

解　设 $A_i\,(i=1,2,3)$ 表示取到 i 号盒子，B 表示取到一只黑球，则依题意，有

$P(A_i)=\dfrac{1}{3}$，$i=1,2,3$，$P(B\mid A_1)=\dfrac{14}{20}=\dfrac{7}{10}$，

$P(B\mid A_2)=\dfrac{5}{30}=\dfrac{1}{6}$，$P(B\mid A_3)=\dfrac{8}{50}=\dfrac{4}{25}$.

（1）根据全概率公式，有

$$P(B)=\sum_{i=1}^{3}P(A_i)P(B\mid A_i)=\frac{1}{3}\times\left(\frac{7}{10}+\frac{1}{6}+\frac{4}{25}\right)=\frac{77}{225}.$$

（2）根据贝叶斯公式，有

$$P(A_1\mid B)=\frac{P(A_1)P(B\mid A_1)}{P(B)}=\frac{\dfrac{1}{3}\times\dfrac{7}{10}}{\dfrac{77}{225}}=\frac{15}{22}.$$

注记　该题考查两个方面的知识：一是全概率公式，二是贝叶斯公式.

例 1.2.5　已知袋中有 12 个球，其中 9 个新球，3 个旧球，第一次比赛时从中任取 3 个使用，比赛后放回袋中，第二次比赛时再从袋中任取 3 个. 求：

（1）第二次比赛时取出的球有 j 个新球的概率，$j=0,1,2,3$；

（2）已知第二次比赛取出的球都是新的，问第一次取出的球都是新球的概率.

解　设 A_i 表示第一次取出的 3 个球中有 i 个新球，$i=0,1,2,3$，B_j 表示第二次取出的 3 个球中有 j 个新球，$j=0,1,2,3$.

（1）根据全概率公式，有

$$\begin{aligned}P(B_0)&=P(A_0)P(B_0\mid A_0)+P(A_1)P(B_0\mid A_1)+P(A_2)P(B_0\mid A_2)+P(A_3)P(B_0\mid A_3)\\&=\frac{C_3^3}{C_{12}^3}\cdot\frac{C_3^3}{C_{12}^3}+\frac{C_9^1C_3^2}{C_{12}^3}\cdot\frac{C_4^3}{C_{12}^3}+\frac{C_9^2C_3^1}{C_{12}^3}\cdot\frac{C_5^3}{C_{12}^3}+\frac{C_9^3}{C_{12}^3}\cdot\frac{C_6^3}{C_{12}^3}\\&=\frac{2869}{220^2}.\end{aligned}$$

$$\begin{aligned}P(B_1)&=\sum_{i=0}^{3}P(A_i)P(B_1\mid A_i)\\&=\frac{C_3^3}{C_{12}^3}\cdot\frac{C_9^2C_3^1}{C_{12}^3}+\frac{C_9^1C_3^2}{C_{12}^3}\cdot\frac{C_8^1C_4^2}{C_{12}^3}+\frac{C_9^2C_3^1}{C_{12}^3}\cdot\frac{C_7^1C_5^2}{C_{12}^3}+\frac{C_9^3}{C_{12}^3}\cdot\frac{C_6^1C_6^2}{C_{12}^3}\\&=\frac{16\,443}{220^2}.\end{aligned}$$

$$\begin{aligned}P(B_2)&=\sum_{i=0}^{3}P(A_i)P(B_2\mid A_i)\\&=\frac{C_3^3}{C_{12}^3}\cdot\frac{C_9^2C_3^1}{C_{12}^3}+\frac{C_9^1C_3^2}{C_{12}^3}\cdot\frac{C_8^2C_4^1}{C_{12}^3}+\frac{C_9^2C_3^1}{C_{12}^3}\cdot\frac{C_7^2C_5^1}{C_{12}^3}+\frac{C_9^3}{C_{12}^3}\cdot\frac{C_6^2C_6^1}{C_{12}^3}\\&=\frac{22\,032}{220^2}.\end{aligned}$$

$$\begin{aligned}P(B_3)&=\sum_{i=0}^{3}P(A_i)P(B_3\mid A_i)\\&=\frac{C_3^3}{C_{12}^3}\cdot\frac{C_9^3}{C_{12}^3}+\frac{C_9^1C_3^2}{C_{12}^3}\cdot\frac{C_8^3}{C_{12}^3}+\frac{C_9^2C_3^1}{C_{12}^3}\cdot\frac{C_7^3}{C_{12}^3}+\frac{C_9^3}{C_{12}^3}\cdot\frac{C_6^3}{C_{12}^3}\\&=\frac{7056}{220^2}.\end{aligned}$$

（2）根据贝叶斯公式，有

$$P(A_3\mid B_3)=\frac{P(A_3B_3)}{P(B_3)}=\frac{P(A_3)P(B_3\mid A_3)}{P(B_3)}=\frac{5}{21}.$$

注记 该题考查两个方面的知识：一是全概率公式，二是贝叶斯公式.

例 1.2.6 设随机事件 A,B,C 相互独立，证明：

（1）$A\overline{B}$ 与 C 相互独立；

（2）$A\cup B$ 与 C 相互独立.

证明 （1）由事件 A,B,C 相互独立，知事件 A，$\overline{B}$，C 相互独立. 于是

$$P(A\overline{B}C)=P(A)P(\overline{B})P(C)=P(A\overline{B})P(C).$$

故 $A\overline{B}$ 与 C 相互独立.

（2）由加法公式，可得

$$\begin{aligned}P((A\cup B)C)&=P(AC\cup BC)=P(AC)+P(BC)-P(ABC)\\&=P(A)P(C)+P(B)P(C)-P(A)P(B)P(C)\\&=\left[P(A)+P(B)-P(A)P(B)\right]P(C)\\&=P(A\cup B)P(C).\end{aligned}$$

故 $A\cup B$ 与 C 相互独立.

注记 该题主要考查事件的独立性的定义及其性质.

例 1.2.7 三个人独立完成同一闯关游戏，三人独自闯关成功的概率分别为 $\frac{1}{3}$，$\frac{1}{4}$，$\frac{1}{5}$，求此三人合作闯关成功的概率.

解 设 A_i 表示第 i 个人独自闯关成功，$i=1,2,3$，A_1,A_2,A_3 相互独立，事件 A 表示三人合作闯关成功. 则

$$\begin{aligned}P(A)&=P(A_1\cup A_2\cup A_3)=1-P(\overline{A_1}\ \overline{A_2}\ \overline{A_3})=1-P(\overline{A_1})P(\overline{A_2})P(\overline{A_3})\\&=1-\frac{2}{3}\times\frac{3}{4}\times\frac{4}{5}=\frac{3}{5}.\end{aligned}$$

注记 该题考查事件独立性定义的应用.

例 1.2.8 设有一个均匀的正四面体，第一、二、三面分别涂上红、黄、蓝一种颜色，第四面涂上红、黄、蓝三种颜色. 现以 A,B,C 分别表示投一次四面体底面出现红、黄、蓝颜色的事件. 讨论 A,B,C 三个事件的独立性.

解　由古典概型，得

$P(A)=\frac{1}{2}$，$P(B)=\frac{1}{2}$，$P(C)=\frac{1}{2}$，$P(AB)=\frac{1}{4}$，

$P(AC)=\frac{1}{4}$，$P(BC)=\frac{1}{4}$，$P(ABC)=\frac{1}{4}$.

由上述事件的概率，知 A,B,C 三个事件满足

$$\begin{cases}P(AB)=P(A)P(B),\\P(AC)=P(A)P(C),\\P(BC)=P(B)P(C),\end{cases}$$

所以，A,B,C 三个事件两两独立.

因为 $P(ABC)=\frac{1}{4}\neq P(A)P(B)P(C)$，所以 A,B,C 三个事件不相互独立.

注记　该题考查事件的两两独立和相互独立的定义.

单元练习

一、选择题

1. 设 A,B 为两个随机事件，且 $P(B)>0$，$P(A|B)=1$，则必有（　　）.

A. $P(A\cup B)>P(A)$　　B. $P(A\cup B)>P(B)$

C. $P(A\cup B)=P(A)$　　D. $P(A\cup B)=P(B)$

2. 设 A,B 为两个随机事件，则下列命题正确的是（　　）.

A. 若 $AB\neq\varnothing$，则事件 A,B 一定独立　　B. 若 $AB\neq\varnothing$，则事件 A,B 可能独立

C. 若 $AB=\varnothing$，则事件 A,B 一定独立　　D. 若 $AB=\varnothing$，则事件 A,B 一定不独立

二、计算题

1. 设 A,B 为两个随机事件，$P(A)=\frac{1}{2}$，$P(B)=\frac{3}{5}$，$P(B|A)=\frac{4}{5}$，求 $P(A\cup B)$.

2. 设在一次试验中，事件 A 发生的概率为 p . 现进行 n 次独立试验，求下列事件的概率：

（1）事件 A 至少发生一次；

（2）事件 A 至多发生一次.

3. 设有两箱同类型零件，第一箱内装 5 件，其中 1 件为一等品；第二箱内装 5 件，其中 2 件为一等品. 现从两箱中任取一箱，然后从该箱中先后抽取两次，每次任取一件不放回. 求：

（1）第二次取出的零件为一等品的概率 α ；

（2）在第二次取出的零件是一等品的条件下，第一次取出的零件是一等品的概率 β .

4. 三门大炮同时独立地对同一目标进行射击，各发射一发炮弹，已知第一、二、三门大炮击中目标的概率分别为 0.4，0.5，0.7，一发、两发、三发炮弹击中目标时，目标被击毁的概率分别为 0.2，0.6，0.8. 求：

（1）射击后目标被击毁的概率 p ；

（2）已知目标被击毁，则目标被两发炮弹击中的概率 q .

三、讨论题

设有编号为 1,2,3,4 的 4 支签，小明从 4 支签中随机任取一支，设事件 A 表示取到 1 号或 2 号签，事件 B 表示取到 1 号或 3 号签，事件 C 表示取到 1 号或 4 号签，讨论 A,B,C 三个事件之间的独立关系.

单元测试

一、选择题

1. 设 A,B 为两个随机事件，$A \subset B$ 且 $P(B)>0$，则（　　）.

A. $P(A) \leqslant P(A|B)$　　　B. $P(A) \geqslant P(A|B)$

C. $P(A) > P(A|B)$　　　D. $P(A) < P(A|B)$

2. 将一枚硬币独立地抛掷两次，事件 A_1 表示第一次出现正面，事件 A_2 表示第二次出现正面，事件 A_3 表示正、反面各出现一次，事件 A_4 表示正面出现两次，则事件（　　）.

A. A_1,A_2,A_3 相互独立　　　B. A_2,A_3,A_4 相互独立

C. A_1,A_2,A_3 两两独立　　　D. A_2,A_3,A_4 两两独立

二、计算题

1. 设在独立重复试验中每次试验成功的概率为 $\frac{1}{2}$，问至少需要进行多少次试验，才能使至少成功一次的概率大于 $\frac{31}{32}$？

2. 甲、乙两人分别对同一目标射击一次，命中率分别为 0.6 和 0.5. 若已知目标被击中，求目标被甲击中的概率.

3. 据统计，某城市的市民中洗衣机的拥有率为 0.92，冰箱的拥有率为 0.925，无洗衣机的市民中，冰箱的拥有率为 0.85. 求：

（1）无冰箱的市民中，洗衣机的拥有率；

（2）两样电器均不拥有的概率.

4. 已知三个地区各有 10 名、15 名、25 名考生的报名表，其中女生的报名表分别为 3 份、7 份、5 份，随机抽取一个地区的报名表，不放回地先后抽取 2 份. 求：

（1）先抽到的一份是女生的报名表的概率；

（2）已知后抽到的一份是男生的报名表，求先抽到的一份是女生的报名表的概率.

三、证明题

设 A,B 为随机事件，$0<P(B)<1$，且 $P(A|B)+P(\overline{A}|\overline{B})=1$，证明：事件 A 与 B 相互独立.

四、拓展题

某人对同一目标进行独立重复射击，每次命中目标的概率为 $p\ (0<p<1)$，求此人第 n 次射击恰好为第 m 次命中目标的概率.

第三单元　离散型随机变量与分布函数

单元概要

为了更好地利用数学工具描述随机现象的规律性，本单元引入随机变量描述随机试验的不同结果. 引入随机变量后，任何随机现象都可用随机变量来描述，从而可以借助微积分的方法解决随机问题. 本单元主要学习随机变量、离散型随机变量及其分布律和分布函数.

本单元的基本内容概述如下.

一、概念

1. 随机变量

设随机试验的样本空间为$S=\{e\}$， $X=X(e)$是定义在样本空间S上的实值单值函数，则称X为随机变量. 随机变量可分类如下：

$$\text{随机变量}\begin{cases}\text{离散型随机变量}\\ \text{非离散型随机变量}\begin{cases}\text{连续型随机变量}\\ \text{其他型随机变量}\end{cases}\end{cases}$$

2. 离散型随机变量

若随机变量X的所有可能取值只有有限个或可列多个，则称X为离散型随机变量.

3. 离散型随机变量的分布律

（1）描述式：$P\{X=x_k\}=p_k$, $k=1,2,\cdots$.

（2）列表式：如表 1-3-1 所示.

表 1-3-1

X	x_1	x_2	$\cdots$	x_n	$\cdots$
p_k	p_1	p_2	$\cdots$	p_n	$\cdots$

4. 分布函数

设X是一个随机变量，x是任意实数，函数$F(x)=P\{X\leqslant x\}$, $-\infty<x<+\infty$称为X的

分布函数.

二、方法与原理

求离散型随机变量的分布律；根据分布律求事件概率；根据分布律求分布函数；根据分布函数求分布律.

三、公式与结论

1. 分布律的性质

（1）$0 \leqslant p_k \leqslant 1$，$k=1,2,\cdots$.

（2）$\sum\limits_{k=1}^{\infty} p_k = 1$.

2. 三种常见的离散型随机变量的分布律

（1）（0-1）分布（两点分布）：设 $X \sim b(1,p)$，则 X 的分布律为

$$P\{X=k\} = p^k(1-p)^{1-k}, \quad k=0,1, \quad 0 \leqslant p \leqslant 1.$$

（2）二项分布：设 $X \sim b(n,p)$，则 X 的分布律为

$$P\{X=k\} = \mathrm{C}_n^k p^k q^{n-k}, \quad k=0,1,2,\cdots,n, \text{ 其中 } q=1-p.$$

（3）泊松分布：设 $X \sim \pi(\lambda)$，则 X 的分布律为

$$P\{X=k\} = \frac{\lambda^k \mathrm{e}^{-\lambda}}{k!}, \quad k=0,1,2,\cdots, \text{ 其中 } \lambda>0 \text{ 是常数}.$$

3. 分布函数 $F(x)$ 的性质

（1）$F(x)$ 是一个不减函数.

（2）$0 \leqslant F(x) \leqslant 1$，且

$$F(-\infty) = \lim_{x \to -\infty} F(x) = 0, \quad F(+\infty) = \lim_{x \to +\infty} F(x) = 1.$$

（3）$F(x+0) = F(x)$，即 $F(x)$ 是右连续的.

四、重点

离散型随机变量的分布律、分布函数和事件概率的计算.

思维导图

本单元的思维导图如图 1-3-1 所示.

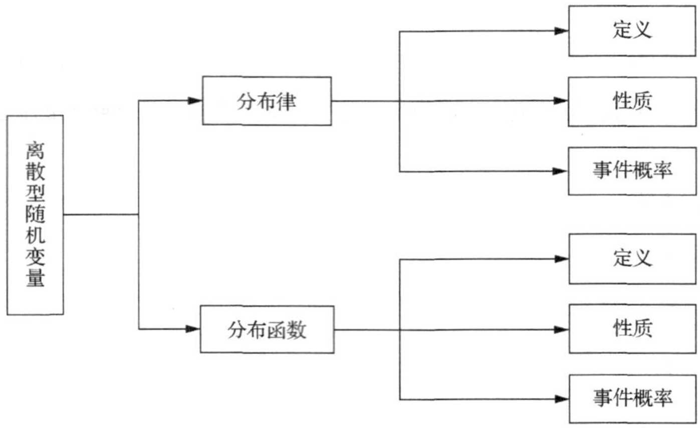

图 1-3-1

典型题解

例 1.3.1 设随机变量 X 的分布律如表 1-3-2 所示.

表 1-3-2

X	-1	2	3
p	a^2	$-a$	a^2

求：(1) 常数 a 的值；

(2) 分布函数 $F_X(x)$；

(3) $P\{-2<X<3\}$.

解 (1) 由分布律的性质，得

$$0<-a<1,\quad 2a^2-a=1.$$

解得

$$a=-\frac{1}{2},\quad a=1\text{（舍去）}.$$

(2) 由 (1) 可得 X 的分布律如表 1-3-3 所示.

表 1-3-3

X	-1	2	3
p	$\frac{1}{4}$	$\frac{1}{2}$	$\frac{1}{4}$

从而可得分布函数

$$F_X(x)=\begin{cases}0, & x<-1,\\ \dfrac{1}{4}, & -1\leqslant x<2,\\ \dfrac{3}{4}, & 2\leqslant x<3,\\ 1, & x\geqslant 3.\end{cases}$$

（3）$P\{-2<X<3\}=P\{X=-1\}+P\{X=2\}=\dfrac{3}{4}$ 或 $P\{-2<x<3\}=F_X(3-0)-F_X(-2)=\dfrac{3}{4}-0=\dfrac{3}{4}$.

注记　本题主要考查的是如何确定离散型随机变量分布律中的未知参数. 其中，$F_X(3-0)$ 表示 $F_X(x)$ 在 $x=3$ 处的左极限.

例 1.3.2　设随机变量 $X\sim\pi(\lambda)$，且 $P\{X=0\}=\dfrac{1}{2}$，求：

（1）λ 的值；

（2）$P\{X>1\}$.

解　（1）由题意，得

$$P\{X=0\}=\frac{\lambda^0}{0!}\mathrm{e}^{-\lambda}=\mathrm{e}^{-\lambda}=\frac{1}{2}.$$

解得

$$\lambda=\ln 2.$$

（2）
$$\begin{aligned}P\{X>1\}&=1-P\{X\leqslant 1\}=1-P\{X=0\}-P\{X=1\}\\&=\frac{1}{2}-P\{X=1\}=\frac{1}{2}-\frac{\ln 2}{1!}\mathrm{e}^{-\ln 2}=\frac{1}{2}-\frac{\ln 2}{2}.\end{aligned}$$

例 1.3.3　设随机变量 X 的分布律如表 1-3-4 所示.

表 1-3-4

X	1	2	3
p	θ^2	$2\theta(1-\theta)$	$(1-\theta)^2$

已知 $P\{X\geqslant 2\}=\dfrac{3}{4}$，求：

（1）θ 的值；

（2）分布函数 $F_X(x)$.

解 （1）由题意，得

$$\begin{cases} P\{X \geqslant 2\} = 1 - P\{X = 1\} = 1 - \theta^2 = \dfrac{3}{4}, \\ \theta^2 + 2\theta(1-\theta) + (1-\theta)^2 = 1, \\ P\{X = 2\} = 2\theta(1-\theta) \geqslant 0. \end{cases}$$

解得

$$\theta = \frac{1}{2}，\quad \theta = -\frac{1}{2}\ （舍去）.$$

（2）由（1）可得 X 的分布律如表 1-3-5 所示.

表 1-3-5

X	1	2	3
p	$\frac{1}{4}$	$\frac{1}{2}$	$\frac{1}{4}$

从而可得分布函数

$$F_X(x) = \begin{cases} 0, & x < 1, \\ \dfrac{1}{4}, & 1 \leqslant x < 2, \\ \dfrac{3}{4}, & 2 \leqslant x < 3, \\ 1, & x \geqslant 3. \end{cases}$$

例 1.3.4 设随机变量 X 的分布函数为 $F_X(x) = \begin{cases} 0, & x < -1, \\ 0.4, & -1 \leqslant x < 1, \\ 0.8, & 1 \leqslant x < 3, \\ 1, & x \geqslant 3, \end{cases}$ 求：

（1）X 的分布律；

（2）$P\{X > 1\}$.

解 （1）$F_X(x)$ 为阶梯函数，X 为离散型随机变量，且

$$P\{X = x\} = F_X(x) - F_X(x-0),$$

所以

$$P\{X=-1\} = P\{X \leqslant -1\} - P\{X < -1\} = F(-1) - F(-1-0) = 0.4 - 0 = 0.4,$$
$$P\{X=1\} = P\{X \leqslant 1\} - P\{X < 1\} = F(1) - F(1-0) = 0.8 - 0.4 = 0.4,$$
$$P\{X=3\} = P\{X \leqslant 3\} - P\{X < 3\} = F(3) - F(3-0) = 1 - 0.8 = 0.2.$$

故 X 的分布律如表 1-3-6 所示.

表 1-3-6

X	-1	1	3
p	0.4	0.4	0.2

（2）$P\{X>1\}=P\{X=3\}=0.2$ 或 $P\{X>1\}=1-P\{X\leqslant 1\}=1-F_X(1)=1-0.8=0.2.$

单元练习

一、选择题

1. 设随机变量 $X\sim b\left(1,\dfrac{1}{4}\right)$，随机变量 $Y=2X+1$，则 $P\{Y\leqslant 2\}=$（　　）.

A. 0.5　　B. 0.75　　C. 0.65　　D. 0.8

2. 已知离散型随机变量 X 的分布函数为

$$F(x)=\begin{cases}0, & x<-1,\\ 0.4, & -1\leqslant x<2,\\ 0.8, & 2\leqslant x<3,\\ 1, & x\geqslant 3,\end{cases}$$

则方程 $x^2+Xx+1=0$ 有实根的概率为（　　）.

A. 0.5　　B. 0.6　　C. 0.7　　D. 0.8

3. 设随机变量 X 的分布函数为

$$F(x)=\begin{cases}0, & x<0,\\ a\sin x, & 0\leqslant x\leqslant \dfrac{\pi}{2},\\ 1, & x>\dfrac{\pi}{2},\end{cases}$$

则 a 的值和 $P\left\{|X|<\dfrac{\pi}{6}\right\}$ 分别为（　　）.

A. 0.5；0.9　　B. 1；0.6　　C. 1；0.5　　D. 0.8；1

4. 下列四个函数中，不能作为随机变量分布函数的是（　　）.

A. $F(x)=\begin{cases}0, & x<0\\ \dfrac{x^2}{2}, & 0\leqslant x<1\\ 1, & x\geqslant 1\end{cases}$　　B. $F(x)=\begin{cases}0, & x<0\\ \dfrac{1}{3}, & 0\leqslant x<1\\ \dfrac{1}{2}, & 1\leqslant x<2\\ 1, & x\geqslant 2\end{cases}$

C. $F(x)=\begin{cases}\dfrac{\ln(1+x)}{1+x}, & x\geqslant 0\\ 0, & x<0\end{cases}$　　D. $F(x)=\begin{cases}1-e^{-x}, & x\geqslant 0\\ 0, & x<0\end{cases}$

二、计算题

1. 随机变量 X 的所有可能取值为 $1,2,\cdots,n$，且 $P\{X=k\}=ak\ (k=1,2,\cdots,n)$，求 a 的值.

2. 抛掷一枚质地均匀的硬币直到出现正面为止，用 X 表示抛掷硬币的总次数，求 X 的分布律.

3. 将三封信随机投入四个信箱，求没有信的信箱数目 X 的分布律.

4. 设随机变量 X 的分布函数为

$$F(x)=\begin{cases}0, & x<-1,\\ \frac{1}{8}, & x=-1,\\ ax+b, & -1<x<1,\\ 1, & x\geqslant 1,\end{cases}$$

又知 $P\{-1<X<1\}=\frac{5}{8}$，试确定常数 a 与 b 的值.

单元测试

一、选择题

1. 设 $F_1(x)$ 与 $F_2(x)$ 分别为随机变量 X_1 与 X_2 的分布函数，为使 $F(x)=aF_1(x)-bF_2(x)$ 为某一随机变量的分布函数，则在下列各组数值中应取（　　）.

A. $a=\frac{3}{5}$，$b=-\frac{2}{5}$　　B. $a=\frac{2}{3}$，$b=\frac{2}{3}$

C. $a=-\frac{1}{2}$，$b=\frac{3}{2}$　　D. $a=\frac{1}{2}$，$b=-\frac{3}{2}$

2. 设 $X\sim\begin{pmatrix}0 & 1 & 2 & 3\\ 0.1 & 0.3 & 0.4 & 0.2\end{pmatrix}$，则 X 的分布函数 $F(x)$ 在 $x=2$ 处的函数值 $F(2)$ 为（　　）.

A. 0.2　　B. 0.4　　C. 0.8　　D. 0.9

3. 设随机变量 X 的分布函数为

$$F(x)=\begin{cases}0, & x<0,\\ \frac{1}{2}, & 0\leqslant x<1,\\ 1-e^{-x}, & x\geqslant 1,\end{cases}$$

则 $P\{X=1\}=$（　　）.

A. 0　　B. $\frac{1}{2}$　　C. $\frac{1}{2}-e^{-1}$　　D. $1-e^{-1}$

4. 设随机变量 $X\sim b(2,p)$，$Y\sim b(3,p)$. 若 $P\{X\geqslant 1\}=\frac{5}{9}$，则 $P\{Y\geqslant 1\}=$（　　）.

A. $\frac{8}{27}$　　B. $\frac{4}{9}$　　C. $\frac{19}{27}$　　D. $\frac{5}{9}$

二、计算题

1. 一名实习生用同一台机器连续独立地制造3个同型号零件，已知第 i 个零件是不合格品的概率为 $p_i=\frac{1}{1+i},i=1,2,3$，以 X 表示3个零件中合格品的个数，求：

（1）X 的分布律；

（2）X 的分布函数 $F(x)$；

（3）$P\{X\geqslant 2\}$.

2. 已知 10 件商品中有 7 件正品，3 件次品. 现从中任取 1 件，若为次品，则新换进一件正品后再取，直到取到一件正品为止，设 X 为抽取次数，求 X 的分布律.

3. 有 3 只球，4 个盒子，盒子编号为 1, 2, 3, 4，将 3 只球随机地投入 4 个盒子中，每个盒子能容纳的球数不限，以 X 表示有球的盒子的最小编号（例如，$X=3$ 表示 1, 2 号盒是空的，3 号盒中至少有一只球），求 X 的分布律.

4. 设随机变量 X 的分布函数为

$$F(x)=\begin{cases} 0, & x\leqslant a, \\ x^2-b, & a<x\leqslant\sqrt{2}, \\ c, & x>\sqrt{2}. \end{cases}$$

求：（1）常数 a,b,c 的值；

（2）$P\{X=a\}$；

（3）$P\{1<X<3\}$.

三、拓展题

设 X 的分布函数为 $F(x)$，则下列函数中，仍为分布函数的是（　　）.

A. $F(2x-1)$　　B. $F(1-x)$　　C. $F(x^2)$　　D. $1-F(-x)$

第四单元　连续型随机变量及随机变量函数的分布

单元概要

连续型随机变量是指随机变量X可能取无限多个值且不能逐个列举出来的情形，通常取数轴上的某一区间. 其概率密度函数是描述随机变量落在某个区间内不同点的概率强度，其值的大小表明随机变量落在区间内不同点的可能性的大小. 随机变量的取值落在某个区域内的概率可以表示为概率密度函数在这个区域上的积分. 本单元主要学习连续型随机变量及其分布、随机变量函数的分布等问题.

本单元的基本内容概述如下.

一、概念

（1）连续型随机变量.
（2）概率密度函数.
（3）标准正态分布的上α分位点.

二、方法与原理

（1）求连续型随机变量的概率密度函数.
（2）根据概率密度函数求事件的概率.
（3）根据概率密度函数求分布函数.
（4）根据分布函数求概率密度函数.

三、公式与结论

1. 概率密度函数 $f(x)$ 的性质

（1）$f(x)\geqslant 0$.

（2）$\int_{-\infty}^{+\infty} f(x)\,\mathrm{d}x=1$.

（3）对任意实数$x_1,x_2\,(x_1\leqslant x_2)$，

$$P\{x_1<X\leqslant x_2\}=F(x_2)-F(x_1)=\int_{x_1}^{x_2} f(x)\mathrm{d}x.$$

（4）若$f(x)\geqslant 0$在点x处连续，则有$F'(x)=f(x)$.

2. 三种常见的连续型随机变量的分布

（1）均匀分布.

① 概率密度函数：

$$f(x)=\begin{cases}\dfrac{1}{b-a}, & a<x<b,\\ 0, & \text{其他}.\end{cases}$$

② 分布函数：

$$F(x)=\begin{cases}0, & x<a,\\ \dfrac{x-a}{b-a}, & a\leqslant x<b,\\ 1, & x\geqslant b.\end{cases}$$

记为 $X\sim U(a,b)$.

③ 性质：服从均匀分布的随机变量 X 落在区间 (a,b) 中任意等长度的子区间内的可能性是相同的. 或者说落在 (a,b) 的子区间内的概率只依赖于子区间的长度而与子区间的位置无关. 也就是说，对于任意长度为 l 的子区间 $(c,c+l)$，$a\leqslant c<c+l\leqslant b$，有

$$P\{c<X\leqslant c+l\}=\int_c^{c+l}\frac{1}{b-a}\mathrm{d}x=\frac{l}{b-a}.$$

（2）指数分布.

① 概率密度函数：

$$f(x)=\begin{cases}\dfrac{1}{\theta}\mathrm{e}^{-x/\theta}, & x>0,\\ 0, & \text{其他}.\end{cases}$$

② 分布函数：

$$F(x)=\begin{cases}1-\mathrm{e}^{-x/\theta}, & x>0,\\ 0, & \text{其他},\end{cases}$$

其中 $\theta>0$ 为常数，记为 $X\sim e(\theta)$.

③ 性质：

i. 无记忆性.

ii. 对于任意 $s,t>0$，有 $P\{X>s+t\mid X>s\}=P\{X>t\}$.

（3）正态分布.

① 概率密度函数：

$$f(x)=\frac{1}{\sqrt{2\pi}\sigma}\mathrm{e}^{-\frac{(x-\mu)^2}{2\sigma^2}},\quad -\infty<x<\infty,$$

其中 $\mu,\sigma(\sigma>0)$ 为常数.

② 分布函数：

$$F(x)=\frac{1}{\sqrt{2\pi}\sigma}\int_{-\infty}^{x}\mathrm{e}^{-\frac{(t-\mu)^2}{2\sigma^2}}\mathrm{d}t.$$

记为 $X\sim N(\mu,\sigma^2)$.

当 $\mu=0$ ，$\sigma=1$ 时，称 X 服从标准正态分布，此时 X 的概率密度函数和分布函数分别为

$$\varphi(x)=\frac{1}{\sqrt{2\pi}}\mathrm{e}^{-x^2/2} \quad 和 \quad \Phi(x)=\frac{1}{\sqrt{2\pi}}\int_{-\infty}^{x}\mathrm{e}^{-t^2/2}\mathrm{d}t.$$

记为 $X\sim N(0,1)$ ，且

$$\Phi(-x)=1-\Phi(x).$$

③ 性质：

i. 曲线关于 $x=\mu$ 对称.

ii. 当 $x=\mu$ 时取到最大值，$f(\mu)=\dfrac{1}{\sqrt{2\pi}\sigma}$.

iii. 在 $x=\mu\pm\sigma$ 处曲线有拐点.

iv. 曲线以 x 轴为渐近线.

v. μ 称为位置参数，σ 称为形状参数.

vi. 若 $X\sim N(\mu,\sigma^2)$ ，则 $Z=\dfrac{X-\mu}{\sigma}\sim N(0,1)$.

3. 标准正态分布的上 α 分位点

定义：设 $X\sim N(0,1)$ ，若 z_α 满足条件

$$P\{X>z_\alpha\}=\alpha,\quad 0<\alpha<1,$$

则称点 z_α 为标准正态分布的上 α 分位点.

注：$z_{1-\alpha}=-z_\alpha$.

4. 随机变量函数的分布

（1）离散随机变量情形.

已知离散型随机变量 X 的分布律如表 1-4-1 所示，则 $Y=g(X)$ 的分布律如表 1-4-2 所示.

表 1-4-1

X	x_1	x_2	…	x_n	…
p_k	p_1	p_2	…	p_n	…

表 1-4-2

X	x_1	x_2	…	x_n	…
$g(X)$	$g(x_1)$	$g(x_2)$	…	$g(x_n)$	…
p_k	p_1	p_2	…	p_n	…

若 $g(x_k)=g(x_l)=\cdots$，则应把相应的 $p_k,p_l,\cdots$ 相加在一起.

（2）连续随机变量情形：分布函数法和公式法.

四、重点

（1）连续随机变量的分布律、分布函数和事件概率的计算.

（2）随机变量函数的分布.

思维导图

本单元的思维导图如图 1-4-1 所示.

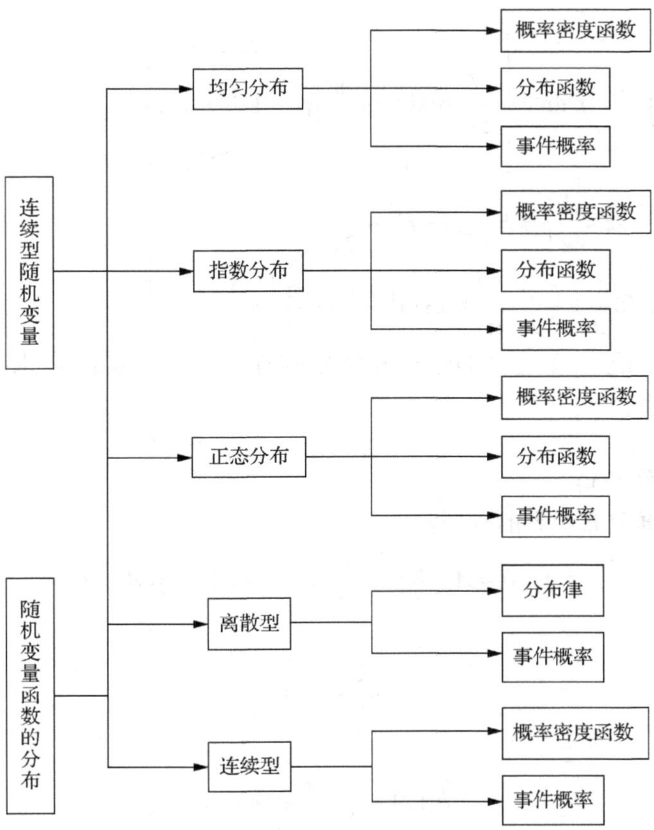

图 1-4-1

典型题解

例 1.4.1 设随机变量 X 的概率密度函数为

$$f(x)=\begin{cases}\dfrac{c}{\sqrt{1-x^2}}, & |x|<1,\\ 0, & \text{其他}.\end{cases}$$

求：(1) 常数 c；

(2) X 的分布函数 $F(x)$；

(3) $P\left\{-\dfrac{1}{2}<X<\dfrac{1}{2}\right\}$.

解 (1) 由题意，得

$$1=\int_{-\infty}^{+\infty}f(x)\mathrm{d}x=\int_{-1}^{1}\frac{c}{\sqrt{1-x^2}}\mathrm{d}x=\pi c.$$

解得

$$c=\frac{1}{\pi}.$$

(2) $$F(x)=\int_{-\infty}^{x}f(t)\mathrm{d}t=\begin{cases}0, & x<-1,\\ \dfrac{1}{\pi}\left(\arcsin x+\dfrac{\pi}{2}\right), & -1\leqslant x<1,\\ 1, & x\geqslant 1.\end{cases}$$

(3) $$P\left\{-\frac{1}{2}<x<\frac{1}{2}\right\}=F\left(\frac{1}{2}\right)-F\left(-\frac{1}{2}\right)$$
$$=\frac{1}{\pi}\left(\arcsin\frac{1}{2}+\frac{\pi}{2}\right)-\frac{1}{\pi}\left[\arcsin\left(-\frac{1}{2}\right)+\frac{\pi}{2}\right]=\frac{1}{3}.$$

例 1.4.2 已知随机变量 X 的分布函数为 $F(x)=A+B\arctan x$，求：

(1) A,B 的值；

(2) $P\{|X|<1\}$；

(3) 密度函数 $f(x)$.

解 (1) 根据分布函数的性质，知

$$F(-\infty)=0=A+B\times\left(-\frac{\pi}{2}\right),\quad F(+\infty)=1=A+B\times\frac{\pi}{2}.$$

解得

$$A=\frac{1}{2},\quad B=\frac{1}{\pi}.$$

所以

$$F(x)=\frac{1}{2}+\frac{1}{\pi}\arctan x.$$

（2）$P\{|X|<1\}=F(1)-F(-1)=\left(\dfrac{1}{2}+\dfrac{1}{\pi}\times\dfrac{\pi}{4}\right)-\left(\dfrac{1}{2}-\dfrac{1}{\pi}\times\dfrac{\pi}{4}\right)=\dfrac{1}{2}$.

（3）$f(x)=F'(x)=\dfrac{1}{\pi}\dfrac{1}{1+x^2},\ x\in\mathbf{R}$.

注记　本题主要考查分布函数的定义和连续型随机变量的分布函数与概率密度函数的关系.

例 1.4.3　设连续随机变量 X 的概率密度函数为

$$f(x)=\begin{cases}4x^3, & 0<x<1,\\ 0, & 其他.\end{cases}$$

（1）已知 $P\{X<a\}=P\{X>a\}$，试求常数 a（此时 a 称为该分布的中位数）；

（2）已知 $P\{X>b\}=0.05$，试求常数 b.

解　（1）因为 X 为连续型随机变量，所以有 $P\{X=a\}=0$，从而

$$P\{X<a\}+P\{X>a\}=1.$$

由 $P\{X<a\}=P\{X>a\}$，可得 $P\{X<a\}=0.5$. 而

$$P\{X<a\}=\int_0^a 4x^3\mathrm{d}x=a^4,$$

所以

$$a^4=0.5.$$

解得

$$a=\sqrt[4]{0.5}\approx 0.8409.$$

这里的 $a\approx 0.8409$ 把该分布的密度函数下的面积分为两部分，a 点左侧与右侧的面积各为 0.5，故称 a 点为该分布的中位数.

（2）因为

$$P\{X>b\}=\int_b^1 4x^3\mathrm{d}x=1-b^4,$$

所以

$$1-b^4=0.05.$$

解得

$$b=\sqrt[4]{0.95}\approx 0.9873.$$

例 1.4.4　设随机变量 $X\sim N(\mu,2^2)$，已知 $3P\{X\geqslant 1.5\}=2P\{X<1.5\}$，求：

（1）μ 的值；

（2）$P\{|X-1|\leqslant 2\}$.

解　（1）$3P\{X\geqslant 1.5\}=2P\{X<1.5\}$

$$\Rightarrow 3[1-P\{X<1.5\}]=2P\{X<1.5\}$$

$$\Rightarrow P\{X<1.5\}=\frac{3}{5}$$

$$\Rightarrow \Phi\left(\frac{1.5-\mu}{2}\right)=0.6=\Phi(0.25)$$

$$\Rightarrow \frac{1.5-\mu}{2}=0.25$$
$$\Rightarrow \mu=1.$$

（2） $P\{|X-1|\leqslant 2\}=P\left\{\left|\frac{X-1}{2}\right|\leqslant 1\right\}=2\Phi(1)-1=2\times 0.8413-1=0.6826$.

注记 标准正态分布表可参考附表 2.

例 1.4.5 设随机变量 X 的概率密度函数为

$$f(x)=\begin{cases}Ax, & 1<x<2,\\ B, & 2\leqslant x<3,\\ 0, & \text{其他},\end{cases}$$

且 $P\{1<X<2\}=P\{2\leqslant X<3\}$，求：

（1） A,B 的值；

（2）X 的分布函数 $F(x)$；

（3） $P\{2<X<4\}$.

解 （1）因为

$$1=\int_{-\infty}^{+\infty}f(x)\mathrm{d}x=\int_1^2 Ax\mathrm{d}x+\int_2^3 B\mathrm{d}x,$$

$$P\{1<X<2\}=\int_1^2 Ax\mathrm{d}x,\quad P\{2\leqslant X<3\}=\int_2^3 B\mathrm{d}x,$$

所以

$$\frac{A}{2}x^2\Big|_1^2=B=\frac{1}{2}.$$

解得

$$A=\frac{1}{3},\quad B=\frac{1}{2}.$$

（2）X 的分布函数为

$$F(x)=\begin{cases}0, & x<1,\\ \int_1^x \frac{x}{3}\mathrm{d}x=\frac{1}{6}(x^2-1), & 1\leqslant x<2,\\ \int_1^2\frac{x}{3}\mathrm{d}x+\int_2^x\frac{1}{2}\mathrm{d}x=\frac{x-1}{2}, & 2\leqslant x<3,\\ 1, & x\geqslant 3.\end{cases}$$

（3） $P\{2<X<4\}=P\{2<X<3\}+P\{3\leqslant X<4\}=P\{2\leqslant X<3\}=\frac{1}{2}$.

或者 $P\{2<X<4\}=F(4)-F(2)=1-\frac{2-1}{2}=\frac{1}{2}$.

单元练习

一、选择题

1. 设随机变量 $X \sim N(\mu,\sigma^2)$，且二次方程 $t^2+4t+X=0$ 无实根的概率为 $\frac{1}{2}$，则 μ 的值为（　　）.

A. 3　　B. 4　　C. 5　　D. 0

2. 设随机变量 X 的概率密度函数为

$$f(x)=\begin{cases}\frac{1}{3}, & 0 \leqslant x \leqslant 1, \\ \frac{2}{9}, & 3 \leqslant x \leqslant 6, \\ 0, & \text{其他}.\end{cases}$$

若存在 k 使 $P\{X \geqslant k\}=\frac{2}{3}$，则 k 的取值范围是（　　）.

A. $[1, 3]$　　B. $[2, 4]$　　C. $(1, 3)$　　D. $(2, 4)$

3. 设 $f_1(x)$ 为标准正态分布的概率密度函数，$f_2(x)$ 为 $[-1,3]$ 上均匀分布的概率密度函数，若

$$f(x)=\begin{cases}af_1(x), & x \leqslant 0, \\ bf_2(x), & x>0\end{cases} \quad (a>0,b>0)$$

为概率密度函数，则 a,b 应满足（　　）.

A. $a+b=4$　　B. $2a+3b=4$

C. $3a+2b=3$　　D. $a+b=3$

4. 设随机变量 X 的概率密度函数为

$$f(x)=\begin{cases}\frac{1}{2}\mathrm{e}^{-\frac{x}{2}}, & x \geqslant 0, \\ 0, & \text{其他},\end{cases}$$

a 为任意实数，则 $P\{X>a^2+2 \mid X>a^2\}=$（　　）.

A. $\mathrm{e}^{-\frac{1}{2}}$　　B. e　　C. e^{-2}　　D. e^{-1}

5. 设随机变量 $X \sim N(2,\sigma^2)$，且 $P\{2<X<4\}=0.3$，则 $P\{X<0\}=$（　　）.

A. 0.4　　B. 0.5　　C. 0.2　　D. 0.3

二、计算题

1. 设随机变量 X 的概率密度函数为 $f(x)=\dfrac{2}{\pi(1+x^2)}$，$x>0$，求 $Y=\ln X$ 的概率密度函数.

2. 设随机变量 X 的分布函数为 $F(x)$，求 $Y=\dfrac{X}{2}+2$ 的分布函数 $G(y)$.

3. 设连续型随机变量 X 的分布函数为

$$F(x)=\begin{cases}0, & x<0,\\ Ax^2, & 0\leqslant x<1,\\ 1, & x\geqslant 1.\end{cases}$$

求：（1）系数 A；

（2）X 落在区间 $(0.3,0.7)$ 内的概率；

（3）X 的概率密度函数.

4. 设随机变量 X 的概率密度函数为

$$f_X(x)=\begin{cases}e^{-x}, & x\geqslant 0,\\ 0, & x<0.\end{cases}$$

求：（1） $Y=e^X$ 的概率密度函数 $f_Y(y)$；

（2） $Z=X^2$ 的概率密度函数 $f_Z(z)$.

单元测试

一、选择题

1. 下列函数中可以作为随机变量的概率密度函数的是（　　）.

A. $f(x)=\begin{cases}x, & -\dfrac{1}{2}<x<\dfrac{3}{2}\\ 0, & \text{其他}\end{cases}$　　B. $f(x)=\begin{cases}\cos x, & -\dfrac{\pi}{2}<x<\dfrac{\pi}{2}\\ 0, & \text{其他}\end{cases}$

C. $f(x)=\dfrac{1}{1+x^2},\quad -\infty<x<+\infty$　　D. $f(x)=\begin{cases}\dfrac{1}{2}, & -1<x<0\\ \dfrac{1}{4}, & 0\leqslant x<2\\ 0, & \text{其他}\end{cases}$

2. 设 $F_1(x),F_2(x)$ 是随机变量的分布函数， $f_1(x),f_2(x)$ 是相应的概率密度函数，则（　　）.

A. $F_1(x)+F_2(x)$ 是分布函数　　B. $F_1(x)\cdot F_2(x)$ 是分布函数

C. $f_1(x)+f_2(x)$ 是概率密度函数　　D. $f_1(x)\cdot f_2(x)$ 是概率密度函数

3. 设 $X\sim U(1,6)$，对 X 进行三次独立观测，则至少有两次观测值大于3的概率为（　　）.

A. $\dfrac{81}{125}$　　B. $\dfrac{27}{125}$　　C. $\dfrac{9}{25}$　　D. $\dfrac{54}{125}$

4. 设随机变量 $X \sim N(\mu,\sigma_1^2)$，$Y \sim N(\mu,\sigma_2^2)$，且对任意 $\varepsilon > 0$，有 $P\{|X-\mu| < \varepsilon\} > P\{|Y-\mu| < \varepsilon\}$，则 σ_1^2, σ_2^2 满足的关系为（　　）.

A. $\sigma_1^2 \geqslant \sigma_2^2$　　B. $\sigma_1^2 \leqslant \sigma_2^2$　　C. $\sigma_1^2 > \sigma_2^2$　　D. $\sigma_1^2 < \sigma_2^2$

5. 设 $f(x) = C\mathrm{e}^{-x^2+2x}$，$-\infty < x < +\infty$ 为 X 的概率密度函数，则常数 C 的值为（　　）.

A. $\dfrac{2}{\sqrt{\pi \mathrm{e}}}$　　B. $\dfrac{1}{\sqrt{2\pi \mathrm{e}}}$　　C. $\dfrac{1}{\sqrt{\pi \mathrm{e}}}$　　D. $\dfrac{1}{\sqrt{2\pi}}$

二、计算题

1. 某仪器厂有三只独立工作的同型号电子元件，其寿命（单位：h）都服从同一指数分布，分布密度函数为

$$f(x) = \begin{cases} \dfrac{1}{600}\mathrm{e}^{-\frac{x}{600}}, & x > 0, \\ 0, & x \leqslant 0. \end{cases}$$

求：（1）以 Y 表示在使用的前 20h 内损坏的电子元件数，求 Y 的分布律；

（2）在仪器使用的前 20h 内至少有 1 只电子元件损坏的概率 α；

（3）在仪器使用的前 20h 内至多有 1 只电子元件损坏的概率 β.

2. 设随机变量 X 的概率密度函数为

$$f(x)=\begin{cases}1+x, & -1\leqslant x<0,\\ 1-x, & 0\leqslant x<1,\\ 0, & \text{其他}.\end{cases}$$

求：（1）随机变量 X 的分布函数 $F(x)$；

（2）$P\left\{X>-\frac{1}{4}\middle|-\frac{1}{2}<X<\frac{1}{2}\right\}$.

3. 设随机变量 $X\sim N(108,3^2)$，试完成下列问题：

（1）计算概率 $P\{101.1<X<117.6\}$；

（2）求常数 a，使 $P\{X<a\}=0.9$；

（3）求常数 b，使 $P\{|X-b|>b\}=0.01$.

4. 设随机变量 X 的分布律如表 1-4-3 所示.

表 1-4-3

X	0	1	2	3	4	5
p_k	$\frac{1}{12}$	$\frac{1}{6}$	$\frac{1}{3}$	$\frac{1}{12}$	$\frac{2}{9}$	a

（1）试确定常数 a；

（2）求随机变量 $Y=(X-2)^2$ 的分布律和分布函数.

5. 设 $X\sim N(0,1)$，求：

（1）$Y=\begin{cases}-1, & X<1\\ 1, & X\geqslant 1\end{cases}$ 的分布函数；

（2）$Z=\mathrm{e}^X$ 的概率密度函数 $f_Z(z)$；

（3）$T=X^2$ 的概率密度函数 $f_T(t)$；

（4）$S=|X|$ 的概率密度函数 $f_S(s)$.

6. 设随机变量 X 的概率密度函数为

$$f(x)=\begin{cases} a(x-b)\mathrm{e}^{-x}, & x>0, \\ 0, & x\leqslant 0, \end{cases}$$

其中 a,b 为常数，已知点 $(2,f(2))$ 为曲线 $y=f(x)$ 的拐点.

（1）求 a,b 的值；

（2）设 $g(t)=P\{t<X<t+1\}$ $(t>0)$，问 t 为何值时，$g(t)$ 取最大值？

7. 某单位招聘员工，共有 10 000 人报名，假设考试成绩 X 服从正态分布，且已知成绩为 90 分以上的有 359 人，60 分以下的有 1151 人，现按考试成绩由高分到低分依次录用 2500 人，试求被录取者的最低分数.

三、拓展题

设随机变量 X 的概率密度函数为 $f(x)=\begin{cases}\lambda e^{-\lambda x}, & x\geqslant 0,\\ 0, & x<0,\end{cases}$ 求 $Y=\min\{X,2\}$ 的分布函数.

第五单元　多维随机变量与分布函数

单元概要

本单元将随机变量从一维推广到二维，进而推广到n维. 同时，给出多维随机变量的联合分布和边缘分布的相关概念、计算方法及联合分布与边缘分布之间的关系，以及常见的几种二维分布. 这些概念和方法是连接前后知识的纽带，也是多维数据统计分析理论的基础.

本单元的基本内容概述如下.

一、概念

（1）基础概念：二维随机变量、二维离散型随机变量、二维连续型随机变量.

（2）重要概念：联合分布函数、联合概率密度函数、联合分布律、边缘分布函数、边缘概率密度函数、边缘分布律.

（3）一般概念：二维均匀分布、二维正态分布.

二、方法与原理

（1）以分布函数作为桥梁，将微积分等工具引入事件概率的计算中，为概率论的发展提供了强有力的技术支持.

（2）连续型随机变量从一维推广到二维，甚至n维，事件概率的计算也相应地从定积分推广到二重积分，甚至n重积分.

三、公式与结论

1. 二维随机变量(X,Y)的分布函数定义与性质

（1）分布函数：$(X,Y)\sim F(x,y)=P\{X\leqslant x,Y\leqslant y\}$.

（2）性质：

① 关于x或y是单调不减函数.

② 对任意$(x,y)\in\mathbf{R}^2, 0\leqslant F(x,y)\leqslant 1$. $F(-\infty,y)=F(x,-\infty)=F(-\infty,-\infty)=0$，

$$F(+\infty,+\infty)=1,\ F_X(x)=F(x,+\infty),\ F_Y(y)=F(+\infty,y).$$

③ 关于 x 或 y 右连续.

④ $P\{a \leqslant X \leqslant b, c \leqslant Y \leqslant d\} = F(b,d) - F(a,d) - F(b,c) + F(a,c) \geqslant 0$.

2. 二维离散型随机变量 (X,Y) 的分布律及其性质

（1）分布律：表 1-5-1 中既涉及了二维离散型随机变量 (X,Y) 的联合分布，又涉及了两个离散型随机变量 X,Y 的分布，也就是两个边缘分布.

表 1-5-1

$Y \backslash X$	x_1	x_2	$\cdots$	x_i	$\cdots$	$p_{\cdot j}$
y_1	p_{11}	p_{21}	$\cdots$	p_{i1}	$\cdots$	$p_{\cdot 1}$
y_2	p_{12}	p_{22}	$\cdots$	p_{i2}	$\cdots$	$p_{\cdot 2}$
$\vdots$	$\vdots$	$\vdots$		$\vdots$		$\vdots$
y_j	p_{1j}	p_{2j}	$\cdots$	p_{ij}	$\cdots$	$p_{\cdot j}$
$\vdots$	$\vdots$	$\vdots$		$\vdots$		$\vdots$
$p_{i\cdot}$	$p_{1\cdot}$	$p_{2\cdot}$	$\cdots$	$p_{i\cdot}$	$\cdots$	1

（2）性质.

① $0 \leqslant p_{ij} \leqslant 1, \quad i,j = 1,2,\cdots$.

② $\sum_{i=1}^{\infty}\sum_{j=1}^{\infty} p_{ij} = 1$.

③ $P\{(X,Y) \in D\} = \sum_{(x_i,y_j)\in D} p_{ij}$.

④ $F(x,y) = \sum_{x_i \leqslant x}\sum_{y_j \leqslant y} p_{ij}$.

（3）边缘分布律.

$$P\{X = x_i\} = p_{i\cdot} = \sum_{j=1}^{\infty} p_{ij},\ i = 1,2,\cdots;$$

$$P\{Y = y_j\} = p_{\cdot j} = \sum_{i=1}^{\infty} p_{ij},\ j = 1,2,\cdots.$$

3. 二维连续型随机变量 (X,Y) 的概率密度及其性质

（1）定义：若存在非负函数 $f(x,y)$，使

$$F(x,y) = P\{X \leqslant x, Y \leqslant y\} = \int_{-\infty}^{x}\left(\int_{-\infty}^{y} f(u,v)\mathrm{d}v\right)\mathrm{d}u, \quad f(x,y) \geqslant 0,$$

则称 (X,Y) 为连续型随机变量，且称 $f(x,y)$ 为 (X,Y) 的概率密度函数.

（2）性质.

① $f(x,y) \geqslant 0$.

② $\int_{-\infty}^{+\infty}\int_{-\infty}^{+\infty} f(x,y)\mathrm{d}x\mathrm{d}y = 1$.

③ $P\{(x,y)\in D\} = \iint\limits_D f(x,y)\mathrm{d}x\mathrm{d}y$.

④ $F(x,y) = \int_{-\infty}^{x}\left(\int_{-\infty}^{y} f(u,v)\mathrm{d}v\right)\mathrm{d}u$，

$f(x,y) = \dfrac{\partial^2 F(x,y)}{\partial x\partial y}$（广义二阶混合偏导）.

⑤ 边缘密度函数：$f_X(x) = \int_{-\infty}^{+\infty} f(x,y)\,\mathrm{d}y$，$f_Y(y) = \int_{-\infty}^{+\infty} f(x,y)\,\mathrm{d}x$.

4. 常见的重要分布

（1）二维均匀分布 $(X,Y)\sim U(D)$ 的概率密度函数为

$$f(x,y) = \begin{cases} \dfrac{1}{S_D}, & (x,y)\in D, \\ 0, & \text{其他}, \end{cases}$$

其中，S_D 为区域 D 的面积，从而有

$$P\{(X,Y)\in G\} = \frac{S_G}{S_D}, \text{其中} G\subseteq D.$$

（2）二维正态分布 $(X,Y)\sim N(\mu_1,\mu_2,\sigma_1^2,\sigma_2^2,\rho)$ 的概率密度函数及边缘概率密度函数分别为

$$f(x,y) = \frac{1}{2\pi\sigma_1\sigma_2\sqrt{1-\rho^2}}\exp\left\{-\frac{1}{2(1-\rho^2)}\left[\frac{(x-\mu_1)^2}{\sigma_1^2} - 2\rho\frac{(x-\mu_1)(y-\mu_2)}{\sigma_1\sigma_2} + \frac{(y-\mu_2)^2}{\sigma_2^2}\right]\right\},$$

$$f_X(x) = \frac{1}{\sqrt{2\pi}\sigma_1}\mathrm{e}^{-\frac{(x-\mu_1)^2}{2\sigma_1^2}}, -\infty < x < +\infty，\text{即 } X\sim N(\mu_1,\sigma_1^2)，$$

$$f_Y(y) = \frac{1}{\sqrt{2\pi}\sigma_2}\mathrm{e}^{-\frac{(y-\mu_2)^2}{2\sigma_2^2}}, -\infty < y < +\infty，\text{即 } Y\sim N(\mu_2,\sigma_2^2).$$

四、重点

（1）二维随机变量联合分布与边缘分布之间的关系和计算.

（2）事件概率的计算.

思维导图

本单元的思维导图如图 1-5-1 所示.

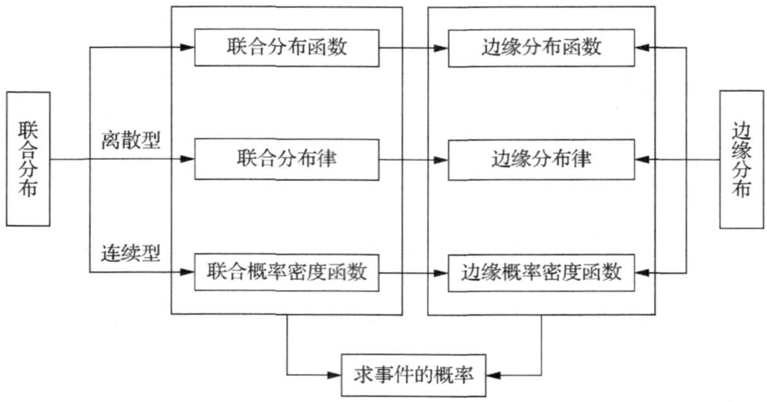

图 1-5-1

典型题解

例 1.5.1 设 X,Y 为离散型随机变量，它们的分布律分别为 $X\sim\begin{pmatrix}-1&0&1\\ \frac{1}{4}&\frac{1}{4}&\frac{1}{2}\end{pmatrix}$，$Y\sim\begin{pmatrix}-1&0&1\\ \frac{5}{12}&\frac{1}{4}&\frac{1}{3}\end{pmatrix}$，已知 $P\{X<Y\}=0$，$P\{X>Y\}=\frac{1}{4}$，求 (X,Y) 的联合分布律.

解 由题意，设(X,Y)的联合分布律如表 1-5-2 所示.

表 1-5-2

$Y \backslash X$	-1	0	1	$p_{\cdot j}$
-1	a	t	v	$\frac{5}{12}$
0	0	b	u	$\frac{1}{4}$
1	0	0	c	$\frac{1}{3}$
$p_{i\cdot}$	$\frac{1}{4}$	$\frac{1}{4}$	$\frac{1}{2}$	1

由 $P\{X<Y\}=0$，得

$$P\{X=-1,Y=0\}=0，\quad P\{X=-1,Y=1\}=0，\quad P\{X=0,Y=1\}=0.$$

由联合分布律与边缘分布律的关系，易得出

$$a=\frac{1}{4}，\quad c=\frac{1}{3}.$$

再由 $P\{X>Y\}=\frac{1}{4}$，得

$$P\{X=Y\}=1-\frac{1}{4}-0=\frac{3}{4},$$

即

$$a+b+c=\frac{3}{4}.$$

所以

$$b=\frac{3}{4}-a-c=\frac{3}{4}-\frac{1}{4}-\frac{1}{3}=\frac{1}{6},$$

$$t=\frac{1}{4}-b=\frac{1}{4}-\frac{1}{6}=\frac{1}{12},$$

$$u=\frac{1}{4}-b=\frac{1}{12},$$

$$v=\frac{5}{12}-a-t=\frac{5}{12}-\frac{1}{4}-\frac{1}{12}=\frac{1}{12}.$$

从而得出 (X,Y) 的联合分布律如表 1-5-3 所示.

表 1-5-3

Y \ X	-1	0	1	$p_{\cdot j}$
-1	$\frac{1}{4}$	$\frac{1}{12}$	$\frac{1}{12}$	$\frac{5}{12}$
0	0	$\frac{1}{6}$	$\frac{1}{12}$	$\frac{1}{4}$
1	0	0	$\frac{1}{3}$	$\frac{1}{3}$
$p_{i\cdot}$	$\frac{1}{4}$	$\frac{1}{4}$	$\frac{1}{2}$	1

注记　该题考查二维离散型随机变量的联合分布律与边缘分布律的关系、分布律自身的性质，以及离散型事件概率的计算.

例 1.5.2　设二维随机变量 (X,Y) 的概率密度为 $f(x,y)=\begin{cases}Cx^2y, & x^2\leqslant y\leqslant 1,\\ 0, & \text{其他}.\end{cases}$

（1）试确定常数 C；

（2）求边缘概率密度函数.

解　（1）由概率密度函数的性质 $\int_{-\infty}^{+\infty}\int_{-\infty}^{+\infty}f(x,y)\,\mathrm{d}x\mathrm{d}y=1$，得

$$\int_{-1}^{1}\mathrm{d}x\int_{x^2}^{1}Cx^2y\mathrm{d}y=1,$$

即

$$\frac{4}{21}C=1.$$

解得

$$C=\frac{21}{4}.$$

（2）$f_X(x)=\int_{-\infty}^{+\infty}f(x,y)\,\mathrm{d}y$

$$=\begin{cases}\int_{x^2}^{1}\frac{21}{4}x^2y\mathrm{d}y, & -1\leqslant x\leqslant 1\\ 0, & 其他\end{cases}$$

$$=\begin{cases}\frac{21}{8}x^2(1-x^4), & -1\leqslant x\leqslant 1,\\ 0, & 其他.\end{cases}$$

$f_Y(y)=\int_{-\infty}^{+\infty}f(x,y)\,\mathrm{d}x$

$$=\begin{cases}\int_{-\sqrt{y}}^{\sqrt{y}}\frac{21}{4}x^2y\mathrm{d}x, & 0\leqslant y\leqslant 1\\ 0, & 其他\end{cases}$$

$$=\begin{cases}\frac{7}{2}y^{\frac{5}{2}}, & 0\leqslant y\leqslant 1,\\ 0, & 其他.\end{cases}$$

注记　此题考查二维连续型随机变量的联合概率密度函数与边缘概率密度函数之间的关系，以及概率密度函数的性质.

例 1.5.3　设二维随机变量(X,Y)的概率密度函数为

$$f(x,y)=\begin{cases}2\mathrm{e}^{-(2x+y)}, & x>0,y>0,\\ 0, & 其他.\end{cases}$$

求：（1）联合分布函数$F(x,y)$；

（2）边缘分布函数$F_X(x),F_Y(y)$；

（3）$P\{Y\leqslant X\}$.

解　（1）$F(x,y)=\int_{-\infty}^{x}\left(\int_{-\infty}^{y}f(u,v)\mathrm{d}v\right)\mathrm{d}u=\begin{cases}\int_0^x\left(\int_0^y 2\mathrm{e}^{-(2u+v)}\mathrm{d}v\right)\mathrm{d}u, & x>0,y>0\\ 0, & 其他\end{cases}$

$$=\begin{cases}(1-\mathrm{e}^{-2x})(1-\mathrm{e}^{-y}), & x>0,y>0,\\ 0, & 其他.\end{cases}$$

（2）$F_X(x)=F(x,+\infty)=\begin{cases}1-\mathrm{e}^{-2x}, & x>0,\\ 0, & 其他.\end{cases}$

$F_Y(y)=F(+\infty,y)=\begin{cases}1-\mathrm{e}^{-y}, & y>0,\\ 0, & 其他.\end{cases}$

（3）将(X,Y)看作平面内随机点的坐标，即有$\{Y\leqslant X\}=\{(X,Y)\in G\}$，其中$G$为

xOy 平面上直线 $y=x$ 及其下方的部分，于是

$$P\{Y\leqslant X\}=P\{(X,Y)\in G\}=\iint\limits_G f(x,y)\mathrm{d}x\mathrm{d}y=\int_0^{+\infty}\mathrm{d}y\int_y^{+\infty}2\mathrm{e}^{-(2x+y)}\mathrm{d}x$$

$$=\int_0^{+\infty}\mathrm{e}^{-y}[-\mathrm{e}^{-2x}]\Big|_y^{+\infty}\mathrm{d}y=\int_0^{+\infty}\mathrm{e}^{-3y}\mathrm{d}y=\frac{1}{3}.$$

注记 此题考查二维连续型随机变量的联合分布函数与边缘分布函数之间的关系，以及由联合密度函数计算事件的概率.

例 1.5.4 已知 (X,Y) 在以 $(0,0)$，$(1,-1)$，$(1,1)$ 为顶点的三角形区域内服从均匀分布，求：

（1）(X,Y) 的概率密度函数；

（2）$f_X(x), f_Y(y)$；

（3）$P\{X>0,Y>0\}$.

解 （1）$f(x,y)=\begin{cases}1, & 0\leqslant x\leqslant 1, |y|\leqslant x,\\ 0, & \text{其他}.\end{cases}$

（2）$f_X(x)=\begin{cases}\int_{-x}^{x}1\,\mathrm{d}y, & 0\leqslant x\leqslant 1\\ 0, & \text{其他}\end{cases}$

$$=\begin{cases}2x, & 0\leqslant x\leqslant 1,\\ 0, & \text{其他},\end{cases}$$

$$f_Y(y)=\begin{cases}\int_{-y}^{1}1\,\mathrm{d}x, & -1\leqslant y<0\\ \int_{y}^{1}1\,\mathrm{d}x, & 0\leqslant y\leqslant 1\\ 0, & \text{其他}\end{cases}$$

$$=\begin{cases}1+y, & -1\leqslant y<0,\\ 1-y, & 0\leqslant y\leqslant 1,\\ 0, & \text{其他}.\end{cases}$$

（3）$P\{X>0,Y>0\}=\iint\limits_{x>0,y>0}f(x,y)\,\mathrm{d}x\mathrm{d}y=\int_0^1\mathrm{d}x\int_0^x 1\,\mathrm{d}y=\frac{1}{2}$.

注记 此题考查二维均匀分布的密度函数的性质及事件概率的计算.

单元练习

一、选择题

1. 设离散型二维随机变量 (X,Y) 的分布律如表 1-5-4 所示.

已知随机事件 $\{X=0\}$ 与 $\{X+Y=1\}$ 互相独立，则（　　）.

A. $a=0.2$，$b=0.3$　　B. $a=0.4$，$b=0.1$

C. $a=0.3$，$b=0.2$　　D. $a=0.1$，$b=0.4$

表 1-5-4

X \ Y	0	1
0	0.4	a
1	b	0.1

2. 设二维随机变量(X,Y)的分布函数为

$$F(x,y)=\begin{cases}1-2^{-x}-2^{-y}+2^{-x-y}, & x\geqslant 0, y\geqslant 0,\\ 0, & \text{其他},\end{cases}$$

则$P\{1<X\leqslant 2,3<Y\leqslant 5\}=$（　　）.

A. $\dfrac{3}{64}$　　B. $\dfrac{3}{128}$　　C. $\dfrac{1}{32}$　　D. $\dfrac{3}{32}$

3. 设平面区域D由曲线$y=\dfrac{1}{x}$，$y=0$，$x=1$及$x=\mathrm{e}^2$所围成，二维随机变量(X,Y)在区域内服从均匀分布，则X的边缘密度函数在$x=2$处的值为（　　）.

A. $\dfrac{1}{4}$　　B. $\dfrac{1}{2}$　　C. $\dfrac{1}{32}$　　D. $\dfrac{3}{4}$

二、计算题

1. 已知X与Y同分布，$X\sim\begin{pmatrix}-1 & 0 & 1\\ \dfrac{1}{4} & \dfrac{1}{2} & \dfrac{1}{4}\end{pmatrix}$，且$P\{XY=0\}=1$．求$(X,Y)$的联合分布律.

2. 袋中装有同型号小球 10 只，其中 7 只红球，3 只白球. 现从中随机取球两次，每次取一只球，取后不放回. 令 $X=\begin{cases}1, & \text{若第一次取到白球,}\\ 0, & \text{若第一次取到红球,}\end{cases}$ $\quad Y=\begin{cases}1, & \text{若第二次取到白球,}\\ 0, & \text{若第二次取到红球.}\end{cases}$

求：（1）(X,Y) 的联合分布律；

（2）$P\{X\geqslant Y\}$.

3. 若连续型随机变量 (X,Y) 的概率密度函数为

$$f(x,y)=\begin{cases}ax^2y, & 0\leqslant x\leqslant 1,\ 0\leqslant y\leqslant x,\\ 0, & \text{其他.}\end{cases}$$

求：（1）常数 a 的值；

（2）边缘概率密度 $f_X(x)$.

4. 设 (X,Y) 服从圆域 $x^2+y^2\leqslant 1$ 上的均匀分布，求 (X,Y) 关于 X 和 Y 的边缘概率密度函数.

单元测试

计算题

1. 设 $Z\sim U(-2,2)$，$X=\begin{cases}-1, & Z\leqslant 1,\\ 1, & Z>1,\end{cases}$ $Y=\begin{cases}-1, & Z\leqslant -1,\\ 1, & Z>-1.\end{cases}$ 求 (X,Y) 的联合分布律及 X,Y 的边缘分布律.

2. 设随机变量 X 和 Y 的分布律分别如表 1-5-5 和表 1-5-6 所示.

表 1-5-5

X	0	1
P	$\frac{1}{3}$	$\frac{2}{3}$

表 1-5-6

Y	−1	0	1
P	$\frac{1}{3}$	$\frac{1}{3}$	$\frac{1}{3}$

若 $P\left\{X^2=Y^2\right\}=1$，求二维随机变量 (X,Y) 的联合分布律.

3. 将一枚硬币连续抛掷三次，以 X 表示三次中出现正面的次数，以 Y 表示三次中出现正面与反面次数差的绝对值，求 (X,Y) 的联合分布律及 X,Y 的边缘分布律.

4. 设二维随机变量(X,Y)的概率密度函数为

$$f(x,y)=\begin{cases} Ax^2y(2-y), & 0<x<2,0<y<2, \\ 0, & \text{其他}. \end{cases}$$

求：（1）常数A；

（2）边缘概率密度函数.

第六单元　条件分布与多维随机变量函数的分布

单元概要

本单元给出了二维随机变量的条件分布及独立的定义，讨论了条件分布律与边缘分布律之间、条件概率密度函数与边缘概率密度函数之间的关系，特别是当两个随机变量相互独立时，通过它们的边缘分布确定其联合分布. 另外，本单元还讨论了二维随机变量函数的分布的求法.

本单元的基本内容概述如下.

一、概念

条件分布律、条件概率密度函数、随机变量的独立性.

二、方法与原理

（1）条件分布律与边缘分布律之间的转换关系.

（2）条件概率密度函数与边缘概率密度函数之间的转换关系.

（3）二维随机变量函数的概率密度函数的求法.

三、公式与结论

1. 条件分布

（1）离散型随机变量的条件分布律：若 $P\{X=x_i,Y=y_i\}=p_{ij}$, $i,j=1,2,3,\cdots$, $P\{X=x_i\}>0$ ，$P\{Y=y_i\}>0$ ，则

$$P\{Y=y_j \mid X=x_i\}=\frac{p_{ij}}{p_{i\cdot}},\quad i,j=1,2,\cdots,$$

$$P\{X=x_i \mid Y=y_j\}=\frac{p_{ij}}{p_{\cdot j}},\quad i,j=1,2,\cdots.$$

（2）连续型随机变量条件分布：若 (X,Y) 的概率密度函数为 $f(x,y)$ ，则

$$f_{X|Y}(x \mid y)=\frac{f(x,y)}{f_Y(y)},\ f_Y(y)\neq 0,$$

$$f_{Y|X}(y \mid x)=\frac{f(x,y)}{f_X(x)},\ f_X(x)\neq 0;$$

$$F_{X|Y}(x \mid y)=P\{X\leqslant x \mid Y=y\}=\int_{-\infty}^{x} f_{X|Y}(x \mid y)\mathrm{d}x,$$

$$F_{Y|X}(y|x)=P\{Y\leqslant y|X=x\}=\int_{-\infty}^{y}f_{Y|X}(y|x)\mathrm{d}y.$$

2. 两个随机变量相互独立的条件

两个随机变量相互独立的充要条件是 $F(x,y)=F_X(x)F_Y(y)$

$\Leftrightarrow$（离散型）$P\{X=x_i,Y=y_j\}=P\{X=x_i\}\cdot P\{Y=y_j\}$，$i,j=1,2,\cdots$；

（连续型）$f(x,y)=f_X(x)f_Y(y)$，在平面上几乎处处成立.

若 X 与 Y 独立，则 $g(X)$ 与 $h(Y)$ 亦相互独立，其中，g,h 为连续函数.

3. 随机变量函数的分布

设二维连续型随机变量 (X,Y) 的概率密度函数为 $f(x,y)$，求 $Z=g(X,Y)$ 的概率密度函数 $f_z(\xi)$.

解决上述问题，常用分布函数法：

$$F_z(\xi)=P\{Z\leqslant\xi\}=P\{g(X,Y)\leqslant\xi\}\xrightarrow[f(x,y)\text{非零域作交}]{\text{不等式本身对}\xi\text{限定}}\iint\limits_{D(\xi)}f(x,y)\mathrm{d}x\mathrm{d}y$$

$$f_Z(\xi)=F_Z'(\xi)=\left[\iint\limits_{D(\xi)}f(x,y)\mathrm{d}x\mathrm{d}y\right]'_{\xi}$$

（1）设 (X,Y) 的概率密度函数为 $f(x,y)$，则

$$f_{X+Y}(z)=\int_{-\infty}^{+\infty}f(x,z-x)=\mathrm{d}x=\int_{-\infty}^{+\infty}(z-y,y)\mathrm{d}y,$$

$$f_{XY}(z)=\int_{-\infty}^{+\infty}\frac{1}{|x|}f\left(x,\frac{z}{x}\right)\mathrm{d}x,$$

$$f_{Y/X}(z)=\int_{-\infty}^{+\infty}|x|f(x,xz)\mathrm{d}x.$$

（2）若 $U=\max\{X,Y\}$，$V=\min\{X,Y\}$，且 X 与 Y 独立，$X\sim F_X(x)$，$Y\sim F_Y(y)$，则

$$F_U(u)=F_X(u)F_Y(u),\quad F_V(v)=1-[1-F_X(v)][1-F_Y(v)].$$

4. 正态分布的性质

（1）$(X,Y)\sim N(\mu_1,\mu_2,\sigma_1^2,\sigma_2^2,\rho)$，

$$f(x,y)=\frac{1}{2\pi\sigma_1\sigma_2\sqrt{1-\rho^2}}\mathrm{e}^{-\frac{1}{2(1-\rho^2)}\left[\frac{(x-\mu_1)^2}{\sigma_1^2}-2\rho\frac{(x-\mu_1)(y-\mu_2)}{\sigma_1\sigma_2}+\frac{(y-\mu_2)^2}{\sigma_2^2}\right]}$$

性质：① $X\sim N(\mu_1,\sigma_1^2)$，$Y\sim N(\mu_2,\sigma_2^2)$.

② X与Y 独立$\Leftrightarrow\rho=0$.

③ $aX+bY+c\sim N(a\mu_1+b\mu_2+c,a^2\sigma_1^2+b^2\sigma_2^2+2ab\rho\sigma_1\sigma_2)$.

（2）若 $X\sim N(\mu_1,\sigma_1^2)$，$Y\sim N(\mu_2,\sigma_2^2)$，且 X 与 Y 独立，则 $aX+bY\sim N(a\mu_1+b\mu_2,a^2\sigma_1^2+b^2\sigma_2^2)$. 特别地，$X-Y\sim N(\mu_1-\mu_2,\sigma_1^2+\sigma_2^2)$.

四、重点

随机变量的条件分布的计算、独立性的判断，以及连续型随机变量函数的概率密度函数的计算.

思维导图

本单元的思维导图如图 1-6-1 所示.

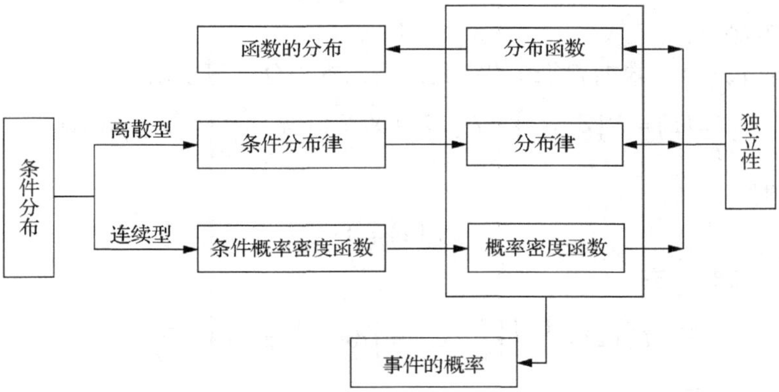

图 1-6-1

典型题解

例 1.6.1　设(X,Y)的联合概率密度函数为$f(x,y)=\begin{cases} e^{-y}, & 0<x<1, y>0, \\ 0, & 其他. \end{cases}$

（1）判断X,Y是否独立；

（2）求$Z=2X+Y$的概率密度函数$f_Z(z)$和分布函数$F_Z(z)$；

（3）求$P\{Z>3\}$.

解　（1）先求边缘概率密度函数$f_X(x), f_Y(y)$.

当$0<x<1$时，

$$f_X(x)=\int_0^{\infty} e^{-y}dy=1.$$

所以

$$f_X(x)=\begin{cases} 1, & 0<x<1, \\ 0, & 其他, \end{cases} \quad X\sim U(0,1).$$

当$y>0$时，

$$f_Y(y)=\int_0^1 e^{-y}dx=e^{-y}.$$

所以

$$f_Y(y)=\begin{cases}e^{-y}, & y>0,\\ 0, & y\leqslant 0,\end{cases}$$

Y 服从指数分布.

显然有

$$f_X(x)f_Y(y)=\begin{cases}e^{-y}, & 0<x<1, y>0\\ 0, & \text{其他}\end{cases}=f(x,y),$$

所以 X,Y 相互独立.

(2) 先求 $F_Z(z)$，根据 $F_Z(z)$ 的定义，用二重积分计算求出

$$F_Z(z)=P\{Z\leqslant z\}=P\{2X+Y\leqslant z\}=\iint\limits_{2x+y\leqslant z} f(x,y)\,dxdy.$$

当 $z<0$ 时，

$$F_Z(z)=0;$$

当 $0\leqslant z<2$ 时，有

$$F_Z(z)=\int_0^{\frac{z}{2}}\left(\int_0^{z-2x}e^{-y}dy\right)dx=\frac{1}{2}\left(z-1+e^{-z}\right);$$

当 $z\geqslant 2$ 时，有

$$F_Z(z)=\int_0^{1}\left(\int_0^{z-2x}e^{-y}dy\right)dx=1+\frac{1}{2}\left(1-e^{2}\right)e^{-z}.$$

所以

$$F_Z(z)=\begin{cases}0, & z<0,\\ \frac{1}{2}\left(z-1+e^{-z}\right), & 0\leqslant z<2,\\ 1+\frac{1}{2}\left(1-e^{2}\right)e^{-z}, & z\geqslant 2.\end{cases}$$

再求 $f_Z(z)$，因为 $f_Z(z)=F_Z'(z)$，所以当 $z<0$ 时，

$$f_Z(z)=0;$$

当 $0\leqslant z<2$ 时，

$$f_Z(z)=\frac{1}{2}\left(1-e^{-z}\right);$$

当 $z\geqslant 2$ 时，

$$f_Z(z)=\frac{1}{2}\left(e^{2}-1\right)e^{-z}.$$

所以

$$f_Z(z)=\begin{cases}0, & z<0,\\ \dfrac{1}{2}\left(1-\mathrm{e}^{-z}\right), & 0\leqslant z<2,\\ \dfrac{1}{2}\left(\mathrm{e}^2-1\right)\mathrm{e}^{-z}, & z\geqslant 2.\end{cases}$$

（3）$P\{Z>3\}=1-P\{Z\leqslant 3\}=1-F_Z(3)=1-\left[1+\dfrac{1}{2}\left(1-\mathrm{e}^2\right)\mathrm{e}^{-3}\right]$

$$=\frac{1}{2}\left(\mathrm{e}^2-1\right)\mathrm{e}^{-3}\approx 0.1590.$$

注记　本题考查用分布函数法计算连续型随机变量函数的概率密度函数，这是计算连续型随机变量函数的概率密度函数的一般性方法.

例 1.6.2　设 X 在 $(0,1)$ 中随机取一个数，当 X 取 $x(0<x<1)$ 时，随机变量 Y 等可能地在 $(x,1)$ 取值. 求：

（1）(X,Y) 的概率密度函数 $f(x,y)$；

（2）$P\{X+Y>1\}$.

解　（1）由题意，得

$$X\sim U(0,1),\ f_X(x)=\begin{cases}1, & 0<x<1,\\ 0, & 其他,\end{cases}$$

$$f_{Y|X}(y\,|\,x)=\begin{cases}\dfrac{1}{1-x}, & 0<x<1,\ x<y<1,\\ 0, & 其他.\end{cases}$$

因而

$$f(x,y)=f_X(x)\cdot f_{Y|X}(y\,|\,x)=\begin{cases}\dfrac{1}{1-x}, & 0<x<y<1,\\ 0, & 其他.\end{cases}$$

（2）$P\{X+Y>1\}=\int_{\frac{1}{2}}^{1}\mathrm{d}y\int_{1-y}^{y}\dfrac{1}{1-x}\,\mathrm{d}x=\int_{\frac{1}{2}}^{1}[\ln y-\ln(1-y)]\,\mathrm{d}y$

$$=[y\ln y-(1-y)\ln(1-y)]\Big|_{\frac{1}{2}}^{1}-\int_{\frac{1}{2}}^{1}(1-1)\,\mathrm{d}y$$

$$=-\ln\frac{1}{2}=\ln 2.$$

注记　本题考查条件密度函数公式的反向应用，即由边缘概率密度函数和条件概率密度函数确定联合概率密度函数.

例 1.6.3　设二维随机变量 (X,Y) 的概率密度函数为

$$f(x,y)=\begin{cases}1, & 0<x<1,\quad 0<y<2x,\\ 0, & 其他.\end{cases}$$

求：（1）(X,Y) 的边缘概率密度函数 $f_X(x),f_Y(y)$，并判断 X,Y 是否独立；

（2） $f_{X|Y}(x|y)$；

（3） $Z=2X-Y$ 的概率密度函数.

解 求边缘概率密度函数直接用公式即可. 而求二维随机变量函数的概率密度函数，一般用分布函数法，即先用定义求出分布函数，再求导得到相应的概率密度函数.

（1）关于 X 的边缘概率密度函数：

$$f_X(x)=\int_{-\infty}^{+\infty}f(x,y)\mathrm{d}y=\begin{cases}\int_0^{2x}\mathrm{d}y, & 0<x<1\\ 0, & \text{其他}\end{cases}$$

$$=\begin{cases}2x, & 0<x<1,\\ 0, & \text{其他}.\end{cases}$$

关于 Y 的边缘概率密度函数：

$$f_Y(y)=\int_{-\infty}^{+\infty}f(x,y)\mathrm{d}x=\begin{cases}\int_{\frac{y}{2}}^{1}\mathrm{d}x, & 0<y<2\\ 0 & \text{其他}\end{cases}$$

$$=\begin{cases}1-\dfrac{y}{2}, & 0<y<2,\\ 0, & \text{其他}.\end{cases}$$

因为 $f(x,y)\neq f_X(x)f_Y(y)$，所以 X ,Y 不独立.

（2）当 $0<y<2$ 时，

$$f_{X|Y}(x|y)=\frac{f(x,y)}{f_Y(y)}=\begin{cases}\dfrac{1}{1-\dfrac{y}{2}}, & \dfrac{y}{2}<x<1\\ 0, & \text{其他}\end{cases}$$

$$=\begin{cases}\dfrac{2}{2-y}, & \dfrac{y}{2}<x<1,\\ 0, & \text{其他}.\end{cases}$$

（3）令 $F_Z(z)=P\{Z\leqslant z\}=P\{2X-Y\leqslant z\}$.

① 当 $z<0$ 时，

$$F_Z(z)=P\{2X-Y\leqslant z\}=0;$$

② 当 $0\leqslant z<2$ 时，

$$F_Z(z)=P\{2X-Y\leqslant z\}=\int_0^{2-z}\left(\int_{\frac{y}{2}}^{\frac{y+z}{2}}1\mathrm{d}x\right)\mathrm{d}y+\int_{2-z}^{2}\left(\int_{\frac{y}{2}}^{1}1\,\mathrm{d}x\right)\mathrm{d}y$$

$$=z-\frac{1}{4}z^2;$$

③ 当 $z\geqslant 2$ 时，

$$F_Z(z)=P\{2X-Y\leqslant z\}=1.$$

所以分布函数为

$$F_Z(z)=\begin{cases}0, & z<0,\\ z-\dfrac{1}{4}z^2, & 0\leqslant z<2,\\ 1, & z\geqslant 2.\end{cases}$$

故所求的概率密度函数为

$$f_Z(z)=\begin{cases}1-\dfrac{1}{2}z, & 0\leqslant z<2,\\ 0, & 其他.\end{cases}$$

注记　本题考查连续型随机变量的独立性判断、条件概率密度函数的计算，以及利用分布函数法确定随机变量函数的概率密度函数.

例 1.6.4　已知$P\{X\geqslant 0,Y\geqslant 0\}=\dfrac{3}{7}$，$P\{X\geqslant 0\}=P\{Y\geqslant 0\}=\dfrac{4}{7}$，求$P\{\max\{X,Y\}\geqslant 0\}$，$P\{\min\{X,Y\}<0\}$.

解　由题得(X,Y)的分布律如表 1-6-1 所示.

表 1-6-1

Y \ X	$X<0$	$X\geqslant 0$	$p_{\cdot j}$
$Y<0$	$\frac{2}{7}$	$\frac{1}{7}$	$\frac{3}{7}$
$Y\geqslant 0$	$\frac{1}{7}$	$\frac{3}{7}$	$\frac{4}{7}$
$p_{i\cdot}$	$\frac{3}{7}$	$\frac{4}{7}$	1

所以

$$P\{\max\{X,Y\}\geqslant 0\}=1-P\{\max\{X,Y\}<0\}$$
$$=1-P\{X<0,Y<0\}=1-\frac{2}{7}=\frac{5}{7}.$$
$$P\{\min\{X,Y\}<0\}=1-P\{\min\{X,Y\}\geqslant 0\}$$
$$=1-P\{X\geqslant 0,Y\geqslant 0\}=1-\frac{3}{7}=\frac{4}{7}.$$

注记　本题考查离散型随机变量的极值分布，注意边缘概率与联合概率之间的联系.

例 1.6.5　随机变量 X 的概率密度函数为

$$f_X(x)=\begin{cases}\dfrac{1}{2}, & -1<x<0,\\ \dfrac{1}{4}, & 0\leqslant x<2,\\ 0, & 其他.\end{cases}$$

令$Y=X^2$，$F(x,y)$为二维随机变量(X,Y)的分布函数. 求：

（1）Y的概率密度函数；

（2）$F\left(-\frac{1}{2},4\right)$.

解

（1）$F_Y\{y\}=P\{Y\leqslant y\}=P\left\{X^2\leqslant y\right\}=\begin{cases}0, & y<0\\ P\left\{-\sqrt{y}\leqslant X\leqslant\sqrt{y}\right\}, & 0\leqslant y<4\\ 1, & y\geqslant 4\end{cases}$

$$=\begin{cases}0, & y<0\\ \int_{-\sqrt{y}}^{0}\frac{1}{2}\mathrm{d}x+\int_{0}^{\sqrt{y}}\frac{1}{4}\mathrm{d}x, & 0\leqslant y<1\\ \int_{-1}^{0}\frac{1}{2}\mathrm{d}x+\int_{0}^{\sqrt{y}}\frac{1}{4}\mathrm{d}x, & 1\leqslant y<4\\ 1, & y\geqslant 4\end{cases}$$

$$=\begin{cases}0, & y<0,\\ \frac{3}{4}\sqrt{y}, & 0\leqslant y<1,\\ \frac{1}{2}+\frac{1}{4}\sqrt{y}, & 1\leqslant y<4,\\ 1, & y\geqslant 4.\end{cases}$$

所以

$$f_Y(y)=F_Y'(y)=\begin{cases}\frac{3}{8\sqrt{y}}, & 0<y<1,\\ \frac{1}{8\sqrt{y}}, & 1\leqslant y<4,\\ 0, & 其他.\end{cases}$$

（2）$F\left\{-\frac{1}{2},4\right\}=P\left\{X\leqslant-\frac{1}{2},Y\leqslant 4\right\}=P\left\{X\leqslant-\frac{1}{2},X^2\leqslant 4\right\}$

$$=P\left\{X\leqslant-\frac{1}{2},-2\leqslant X\leqslant 2\right\}=P\left\{-2\leqslant X\leqslant-\frac{1}{2}\right\}$$

$$=\int_{-1}^{-\frac{1}{2}}\frac{1}{2}\mathrm{d}x=\frac{1}{4}.$$

注记 本题中由于X,Y的联合分布未知，所以在求解联合分布函数在某点的取值时，要还原到已知分布的随机变量的概率计算.

例 1.6.6 设随机变量X,Y相互独立，且$X\sim N(3,\sigma^2)$，$Y\sim N(-1,\sigma^2)$，则下列式子中正确的是（ ）.

A. $P\{X+Y\leqslant -2\}=\dfrac{1}{2}$　　B. $P\{X+Y\leqslant 2\}=\dfrac{1}{2}$

C. $P\{X-Y\leqslant -2\}=\dfrac{1}{2}$　　D. $P\{X-Y\leqslant 2\}=\dfrac{1}{2}$

解析　本题考查的是正态随机变量的可加性，在两个正态随机变量 X,Y 相互独立的条件下，X,Y 的线性组合函数仍然是正态随机变量. 因此，本题中 $X+Y\sim N(2,2\sigma^2)$，$X-Y\sim N(4,2\sigma^2)$. 故选 B.

注记　熟记正态随机变量的相关性质，并能灵活应用.

例 1.6.7　设 $(X,Y)\sim N\left(0,0,\dfrac{1}{2},\dfrac{1}{2},0\right)$.

（1）求 (X,Y) 关于 X 及 Y 的边缘密度；

（2）判断 X 与 Y 是否相互独立，并说明理由；

（3）令 $Z=X^2+Y^2$，求其概率密度函数 $f_Z(z)$.

解　二维正态分布的边缘分布仍为正态分布，且 $X\sim N\left(0,\dfrac{1}{2}\right)$，$Y\sim N\left(0,\dfrac{1}{2}\right)$.

（1）X 与 Y 的边缘概率密度函数分别为

$$f_X(x)=\frac{1}{\sqrt{\pi}}\mathrm{e}^{-x^2},\quad -\infty<x<+\infty,$$

$$f_Y(y)=\frac{1}{\sqrt{\pi}}\mathrm{e}^{-y^2},\quad -\infty<x<+\infty.$$

（2）由于 X 与 Y 的相关系数 $\rho_{XY}=0$，X 与 Y 相互独立.

（3）利用分布函数法求 Z 的概率密度函数. 设 Z 的分布函数为 $F_Z(z)$，因为 X 与 Y 相互独立，X 与 Y 的联合密度函数 $f(x,y)=f_X(x)\cdot f_Y(y)$，所以

$$F_Z(z)=P\{Z\leqslant z\}=P\{X^2+Y^2\leqslant z\}=\begin{cases}0, & z\leqslant 0\\ \displaystyle\iint\limits_{x^2+y^2\leqslant z} f(x,y)\mathrm{d}x\mathrm{d}y, & z>0\end{cases}$$

$$=\begin{cases}0, & z\leqslant 0\\ \displaystyle\iint\limits_{x^2+y^2\leqslant z}\frac{1}{\pi}\mathrm{e}^{-x^2}\mathrm{e}^{-y^2}\mathrm{d}x\mathrm{d}y & z>0\end{cases}$$

$$=\begin{cases}0, & z\leqslant 0,\\ \displaystyle\int_0^{\sqrt{z}}\left(\int_0^{2\pi}\frac{1}{\pi}\rho\mathrm{e}^{-\rho^2}\mathrm{d}\theta\right)\mathrm{d}\rho, & z>0.\end{cases}$$

$$=\begin{cases}0, & z\leqslant 0,\\ 1-\mathrm{e}^{-z}, & z>0.\end{cases}$$

因此

$$f_Z(z)=\frac{\mathrm{d}\left[F_Z(z)\right]}{\mathrm{d}z}=\begin{cases}0, & z\leqslant 0,\\ \mathrm{e}^{-z}, & z>0.\end{cases}$$

注记 本题考查了二维正态分布的边缘分布性质及两变量相互独立的充要条件，做题时要灵活运用这些性质.

单元练习

一、选择题

1. 随机变量 (X,Y) 的分布律如表 1-6-2 所示，若 X,Y 相互独立，则（　　）.

表 1-6-2

$Y \backslash X$	1	2	3
1	$\frac{1}{6}$	$\frac{1}{9}$	$\frac{1}{18}$
2	$\frac{1}{3}$	α	β

A. $\alpha=\frac{1}{3}$，$\beta=\frac{1}{3}$　　B. $\alpha=\frac{2}{9}$，$\beta=\frac{1}{9}$

C. $\alpha=\frac{1}{6}$，$\beta=\frac{1}{6}$　　D. $\alpha=\frac{5}{18}$，$\beta=\frac{1}{18}$

2. 设随机变量 X 与 Y 相互独立，且均服从区间 $(0,3)$ 内的均匀分布，则 $P\left\{\max\{X,Y\}\leqslant 1\right\}=$（　　）.

A. $\frac{1}{9}$　　B. $\frac{1}{3}$　　C. $\frac{1}{5}$　　D. $\frac{1}{6}$

3. 设随机变量 X 与 Y 相互独立，且 $X\sim b(n_1,p)$，$Y\sim b(n_2,p)$，则 $X+Y\sim$（　　）.

A. $b(n_1+n_2,2p)$　　B. $b(n_1+n_2,p)$

C. $b\left(\frac{n_1+n_2}{2},p\right)$　　D. $b\left(\frac{n_1+n_2}{2},2p\right)$

4. 设随机变量 X 与 Y 相互独立，且 $X\sim\pi(\lambda_1)$，$Y\sim\pi(\lambda_2)$，则 $X+Y\sim$（　　）.

A. $\pi(\lambda_1+\lambda_2)$　　B. $\pi(\lambda_1\lambda_2)$

C. $\pi(\min(\lambda_1+\lambda_2))$　　D. $\pi(\max(\lambda_1+\lambda_2))$

二、计算题

1. 已知 X 与 Y 同分布，$X \sim \begin{pmatrix} -1 & 0 & 1 \\ \frac{1}{4} & \frac{1}{2} & \frac{1}{4} \end{pmatrix}$ 且 $P\{XY=0\}=1$. 求：

（1）在 $X=1$ 的条件下 Y 的条件分布律；

（2）判定 X 与 Y 是否独立；

（3）$P\{X+Y=1\}$，$P\{X=Y\}$.

2. 设随机变量 X 和 Y 相互独立，其概率密度函数分别为 $f_X(x)=\begin{cases} 1, & 0 \leqslant x \leqslant 1, \\ 0, & \text{其他}, \end{cases}$ $f_Y(y)=\begin{cases} e^{-y}, & y>0, \\ 0, & \text{其他}, \end{cases}$ 求 $Z=X+Y$ 的概率密度函数.

3. 设二维随机变量(X,Y)的概率密度函数为

$$f(x,y)=\begin{cases}\dfrac{9}{32}x^2y(2-y), & 0<x<2,0<y<2,\\ 0, & \text{其他},\end{cases}$$

判断随机变量X与Y是否相互独立.

4. 二维随机变量(X,Y)的概率密度函数为

$$f(x,y)=\begin{cases}k\sin(x+y), & 0\leqslant x\leqslant\dfrac{\pi}{2},\ 0\leqslant y\leqslant\dfrac{\pi}{2}\\ 0, & \text{其他}.\end{cases}$$

求：（1）k的值；

（2）$Z=X+Y$的概率密度函数$f_Z(z)$；

（3）$\xi=\max\{X,Y\}$的概率密度函数$f_\xi(t)$.

5. 甲、乙两人到达同一地点的时刻分别记为 X,Y，已知 $X\sim U(8,12)$，$Y\sim U(7,9)$，且 X,Y 相互独立. 求两人到达的时刻差不超过 10min 的概率.

单元测试

一、选择题

1. 设 X,Y 为独立同分布的随机变量，且 $X\sim\begin{pmatrix}-1 & 1\\ \frac{1}{2} & \frac{1}{2}\end{pmatrix}$，则下列结论正确的是（　　）.

A. $P\{X+Y=0\}=\frac{1}{3}$　　B. $P\{X+Y=0\}=\frac{1}{4}$

C. $P\{X=Y\}=\frac{1}{2}$　　D. $P\{X=Y\}=\frac{1}{4}$

2. 设 X,Y 为互相独立的随机变量，$X\sim U(0,2)$，$Y\sim U(0,1)$，则 $P\{X^2+Y^2\leqslant 2X\}=$（　　）.

A. $\frac{2}{\pi}$　　B. $\frac{\pi}{4}$　　C. $\frac{1}{4}$　　D. $\frac{1}{2}$

二、计算题

1. 设 X,Y 为离散型随机变量，它们的分布律分别为 $X\sim\begin{pmatrix}-1 & 0 & 1\\ \frac{1}{4} & \frac{1}{4} & \frac{1}{2}\end{pmatrix}$，$Y\sim\begin{pmatrix}-1 & 0 & 1\\ \frac{5}{12} & \frac{1}{4} & \frac{1}{3}\end{pmatrix}$，已知 $P\{X<Y\}=0$，$P\{X>Y\}=\frac{1}{4}$.

（1）判断 X,Y 是否独立；

（2）求在 $X=1$ 的条件下，Y 的条件分布律；

（3）求 $Z=X+Y$ 的分布律.

2. 设二维连续型随机变量 (X,Y) 的概率密度函数为

$$f(x,y)=\begin{cases}Cx^2y, & x^2\leqslant y\leqslant 1,\\ 0, & \text{其他}.\end{cases}$$

求：（1）条件概率密度 $f_{Y|X}(y\mid x)$，并写出当 $X=\dfrac{1}{2}$ 时，Y 的条件概率密度函数；

（2）条件概率 $P\left\{Y\geqslant\dfrac{3}{4}\middle|X=\dfrac{1}{2}\right\}$.

3. 连续型随机变量(X,Y)的概率密度函数为

$$f(x,y)=\begin{cases} ax^2y, & 0\leqslant x\leqslant 1, 0\leqslant y\leqslant x, \\ 0, & \text{其他}. \end{cases}$$

求：（1） $f_{Y|X}(y|x)$；

（2）求$Z=XY$的分布函数和概率密度函数.

4. 袋中有 1 个红球、2 个黑球和 3 个白球. 现有放回地从袋中取两次，每次取一个球，以X,Y,Z分别表示两次取球所取得的红球、黑球和白球的个数.

（1）求$P\{X=1|Z=0\}$；

（2）求二维随机变量(X,Y)的概率分布；

（3）求X,Y的边缘概率分布；

（4）在$Y=1$的条件下，X的条件概率分布；

（5）判断X,Y是否独立；

（6）求$X+Y$和XY的概率分布.

三、拓展题

1. 设随机变量 X 与 Y 相互独立，X 的分布律为 $P\{X=i\}=\frac{1}{3}(i=-1,0,1)$，$Y$ 的概率密度函数为 $f_Y(y)=\begin{cases}1, & 0\leqslant y<1,\\ 0, & \text{其他},\end{cases}$ 记 $Z=X+Y$．求：

（1）$P\left\{Z\leqslant\frac{1}{2}\middle|X=0\right\}$；

（2）Z 的概率密度 $f_Z(z)$．

2. 设随机变量 X 的概率密度函数为 $f(x)=\begin{cases}\frac{1}{a}x^2, & 0<x<3,\\ 0, & \text{其他},\end{cases}$ 令随机变量 $Y=\begin{cases}2, & X\leqslant 1,\\ X, & 1<X<2,\\ 1, & X\geqslant 2.\end{cases}$ 求：

（1）Y 的分布函数；

（2）概率 $P\{X\leqslant Y\}$．

第七单元　数学期望和方差

单元概要

在一些实际应用中，人们往往最关心能够反映随机变量某些概率特性的特征参数. 本单元旨在研究随机变量的数学期望和方差这两个数字特征. 数学期望用来反映随机变量取值的平均情况，而方差用来反映随机变量取值的波动情况. 这一单元的主要内容包括随机变量的数学期望的概念与性质、随机变量的方差的概念与性质、常见分布的数学期望与方差，以及随机变量函数的数学期望与方差的计算.

本单元的基本内容概述如下.

一、概念

1. 数学期望

（1）设离散型随机变量 X 的分布律为 $P\{X=x_i\}=p_i\ (i=1,2,\cdots)$，若级数 $\sum_{i=1}^{\infty}x_ip_i$ 绝对收敛，则称此级数的和为随机变量 X 的数学期望，记为 $E(X)$，即

$$E(X)=\sum_{i=1}^{\infty}x_ip_i.$$

（2）设连续型随机变量的概率密度函数为 $f(x)$，若 $\int_{-\infty}^{+\infty}|x|f(x)\mathrm{d}x<+\infty$，则称 $\int_{-\infty}^{+\infty}xf(x)\mathrm{d}x$ 为随机变量 X 的数学期望，记为 $E(X)$，即

$$E(X)=\int_{-\infty}^{+\infty}xf(x)\mathrm{d}x.$$

2. 方差

（1）若 $E\left\{[X-E(X)]^2\right\}<+\infty$，则称 $E\left\{[X-E(X)]^2\right\}$ 为随机变量 X 的方差，记为 $D(X)$，即

$$D(X)=E\left\{[X-E(X)]^2\right\}.$$

（2）称 $\sqrt{D(X)}$ 为标准差或均方差，记为 $\sigma(X)$，即

$$\sigma(X)=\sqrt{D(X)}.$$

二、方法与原理

（1）随机变量函数的数学期望.

（2）由定义计算方差.

（3）方差的计算公式.

三、公式与结论

1. 数学期望的性质

（1）设 a 与 b 为常数，X 为随机变量，则

$$E(aX)=aE(X)\text{，}\quad E(b)=b\text{，}\quad E(aX+b)=aE(X)+b.$$

（2）设 X,Y 为任意两个随机变量，则

$$E(X\pm Y)=E(X)\pm E(Y).$$

（3）设随机变量 X 与 Y 相互独立，则

$$E(XY)=E(X)E(Y).$$

推广：设 $X_1,X_2,\cdots,X_n$ 相互独立，则

$$E(X_1X_2\cdots X_n)=E(X_1)E(X_2)\cdots E(X_n).$$

2. 一维随机变量 X 的函数 $Y=g(X)$ 的数学期望的计算（又称懒人定理，即不需要计算 Y 的分布）

（1）设离散型随机变量 X 的分布律为 $P\{X=x_i\}=p_i\ (i=1,2,\cdots)$，则

$$E(Y)=E[g(X)]=\sum_{i=1}^{+\infty}g(x_i)p_i.$$

（2）设连续型随机变量 X 的概率密度函数为 $f(x)$，则

$$E(Y)=E[g(X)]=\int_{-\infty}^{+\infty}g(x)f(x)\mathrm{d}x.$$

这里要求上面的级数与积分是绝对收敛的.

3. 二维随机变量 (X,Y) 的函数 $Z=g(X,Y)$ 的数学期望的计算

（1）设离散型随机变量 (X,Y) 的联合分布律为 $P\{X=x_i,Y=y_j\}=p_{i,j}\ (i=1,2,\cdots;\ j=1,2,\cdots)$，则

$$E(Z)=E[g(X,Y)]=\sum_{i=1}^{+\infty}\sum_{j=1}^{+\infty}g(x_i,y_j)p_{i,j}.$$

（2）设连续型随机变量 (X,Y) 的联合概率密度函数为 $f(x,y)$，则

$$E(Z)=E[g(X,Y)]=\int_{-\infty}^{+\infty}\int_{-\infty}^{+\infty}g(x,y)f(x,y)\mathrm{d}x\mathrm{d}y.$$

4. 方差计算

（1）设离散型随机变量 X 的分布律为 $P\{X=x_i\}=p_i\ (i=1,2,\cdots)$，则

$$D(X)=E\left\{[X-E(X)]^2\right\}=\sum_{i=1}^{\infty}[x_i-E(X)]^2 p_i .$$

（2）设连续型随机变量 X 的概率密度函数为 $f(x)$，则

$$D(X)=\int_{-\infty}^{+\infty}[x-E(X)]^2 f(x)\mathrm{d}x.$$

（3）方差的计算公式：

$$D(X)=E(X^2)-[E(X)]^2 .$$

5. 方差的性质

（1）设 a 与 b 是两个常数，X 是一个随机变量，则

$$D(aX)=a^2D(X)，\ D(b)=0，\ D(aX+b)=a^2D(X).$$

（2）设随机变量 X 与 Y 相互独立，则

$$D(X\pm Y)=D(X)+D(Y).$$

推广：设 $X_1,X_2,\cdots,X_n$ 相互独立，则

$$D(X_1\pm X_2\pm\cdots\pm X_n)=D(X_1)+D(X_2)+\cdots+D(X_n).$$

（3）设 X,Y 是任意两个随机变量，则

$$D(X\pm Y)=D(X)+D(Y)\pm 2E\{[X-E(X)][Y-E(Y)]\} .$$

6. 常见分布的数学期望与方差

（1）（0-1）分布（两点分布）：设 $X\sim b(1,p)$，则

$$E(X)=p，\ D(X)=p(1-p) .$$

（2）二项分布：设 $X\sim b(n,p)$，则

$$E(X)=np，\ D(X)=np(1-p) .$$

（3）泊松分布：设 $X\sim \pi(\lambda)$，则

$$E(X)=\lambda，\ D(X)=\lambda .$$

（4）均匀分布：设 $X\sim U(a,b)$，则

$$E(X)=\frac{b+a}{2}，\ D(X)=\frac{(b-a)^2}{12} .$$

（5）指数分布：设 $X\sim e(\theta)$，则

$$E(X)=\theta，\ D(X)=\theta^2 .$$

（6）正态分布：设 $X\sim N(\mu,\sigma^2)$，则

$$E(X)=\mu，\ D(X)=\sigma^2 .$$

四、重点

（1）数学期望与方差的计算.

（2）随机变量函数的数学期望.

思维导图

本单元的思维导图如图 1-7-1 所示.

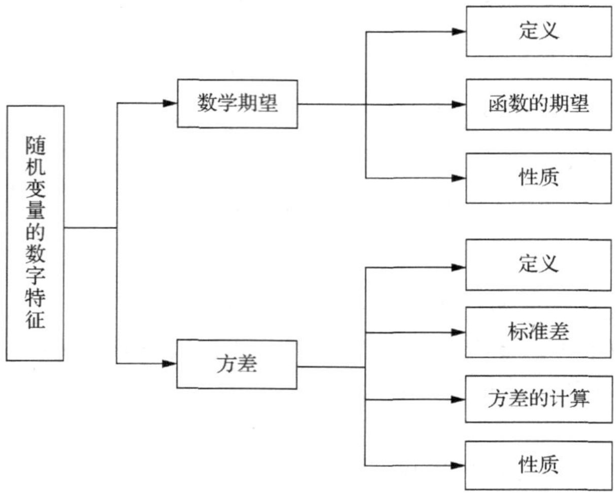

图 1-7-1

典型题解

例 1.7.1 若随机变量 X 的分布函数为 $F(x)=\begin{cases}0, & x<0,\\ x^3, & 0\leqslant x\leqslant 1,\\ 1, & x>1,\end{cases}$ 则 $E(X)=$（　　）.

A. $\int_0^{+\infty} x^4\mathrm{d}x$　　　　B. $\int_0^1 3x^3\mathrm{d}x$

C. $\int_0^1 x^4\mathrm{d}x+\int_1^{+\infty} x\mathrm{d}x$　　　　D. $\int_0^1 x^3\mathrm{d}x+\int_1^{+\infty} 1\mathrm{d}x$

解 根据连续型随机变量概率密度函数的性质，知

$$f(x)=F'(x)=\begin{cases}3x^2, & 0\leqslant x\leqslant 1,\\ 0, & \text{其他}.\end{cases}$$

故

$$E(X)=\int_{-\infty}^{+\infty} xf(x)\mathrm{d}x=\int_0^1 3x^3\mathrm{d}x.$$

故选 B.

注记 本题主要考查数学期望的定义和连续型随机变量分布函数与概率密度函数的关系，易错点在于，迅速读题之后，直接将分布函数代入数学期望的积分中进行计算.

例 1.7.2 设随机变量 X 表示 10 次独立重复试验中事件 A 发生的次数，$P(A)=0.4$，求 $E(2X^2)$.

解 由 $X\sim b(10,0.4)$，知

$$E(X)=np=4,\ D(X)=np(1-p)=10\times 0.4\times 0.6=2.4.$$

因此

$$E(2X^2)=2E(X^2)=2\left\{D(X)+[E(X)]^2\right\}=2\times(2.4+4^2)=36.8.$$

注记 本题考查两个方面的知识：一是二项分布的期望和方差，二是方差公式 $D(X)=E(X^2)-[E(X)]^2$ 的灵活运用.

例 1.7.3 设随机变量 $X\sim\begin{pmatrix}-3 & 0 & 3\\ 0.2 & 0.3 & 0.5\end{pmatrix}$，求 $E(X)$，$D(X)$，$E(3X^2-5)$ 及 $D(-2X+3)$.

解

$$E(X)=(-3)\times 0.2+0\times 0.3+3\times 0.5=0.9,$$
$$E(X^2)=(-3)^2\times 0.2+0^2\times 0.3+3^2\times 0.5=6.3,$$
$$D(X)=E(X^2)-[E(X)]^2=6.3-0.9^2=5.49,$$
$$E(3X^2-5)=3E(X^2)-5=3\times 6.3-5=13.9,$$
$$D(-2X+3)=(-2)^2D(X)=4\times 5.49=21.96.$$

注记 本题考查离散型随机变量的数学期望的定义，随机变量函数的数学期望的计算方法、方差的计算公式，以及数学期望和方差的性质.

例 1.7.4 已知随机变量 $X\sim U(0,2\pi)$，求 $E(\sin X)$.

解 由 $X\sim U(0,2\pi)$，知 X 的概率密度函数为

$$f(x)=\begin{cases}\dfrac{1}{2\pi}, & 0<x<2\pi,\\ 0, & \text{其他}.\end{cases}$$

因此，

$$E(\sin X)=\int_{-\infty}^{+\infty}\sin x\cdot f(x)\mathrm{d}x=\frac{1}{2\pi}\int_0^{2\pi}\sin x\mathrm{d}x=0.$$

注记 本题考查连续型随机变量函数的数学期望的计算，即懒人定理的使用，不需要计算随机变量函数的概率密度函数.

例 1.7.5 设二维连续型随机变量 (X,Y) 的概率密度函数为 $f(x,y)=\begin{cases}2, & (x,y)\in G,\\ 0, & (x,y)\notin G,\end{cases}$ 其中 G 由 x 轴、y 轴和直线 $x+y=1$ 所围成. 求 $E(X)$，$E(-3X+2Y)$ 及 $E(XY)$.

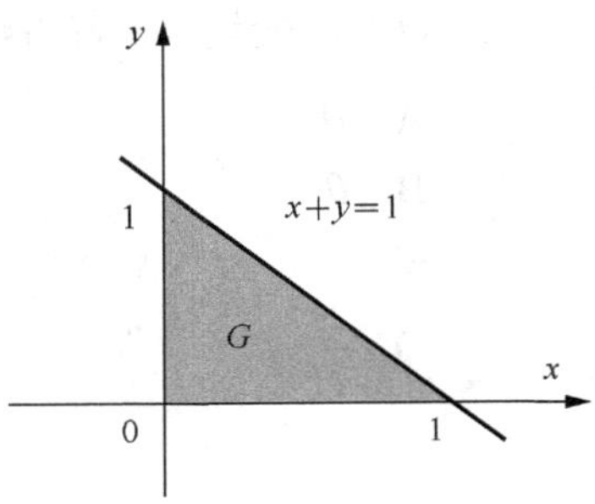

图 1-7-2

解 做出区域 G 如图 1-7-2 所示，因此

$$E(X)=\int_{-\infty}^{+\infty}\int_{-\infty}^{+\infty}xf\left(x,y\right)\mathrm{d}x\mathrm{d}y=\iint_G 2x\mathrm{d}x\mathrm{d}y=\int_0^1\left[\int_0^{1-x}2x\mathrm{d}y\right]\mathrm{d}x=\frac{1}{3},$$

$$E(-3X+2Y)=\int_{-\infty}^{+\infty}\int_{-\infty}^{+\infty}(-3x+2y)f(x,y)\mathrm{d}x\mathrm{d}y=\iint_G 2(-3x+2y)\mathrm{d}x\mathrm{d}y$$

$$=\int_0^1\left[\int_0^{1-x}(-6x+4y)\mathrm{d}y\right]\mathrm{d}x=-\frac{1}{3},$$

$$E(XY)=\int_{-\infty}^{+\infty}\int_{-\infty}^{+\infty}xyf(x,y)\mathrm{d}x\mathrm{d}y=\iint_G 2xy\mathrm{d}x\mathrm{d}y$$

$$=\int_0^1\left[\int_0^{1-x}2xy\mathrm{d}y\right]\mathrm{d}x=\frac{1}{12}.$$

注记 本题考查连续型随机变量函数的数学期望的计算，即懒人定理的使用，再次强调不需要计算随机变量函数的概率密度函数.

单元练习

一、选择题

1. 若 $E(XY)=E(X)E(Y)$，则下列结论一定成立的是（　　）.

A. $D(XY)=D(X)D(Y)$

B. $D(X-Y)=D(X)-D(Y)$

C. $D(X-Y)=D(X)+D(Y)$

D. X 与 Y 独立

2. 设 X 为随机变量，a 为任意实数，则（　　）.

A. $E\left[(X-a)^2\right]=E\left\{\left[X-E(X)\right]^2\right\}$

B. $E\left[(X-a)^2\right]\geqslant E\left\{\left[X-E(X)\right]^2\right\}$

C. $E\left[(X-a)^2\right]<E\left\{\left[X-E(X)\right]^2\right\}$

D. $E(X-a)=0$

3. 设随机变量 $X\sim e(\theta)$，则 $P\left\{X>\sqrt{D(X)}\right\}=$（　　）.

A. θ^2

B. θ

C. e

D. $\frac{1}{\mathrm{e}}$

二、计算题

1. 设随机变量 X 的分布律为 $X \sim \begin{pmatrix} 1 & 2 & 3 \\ 0.1 & 0.6 & 0.3 \end{pmatrix}$，求：

（1）$Y = \dfrac{1}{X}$ 的数学期望；

（2）$Z = X^2 + 2$ 的数学期望.

2. 假设一部机器在一天内发生故障的概率为 0.2，机器发生故障时需全天停止工作. 若一周 5 个工作日内不发生故障可获利润 10 万元，发生一次故障可获利润 5 万元，发生两次故障所获利润为 0 元，发生三次或三次以上故障就要亏损 2 万元. 求一周内的期望利润是多少？

3. 设随机变量 X 的概率密度函数为 $f(x)=\begin{cases} x, & 0\leqslant x<1, \\ 2-x, & 1\leqslant x<2, \\ 0, & 其他, \end{cases}$ 求 $E(X^2)$.

4. 设随机变量 X 的概率密度函数为 $f(x)=\begin{cases} \lambda e^{-\lambda x}, & x>0, \\ 0, & x\leqslant 0, \end{cases}$ 其中 $\lambda>2$，求随机变量 $Y=e^X$ 的数学期望与方差.

单元测试

一、选择题

1. 设随机变量 X 的概率密度函数为 $f(x)=\begin{cases} e^{-x}, & x\geqslant 0, \\ 0, & x<0, \end{cases}$ $Y_k=\begin{cases} 0, & X<k \\ 1, & X\geqslant k \end{cases}$ $(k=1,2)$，则 $E(Y_1+Y_2)=$（　　）.

A. $e^{-2}-e^{-1}$　　B. $e^{-1}-e^{-2}$　　C. $e^{-1}+e^{-2}$　　D. $e+e^2$

2. 将一枚骰子投掷 n 次，则出现的点数之和 X 的数学期望为（　　）.

A. $\frac{n}{6}$　　B. $\frac{n}{2}$　　C. $\frac{3n}{2}$　　D. $\frac{7n}{2}$

3. 设随机变量 X 满足 $E(X)=D(X)=\lambda$，已知 $E[(X-1)(X-2)]=1$，则 $\lambda=$（　　）.

A. -1　　B. 0　　C. 1　　D. 2

4. 设随机变量 X 服从参数为 1 的泊松分布，则 $P\{X=E(X^2)\}=$（　　）.

A. 1　　B. 2　　C. 2e　　D. $\frac{1}{2e}$

二、计算题

1. 已知随机变量 X 的分布律为 $P\{X=k\}=\frac{C}{k!}, k=0,1,\cdots$，求 $E(X^2)$.

2. 设二维随机变量 (X,Y) 在区域 $G=\{(x,y)|0<x<1,\ |y|<x\}$ 内服从均匀分布，$Z=2X+1$，求方差 $D(Z)$.

3. 已知甲、乙两个箱子中装有同种产品，其中甲箱中装有 3 件合格品和 3 件次品，乙箱中仅装有 3 件合格品. 从甲箱中任取 3 件产品放入乙箱后，求：

（1）乙箱中次品数 X 的数学期望 $E(X)$ 和方差 $D(X)$；

（2）从乙箱中任取一件产品是次品的概率.

4. 设随机变量 X 与 Y 同分布，X 的概率密度函数为

$$f(x)=\begin{cases}\frac{3}{8}x^2, & 0<x<2,\\ 0, & \text{其他}.\end{cases}$$

（1）已知事件 $A=\{X>a\}$ 和 $B=\{Y>a\}$ 独立，且 $P(A\cup B)=\dfrac{3}{4}$，求常数 a.

（2）求 $\dfrac{1}{X^2}$ 的数学期望.

三、讨论题

某报纸零售商每天清晨从报社购进报纸进行销售，晚上将没有售出的报纸退回报社，每份报纸进价 0.5 元，售价 1 元，退回价 0.3 元. 假设在该零售商的销售范围内，每日报纸的需求量服从[150,200]内的均匀分布，那么该报纸零售商需购进多少份报纸，才能使收益的期望最大？

四、拓展题

设随机变量 X 的概率密度函数为 $f(x)=\begin{cases}\dfrac{1}{2}\cos\dfrac{x}{2}, & 0\leqslant x\leqslant \pi,\\ 0, & \text{其他},\end{cases}$ 对 X 独立地重复观察 4 次，用 Y 表示观察值大于 $\dfrac{\pi}{3}$ 的次数，求 Y^2 的数学期望.

第八单元　协方差、相关系数与矩

单元概要

协方差和相关系数是概率论中两个很重要的概念，它们是反映两个随机变量之间线性关系的数字特征. 在实际应用中，人们为什么总是用相关系数，而不用协方差来判断两个随机变量 X 与 Y 之间的线性相关程度呢？其主要原因在于相关系数（又称标准化随机变量的协方差）是一个无量纲的量，用它来描述 X 与 Y 的线性相关关系不受单位的影响；而协方差不同，它是一个有量纲的量，必须依赖于 X 与 Y 的度量单位，因此相关系数使用起来更方便. 随机变量的矩是描述随机变量统计规律的最简单、最基本的数字特征，它是统计理论的重要基础和工具. 特别地，随机变量 X 的数学期望 $E(X)$ 就是它的一阶原点矩，而方差 $D(X)$ 就是它的二阶中心矩，随机变量 X 与 Y 的协方差就是随机变量 X 和 Y 的二阶混合中心矩. 本单元的主要内容包括协方差和相关系数的概念、性质和计算，矩的定义，两个随机变量不相关的定义，以及不相关的等价条件.

本单元的基本内容概述如下.

一、概念

1. 协方差

称量 $E\{[X-E(X)][Y-E(Y)]\}$ 为随机变量 X 与 Y 的协方差，记为 $\mathrm{Cov}(X,Y)$，即

$$\mathrm{Cov}(X,Y)=E\{[X-E(X)][Y-E(Y)]\}.$$

2. 相关系数

对于随机变量 X 与 Y，若 $D(X)>0$，$D(Y)>0$，则称量 $\dfrac{\mathrm{Cov}(X,Y)}{\sqrt{D(X)}\cdot\sqrt{D(Y)}}$ 为 X 与 Y 相关系数，记为 ρ_{XY}，即

$$\rho_{XY}=\frac{\mathrm{Cov}(X,Y)}{\sqrt{D(X)}\cdot\sqrt{D(Y)}}.$$

3. 不相关

对于随机变量 X 与 Y，若 $\rho_{XY}=0$，则称随机变量 X 与 Y 不相关；若 $\rho_{XY}\neq 0$，则称随机变量 X 与 Y 相关.

4. 随机变量的矩

（1）原点矩：对于正整数k，称随机变量X的k次幂的数学期望为X的k阶原点矩，记为μ_k，即$\mu_k = E(X^k)$.

（2）中心矩：对于正整数k，称随机变量X与$E(X)$差的k次幂的数学期望为X的k阶中心矩，记为v_k，即$v_k = E\left\{[X - E(X)]^k\right\}$.

（3）混合原点矩：对于正整数k,l，如果$E(X^k Y^l)$存在，则称之为随机变量X与Y的$k+l$阶混合原点矩，记为μ_{kl}，即$\mu_{kl} = E(X^k Y^l)$.

（4）混合中心矩：对于正整数k,l，如果$E\left\{[X - E(X)]^k [Y - E(Y)]^l\right\}$存在，则称之为随机变量$X$与$Y$的$k+l$阶混合中心矩，记为$v_{kl}$，即

$$v_{kl} = E\left\{[X - E(X)]^k [Y - E(Y)]^l\right\}.$$

二、方法与原理

（1）协方差的计算公式.

（2）不相关的判定.

三、公式与结论

1. 协方差的性质

设X,Y,Z为任意随机变量，a,b为常数，则

（1）$\mathrm{Cov}(X,Y) = \mathrm{Cov}(Y,X)$；

（2）$\mathrm{Cov}(X,a) = 0$；

（3）$\mathrm{Cov}(aX,bY) = ab\mathrm{Cov}(X,Y)$；

（4）$\mathrm{Cov}(X+Y,Z) = \mathrm{Cov}(X,Z) + \mathrm{Cov}(Y,Z)$；

（5）$D(X \pm Y) = D(X) + D(Y) \pm 2\mathrm{Cov}(X,Y)$.

2. 协方差的计算公式

$$\mathrm{Cov}(X,Y) = E(XY) - E(X)E(Y).$$

3. 相关系数的性质

（1）$|\rho_{XY}| \leqslant 1$.

（2）$|\rho_{XY}| = 1$的充要条件是随机变量X与Y以概率 1 存在着线性关系，即存在常数$a \neq 0$和b，有

$$P\{Y = aX + b\} = 1.$$

注记　上述性质表明随机变量X与Y的相关系数ρ_{XY}是用来度量X与Y之间线性相关程度的量.

4. 判定不相关的充要条件

对于随机变量 X 与 Y， X 与 Y 不相关的充要条件是

（1） $\rho_{XY}=0$；

（2） $\mathrm{Cov}(X,Y)=0$；

（3） $E(XY)=E(X)E(Y)$；

（4） $D(X+Y)=D(X)+D(Y)$.

5. 独立与不相关的关系

（1）若 X 与 Y 相互独立，则 X 与 Y 不相关. 反之，不成立.

（2）若 $(X,Y)\sim N(\mu_1,\mu_2,\sigma_1^2,\sigma_2^2,\rho)$，则 X 与 Y 相互独立，当且仅当 X 与 Y 不相关.

四、重点

（1）协方差与相关系数的计算.

（2）协方差与相关系数的性质.

（3） X 与 Y 不相关的判定.

思维导图

本单元的思维导图如图 1-8-1 所示.

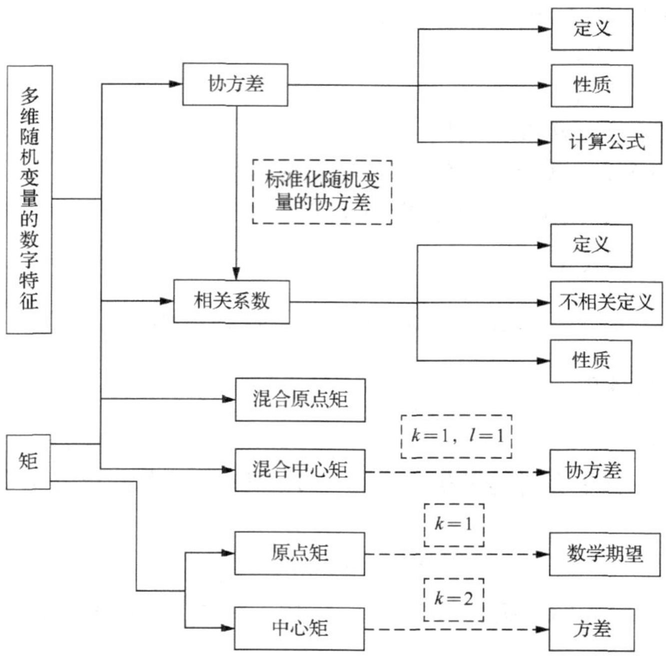

图 1-8-1

典型题解

例 1.8.1　设随机变量 $X \sim N(1,3^2)$，$Y \sim N(0,4^2)$，相关系数为 $\rho_{XY}=-\frac{1}{2}$，设 $Z=\frac{X}{3}+\frac{Y}{2}$.
求：

（1）随机变量 Z 的数学期望与方差；

（2）随机变量 X 与 Z 的相关系数.

解　（1）由题意和方差的性质，知

$$E(X)=1,\quad D(X)=9,\quad E(Y)=0,\quad D(Y)=16.$$

$$E(Z)=E\left(\frac{X}{3}+\frac{Y}{2}\right)=\frac{1}{3}E(X)+\frac{1}{2}E(Y)=\frac{1}{3}\times 1+\frac{1}{2}\times 0=\frac{1}{3}.$$

$$\begin{aligned}D(Z)&=D\left(\frac{X}{3}+\frac{Y}{2}\right)=\frac{1}{3^2}D(X)+\frac{1}{2^2}D(Y)+2\mathrm{Cov}\left(\frac{X}{3},\frac{Y}{2}\right)\\&=\frac{1}{3^2}D(X)+\frac{1}{2^2}D(Y)+2\times\frac{1}{3}\times\frac{1}{2}\mathrm{Cov}(X,Y)\\&=\frac{1}{3^2}D(X)+\frac{1}{2^2}D(Y)+2\times\frac{1}{3}\times\frac{1}{2}\rho_{XY}\cdot\sqrt{D(X)}\cdot\sqrt{D(Y)}\\&=\frac{1}{3^2}\times 9+\frac{1}{2^2}\times 16+2\times\frac{1}{3}\times\frac{1}{2}\times\left(-\frac{1}{2}\right)\times 3\times 4\\&=3.\end{aligned}$$

（2）由协方差的性质，知

$$\begin{aligned}\mathrm{Cov}(X,Z)&=\mathrm{Cov}\left(X,\frac{X}{3}+\frac{Y}{2}\right)=\frac{1}{3}D(X)+\frac{1}{2}\mathrm{Cov}(X,Y)\\&=\frac{1}{3}D(X)+\frac{1}{2}\rho_{XY}\cdot\sqrt{D(X)}\cdot\sqrt{D(Y)}\\&=\frac{1}{3}\times 9+\frac{1}{2}\times\left(-\frac{1}{2}\right)\times 3\times 4\\&=0.\end{aligned}$$

因此

$$\rho_{XZ}=\frac{\mathrm{Cov}(X,Z)}{\sqrt{D(X)}\cdot\sqrt{D(Z)}}=0.$$

注记　本题综合使用了方差和协方差的性质及相关系数的定义.

例 1.8.2　设随机变量 X 服从 $(0,6)$ 上的均匀分布，Y 服从参数 $\theta=1$ 的指数分布，且 X 与 Y 的相关系数为 $\rho_{XY}=\frac{1}{\sqrt{3}}$，试计算 $E(XY)$.

解　由随机变量 X 服从 $(0,6)$ 上的均匀分布，可知

$$E(X)=3,\quad D(X)=3.$$

由 Y 服从参数 $\theta=1$ 的指数分布，可知

$$E(Y)=1,\quad D(Y)=1.$$

$$\mathrm{Cov}(X,Y)=\rho_{XY}\cdot\sqrt{D(X)}\cdot\sqrt{D(Y)}=\frac{1}{\sqrt{3}}\times\sqrt{3}\times 1=1.$$

由协方差的计算公式 $\mathrm{Cov}(X,Y)=E(XY)-E(X)E(Y)$，知

$$E(XY)=\mathrm{Cov}(X,Y)+E(X)E(Y)=1+3\times 1=4.$$

注记 本题考查了常见分布的数学期望与方差及协方差的计算公式的灵活运用.

例 1.8.3 设随机变量 (X,Y) 的概率密度函数为

$$f(x,y)=\begin{cases}\dfrac{1}{8}(x+y), & 0\leqslant x\leqslant 2, 0\leqslant y\leqslant 2,\\ 0, & \text{其他}.\end{cases}$$

求 $E(X)$，$E(Y)$，$\mathrm{Cov}(X,Y)$，ρ_{XY} 和 $D(X+Y)$.

解 $E(X)=\int_0^2\mathrm{d}x\int_0^2 x\cdot\dfrac{1}{8}(x+y)\mathrm{d}y=\dfrac{7}{6}$，$E(Y)=\int_0^2\mathrm{d}x\int_0^2 y\cdot\dfrac{1}{8}(x+y)\mathrm{d}y=\dfrac{7}{6}$.

$$E(XY)=\int_0^2\mathrm{d}x\int_0^2 xy\cdot\frac{1}{8}(x+y)\mathrm{d}y=\frac{4}{3}.$$

$$\mathrm{Cov}(X,Y)=E(XY)-E(X)E(Y)=\frac{4}{3}-\left(\frac{7}{6}\right)^2=-\frac{1}{36}.$$

$$D(X)=E(X^2)-[E(X)]^2=\int_0^2\mathrm{d}x\int_0^2 x^2\cdot\frac{1}{8}(x+y)\mathrm{d}y-\left(\frac{7}{6}\right)^2=\frac{11}{36}.$$

$$D(Y)=E(Y^2)-[E(Y)]^2=\int_0^2\mathrm{d}x\int_0^2 y^2\cdot\frac{1}{8}(x+y)\mathrm{d}y-\left(\frac{7}{6}\right)^2=\frac{11}{36}.$$

$$\rho_{XY}=\frac{\mathrm{Cov}(X,Y)}{\sqrt{D(X)}\cdot\sqrt{D(Y)}}=\frac{-\dfrac{1}{36}}{\dfrac{11}{36}}=-\frac{1}{11}.$$

$$D(X+Y)=D(X)+D(Y)+2\mathrm{Cov}(X,Y)=\frac{11}{36}+\frac{11}{36}+2\times\left(-\frac{1}{36}\right)=\frac{5}{9}.$$

单元练习

一、选择题

1. 下列结论中，不是两个随机变量 X 和 Y 不相关的充要条件的是（　　）.

A. $\mathrm{Cov}(X,Y)=0$　　B. $D(X+Y)=D(X)+D(Y)$

C. $E(XY)=E(X)E(Y)$　　D. X 和 Y 相互独立

2. 设 $X\sim N(1,1)$，$Y\sim N(2,1)$，且 X 与 Y 相互独立，则 $Z=3X-2Y+1\sim$（　　）.

A. $N(0,1)$　　B. $N(-1,1)$　　C. $N(0,13)$　　D. $N(-1,13)$

3. 设随机变量 X 的方差为 $D(X)=25$，随机变量 Y 的方差 $D(Y)=36$， X 与 Y 的相关系数为 $\rho_{XY}=0.5$，则 $D(X-Y+2)=$（　　）.

A. -9　　　B. 31　　　C. 33　　　D. 92

二、计算题

1. 设随机变量 $(X,Y)\sim N\left(2,0,2^2,3^2,\dfrac{1}{2}\right)$， $Z=\dfrac{X}{4}-\dfrac{Y}{2}$，求 $D(Z+1)$.

2. 设随机变量 (X,Y) 的联合分布律如表 1-8-1 所示.

表 1-8-1

X \ Y	-1	0	1
0	0.07	0.18	0.15
1	0.08	0.32	0.20

求 X^2 和 Y^2 的协方差 $\mathrm{Cov}(X^2,Y^2)$.

3. 设随机变量 X 的概率密度函数为 $f(x)=\begin{cases} e^{-x}, & x>0, \\ 0, & x\leqslant 0, \end{cases}$ 随机变量 $Y_k=\begin{cases} 0, & X<k \\ 1, & X\geqslant k \end{cases}$ $(k=1,2)$. 求：

（1） (Y_1,Y_2) 的分布律和相关系数；

（2） $Z_1=\max\{Y_1,Y_2\}$ 的分布律；

（3） $Z_2=\min\{Y_1,Y_2\}$ 的分布律；

（4） $E(Z_1Z_2)$.

单元测试

一、选择题

1. 将一枚硬币重复掷 n 次，以 X,Y 分别表示正面向上与反面向上的次数，则 X 与 Y 的相关系数为（　　）.

A. -1　　B. 0　　C. 0.5　　D. 1

2. 设随机变量 (X,Y) 服从二维正态分布，则随机变量 $\xi=X+Y$ 与 $\eta=X-Y$ 不相关的充要条件为（　　）.

A. $E(X)=E(Y)$　　B. $E(X^2)-[E(X)]^2=E(Y^2)-[E(Y)]^2$

C. $E(X^2)=E(Y^2)$　　D. $E(X^2)+[E(X)]^2=E(Y^2)+[E(Y)]^2$

3. 设二维随机变量(X,Y)服从正态分布$N(\mu_1,\mu_2,\sigma_1^2,\sigma_2^2,0)$，则$E(XY^2)=$（　　）.

A. $\mu_1\mu_2^2$　　B. $\mu_1(\mu_2^2+\sigma_2^2)$

C. $\mu_1+\mu_2^2$　　D. $\mu_1+\mu_2^2+\sigma_2^2$

4. 设X,Y为独立同分布随机变量，$X\sim N(2,\sigma^2)$，则下列式子中正确的是（　　）.

A. $P\{X+Y\leqslant 2\}=\frac{1}{2}$　　B. $P\{X+Y\leqslant 0\}=\frac{1}{2}$

C. $P\{X-Y\leqslant 0\}=\frac{1}{2}$　　D. $P\{X-Y\leqslant 4\}=\frac{1}{2}$

5. 设随机变量$X\sim N(0,1)$，$Y\sim N(1,4)$，且相关系数$\rho_{XY}=1$，则（　　）.

A. $P\{Y=-2X-1\}=1$　　B. $P\{Y=2X-1\}=1$

C. $P\{Y=-2X+1\}=1$　　D. $P\{Y=2X+1\}=1$

6. 设X,Y为独立同分布随机变量，则随机变量$\xi=X+Y$与$\eta=X-Y$必然（　　）.

A. 不相关　　B. 不独立　　C. 相关　　D. 独立

二、计算题

1. 设X,Y独立同分布，$P\{X=k\}=\frac{1}{3}$，$k=1,2,3$，令$\xi=\max\{X,Y\}$，$\eta=\min\{X,Y\}$，求：（1）(ξ,η)的分布律；

（2）$E(\xi)$，$E(\eta)$，$D(\xi)$，$D(\eta)$；

（3）$\rho_{\xi\eta}$.

2. 设 A,B 为随机事件，且 $P(A)=\frac{1}{4}$，$P(B|A)=\frac{1}{3}$，$P(A|B)=\frac{1}{2}$. 令

$$X=\begin{cases}1, & \text{事件}A\text{ 发生},\\ 0, & \text{事件}A\text{ 未发生},\end{cases}\quad Y=\begin{cases}1, & \text{事件}B\text{ 发生},\\ 0, & \text{事件}B\text{ 未发生}.\end{cases}$$

求：（1）二维随机变量 (X,Y) 的联合分布律；

（2）X 与 Y 的协方差 $\mathrm{Cov}(X,Y)$.

3. 已知随机变量 X,Y 及 XY 的分布律如表 1-8-2 ~ 表 1-8-4 所示.

表 1-8-2

X	0	1	2
P	$\frac{1}{2}$	$\frac{1}{3}$	$\frac{1}{6}$

表 1-8-3

Y	0	1	2
P	$\frac{1}{3}$	$\frac{1}{3}$	$\frac{1}{3}$

表 1-8-4

XY	0	1	2	4
P	$\frac{7}{12}$	$\frac{1}{3}$	0	$\frac{1}{12}$

求：（1）(X,Y) 的分布律；

（2）$P\{X=2Y\}$；

（3）$E(X^2+Y^2)$；

（4）ρ_{XY}.

三、讨论题

设随机变量 $(X,Y)\sim N\left(2,0,2^2,3^2,\frac{1}{2}\right)$，$Z=\frac{X}{2}+\frac{Y}{3}$.

（1）求 Z 的数学期望与方差；

（2）问 Z 服从什么分布并写出其概率密度函数 $f_Z(z)$；

（3）讨论 X 与 Z 的相关性与独立性.

四、证明题

1. 设随机变量 X 和 Y 的联合概率密度函数为

$$f(x,y)=\begin{cases}\dfrac{1}{4}[1+xy(x^2-y^2)], & |x|<1,|y|<1,\\ 0, & 其他.\end{cases}$$

证明：（1） X 与 Y 不相互独立；

（2） X 与 Y 不相关.

2. 设 A 和 B 是试验 E 的两个事件，且 $P(A)>0$ ，$P(B)>0$ ，并定义随机变量 X 与 Y 如下：

$$X=\begin{cases}1, & 若A发生,\\ 0, & 若A不发生,\end{cases}\qquad Y=\begin{cases}1, & 若B发生,\\ 0, & 若B不发生.\end{cases}$$

证明：若 $\rho_{XY}=0$ ，则 X 与 Y 必定相互独立.

五、拓展题

设随机变量 $X_1,X_2,\cdots,X_n(n>1)$ 独立同分布，且其方差 $\sigma^2>0$. 令 $Y=\dfrac{1}{n}\sum\limits_{i=1}^{n}X_i$ ，则（　　）.

A. $\mathrm{Cov}(X_1,Y)=\dfrac{\sigma^2}{n}$　　　　B. $\mathrm{Cov}(X_1,Y)=\sigma^2$

C. $D(X_1+Y)=\dfrac{n+2}{n}\sigma^2$　　　　D. $D(X_1-Y)=\dfrac{n+1}{n}\sigma^2$

第九单元　大 数 定 律

单元概要

我们一直强调，方差（和标准差）表示分布的离散程度. 当随机变量X的分布已知时，计算的方差越大，随机变量的取值偏离平均值的可能性就越大. 切比雪夫（Chebyshev）不等式可以使人们在随机变量X的分布未知的情况下，对事件$\{|X-E(X)|<\varepsilon\}$的概率作出估计. 经过长期的实践，人们逐渐认识到虽然随机事件在某次试验中可能发生也可能不发生，但在大量重复试验中，随机事件的发生往往呈现几乎必然的规律，这个规律就是大数定律. 通俗地讲，大数定律是论述随机变量序列的算术平均值收敛于随机变量各数学期望的算术平均值的定律. 本单元的主要内容包括：切比雪夫不等式的应用、大数定律成立的条件及结论.

本单元的基本内容概述如下.

一、概念

（1）独立同分布随机变量序列：若对于任何正整数$n\geqslant 1$，$X_1,X_2,\cdots,X_n,\cdots$是相互独立的，且所有的$X_i\ (i=1,2,\cdots,n,\cdots)$服从同样的分布，则称$X_1,X_2,\cdots,X_n,\cdots$是独立同分布随机变量序列.

（2）依概率收敛：设$X_1,X_2,\cdots,X_n,\cdots$是一个随机变量序列，$x$是一个常数，若对于任意$\varepsilon>0$，有

$$\lim_{n\to\infty}P\{|X_n-x|<\varepsilon\}=1,$$

则称序列$X_1,X_2,\cdots,X_n,\cdots$依概率收敛于$x$，记作$X_n\xrightarrow{P}x$，$n\to\infty$.

二、方法与原理

利用切比雪夫不等式估算概率及大数定律的运用.

三、公式与结论

（1）切比雪夫不等式：设随机变量X具有数学期望$E(X)=\mu$，方差$D(X)=\sigma^2$，则对任意$\varepsilon>0$，有

$$P\{|X-\mu|\geqslant\varepsilon\}\leqslant\frac{\sigma^2}{\varepsilon^2}\Leftrightarrow P\{|X-\mu|<\varepsilon\}\geqslant 1-\frac{\sigma^2}{\varepsilon^2}.$$

注记　切比雪夫不等式显示了随机变量的“几乎所有”值都会“接近”其均值. 切

比雪夫不等式对服从任何分布的随机变量都是适用的.

(2) 切比雪夫大数定律：设$X_1,X_2,\cdots,X_n,\cdots$是相互独立的随机变量序列，有数学期望$E(X_1),E(X_2),\cdots,E(X_n),\cdots$，且方差$D(X_1),D(X_2),\cdots,D(X_n),\cdots$对于所有的$i=1,2,\cdots,n,\cdots$，都有$D(X_i)\leqslant K$，其中$K$是与$i$无关的常数，则对任意$\varepsilon>0$，有

$$\lim_{n\to\infty}P\left\{\left|\frac{1}{n}\sum_{i=1}^{n}X_i-\frac{1}{n}\sum_{i=1}^{n}E(X_i)\right|<\varepsilon\right\}=1.$$

切比雪夫大数定律的特殊情况：设$X_1,X_2,\cdots,X_n,\cdots$是相互独立的随机变量序列，且具有相同的数学期望和方差$E(X_i)=\mu$，$D(X_i)=\sigma^2\ (i=1,2,\cdots,n,\cdots)$，则对任意$\varepsilon>0$，有

$$\lim_{n\to\infty}P\left\{\left|\frac{1}{n}\sum_{i=1}^{n}X_i-\mu\right|<\varepsilon\right\}=1$$

注记　切比雪夫大数定律要求：①$X_1,X_2,\cdots,X_n,\cdots$相互独立；②$X_1,X_2,\cdots,X_n,\cdots$有数学期望，有方差，且方差一致有界.

(3) 辛钦（Khinchin）大数定律（又称独立同分布大数定律）：设$X_1,X_2,\cdots,X_n,\cdots$是独立同分布随机变量序列，且有数学期望$E(X_i)=\mu\ (i=1,2,\cdots,n,\cdots)$，则对任意$\varepsilon>0$，有

$$\lim_{n\to\infty}P\left\{\left|\frac{1}{n}\sum_{i=1}^{n}X_i-\mu\right|<\varepsilon\right\}=1.$$

注记　与切比雪夫大数定律的特殊情况相比，辛钦大数定律对于独立同分布的随机变量序列，没有方差存在性的要求.

(4) 伯努利（Bernoulli）大数定律：设n_A表示n次独立重复试验中事件A发生的次数，p是事件A在每次试验中发生的概率，则对于任意$\varepsilon>0$，有

$$\lim_{n\to\infty}P\left\{\left|\frac{n_A}{n}-p\right|<\varepsilon\right\}=1，\text{或}\ \lim_{n\to\infty}P\left\{\left|\frac{n_A}{n}-p\right|\geqslant\varepsilon\right\}=0.$$

注记　① 伯努利大数定律从理论上证明了概率的统计定义，即当试验的次数无限增大时随机事件发生的概率具有稳定性，亦即频率的极限就是概率.

② 伯努利大数定律是辛钦大数定律的特殊情况. 设随机变量X_i表示第i次试验事件A发生的次数，则$X_i\sim b(1,p)$，$i=1,2,\cdots,n$，即随机变量序列$X_1,X_2,\cdots,X_n,\cdots$是独立同分布的，$E(X_i)=p$，且$n_A=X_1+X_2+\cdots+X_n$，则根据辛钦大数定律立刻可以得到伯努利大数定律的结论.

四、重点

(1) 切比雪夫不等式.

(2) 切比雪夫大数定律.

（3）辛钦大数定律.

（4）伯努利大数定律.

思维导图

本单元的思维导图如图 1-9-1 所示.

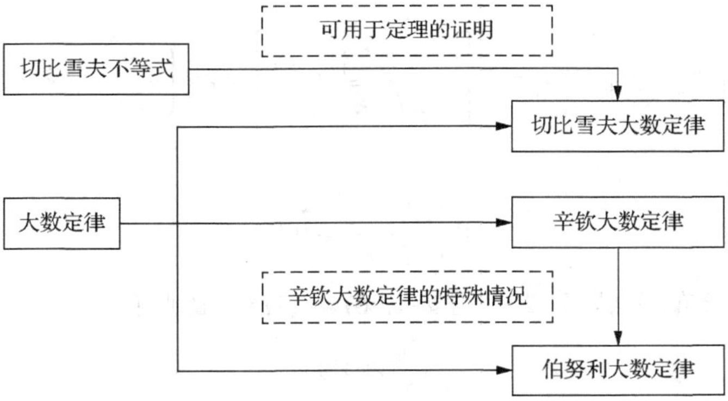

图 1-9-1

典型题解

例 1.9.1 在每次试验中，事件 A 发生的概率为0.2. 利用切比雪夫不等式估计在1000次独立试验中，事件 A 发生 150~250 次的概率.

解 设随机变量 X 为 1000 次独立试验中事件 A 发生的次数，则 $X \sim b(1000,0.2)$. 由

$$E(X)=1000\times0.2=200，\quad D(X)=1000\times0.2\times(1-0.2)=160，$$

所以由切比雪夫不等式，得

$$P\{150<X<250\}=P\{|X-200|<50\}\geqslant 1-\frac{160}{50^2}=0.936.$$

例 1.9.2 利用天平反复称量某质量为 μ 的物品，设各次称量的结果互相独立且都服从 $N(\mu,0.2^2)$，以 $\overline{X}_n$ 表示 n 次称量结果的算术平均值，若使

$$P\left\{\left|\overline{X}_n-\mu\right|<0.1\right\}\geqslant 0.95,$$

试求 n 的最小值. 若使用切比雪夫不等式估计，则 n 的最小值应满足什么条件?

解 设随机变量 $X_i\ (i=1,2,\cdots,n)$ 为 n 次独立称量的结果，则

$$\overline{X}_n=\frac{1}{n}\sum_{i=1}^{n}X_i，\quad X_i\sim N(\mu,0.2^2).$$

由数学期望和方差的性质，可知

$$E(\overline{X}_n)=E\left(\frac{1}{n}\sum_{i=1}^{n}X_i\right)=\frac{1}{n}\sum_{i=1}^{n}E(X_i)=\frac{1}{n}\cdot n\mu=\mu，$$

$$D(\overline{X}_n)=D\left(\frac{1}{n}\sum_{i=1}^{n}X_i\right)=\frac{1}{n^2}\sum_{i=1}^{n}D(X_i)=\frac{1}{n^2}\cdot n\cdot 0.2^2=\frac{0.2^2}{n}.$$

由于相互独立且均服从正态分布的随机变量的线性组合仍服从正态分布，有

$$\overline{X}_n=\frac{1}{n}\sum_{i=1}^{n}X_i\sim N\left(\mu,\frac{0.2^2}{n}\right).$$

因此，

$$P\left\{\left|\overline{X}_n-\mu\right|<0.1\right\}=P\left\{\frac{\left|\overline{X}_n-\mu\right|}{0.2/\sqrt{n}}<\frac{\sqrt{n}}{2}\right\}=2\Phi\left(\frac{\sqrt{n}}{2}\right)-1\geqslant 0.95,$$

即

$$\Phi\left(\frac{\sqrt{n}}{2}\right)\geqslant 0.975.$$

由标准正态分布表（附表 2），得 $\Phi(1.96)=0.975$，因此有

$$\frac{\sqrt{n}}{2}\geqslant 1.96.$$

解得

$$n\geqslant 15.3664.$$

所以 n 的最小值为 16.

若用切比雪夫不等式估计，则

$$P\left\{\left|\overline{X}_n-\mu\right|<0.1\right\}\geqslant 1-\frac{0.2^2/n}{0.1^2}=1-\frac{4}{n}\geqslant 0.95,$$

解得

$$n\geqslant 80.$$

注记 切比雪夫不等式是切比雪夫大数定律的重要理论依据，但是用切比雪夫不等式进行概率估计时，误差可能会比较大.

例 1.9.3 证明：若随机事件 A 在第 i 次试验时发生的概率为 $p_i\ (i=1,2,\cdots,n)$，m 表示在 n 次独立试验中事件 A 发生的次数，则对于任意 $\varepsilon>0$，有

$$\lim_{n\to\infty}P\left\{\left|\frac{m}{n}-\frac{1}{n}\sum_{i=1}^{n}p_i\right|<\varepsilon\right\}=1.$$

证明 设随机变量 X_i 表示第 i 次试验中事件 A 发生的次数，则

$$X_i=\begin{cases}0, & \text{第 } i \text{ 次试验中事件 } A \text{ 未发生},\\ 1, & \text{第 } i \text{ 次试验中事件 } A \text{ 发生},\end{cases}\qquad i=1,2,\cdots,n.$$

所以

$$m=\sum_{i=1}^{n}X_i.$$

又可知

$$E(X_i)=p_i,\quad D(X_i)=p_i(1-p_i)\ (i=1,2,\cdots,n).$$

由切比雪夫大数定律，有

$$\lim_{n\to\infty}P\left\{\left|\frac{1}{n}\sum_{i=1}^{n}X_i-\frac{1}{n}\sum_{i=1}^{n}p_i\right|<\varepsilon\right\}=1,$$

即

$$\lim_{n\to\infty}P\left\{\left|\frac{m}{n}-\frac{1}{n}\sum_{i=1}^{n}p_i\right|<\varepsilon\right\}=1.$$

注记　这里考查的是切比雪夫大数定律需要满足的条件，以及二项分布与(0-1)分布之间的关系.

单元练习

一、选择题

设Y_n是n次重复独立试验中事件A发生的次数，p为A在每次试验中发生的概率，则对任意的$\varepsilon>0$，$\lim\limits_{n\to\infty}P\left\{\left|\frac{Y_n}{n}-p\right|<\varepsilon\right\}=$（　　）.

A. 0　　B. 1　　C. $\frac{1}{2}$　　D. $2\Phi\left[\varepsilon\sqrt{\frac{n}{p(1-p)}}\right]-1$

二、计算题

已知随机变量X的数学期望$\mu=E(X)=100$，方差$\sigma^2=D(X)=10$. 根据切比雪夫不等式估计X落在$(80,120)$内的概率.

三、证明题

设随机变量序列 $X_1,X_2,\cdots,X_n,\cdots$ 是相互独立的，且对于所有的 $i=1,2,\cdots,n,\cdots$，$E(X_i)=0$，$D(X_i)=\sigma^2$，$E(X_i^4)=\mu_4>\sigma^4$ 存在，证明：对于任意 $\varepsilon>0$，

$$\lim_{n\to\infty}P\left\{\left|\frac{1}{n}\sum_{i=1}^{n}X_i^2-\sigma^2\right|<\varepsilon\right\}=1.$$

单元测试

一、选择题

1. 设随机变量 X 的数学期望 $E(X)=\mu$，方差 $D(X)=\sigma^2$，则利用切比雪夫不等式估计有 $P\{|X-\mu|\geqslant 3\sigma\}\leqslant$（　　）.

A. 0　　B. 1　　C. $\frac{1}{9}$　　D. $\frac{8}{9}$

2. 设 X,Y 为两个随机变量，$E(X)=-2$，$E(Y)=2$，$D(X)=1$，$D(Y)=4$，$\rho_{XY}=-0.5$，则根据切比雪夫不等式有 $P\{|X+Y|<6\}\geqslant$（　　）.

A. $\frac{5}{36}$　　B. $\frac{31}{36}$　　C. $\frac{1}{12}$　　D. $\frac{11}{12}$

3. 设 $X_1,X_2,\cdots,X_n,\cdots$ 是相互独立的随机变量序列，且均服从参数 $\theta=\frac{1}{2}$ 的指数分布，则当 $n\to\infty$ 时，$Y_n=\frac{1}{n}\sum_{i=1}^{n}X_i^2$ 依概率收敛于（　　）.

A. $\frac{1}{4}$　　B. $\frac{1}{2}$　　C. $\frac{3}{4}$　　D. 1

二、计算题

1. 掷六颗骰子，利用切比雪夫不等式估计六颗骰子出现的点数和为 14 ~ 28 的概率.

2. 设某银行为第 i 位顾客服务的时间 $X_i \sim U(5,25)$（单位：min），且对每位顾客的服务是相互独立的，试问当 $n \to \infty$ 时，n 次服务的算术平均值 $\frac{1}{n}\sum_{i=1}^{n} X_i$ 依概率收敛于何值?

三、证明题

设随机变量序列 $X_1, X_2, \cdots, X_n, \cdots$ 独立同分布，且 $E(X_i)=0$ $(i=1,2,\cdots,n,\cdots)$，证明：$\lim_{n\to\infty} P\left\{\sum_{i=1}^{n} X_i \leqslant n\right\}=1$.

四、拓展题

若相互独立的随机变量序列 $X_1, X_2, \cdots, X_n, \cdots$ 满足切比雪夫大数定律，则随机变量 $X_i\ (i=1,2\cdots,n,\cdots)$ 的分布可以是（　　）.

A. $P\{X_i = k\} = \dfrac{C}{k^3}$，$C$ 为常数，$k=1,2,\cdots$

B. X_i 服从参数 $\theta = i$ 的指数分布

C. X_i 服从参数为 i 的泊松分布

D. X_i 的概率密度函数 $f(x) = \dfrac{1}{\pi(1+x^2)}$

第十单元　中心极限定理

单元概要

中心极限定理是概率论与数理统计中的著名定理之一，它指出大量的独立随机变量之和具有近似于正态的分布. 中心极限定理提供了计算相互独立的随机变量之和的近似概率的简单方法，同时有助于解释为什么很多自然群体的经验频率呈现出钟形（正态）曲线的事实. 中心极限定理表明了正态分布在数理统计中具有非常重要的地位，也为正态分布的广泛应用提供了理论支撑. 本单元的主要内容包括两个重要的中心极限定理成立的条件和结论，以及用相关的定理近似计算有关事件发生的概率的方法.

本单元的基本内容概述如下.

一、概念

随机变量的标准化：设 X 为随机变量，称

$$X^* = \frac{X - E(X)}{\sqrt{D(X)}}$$

为随机变量 X 的标准化随机变量，显然有

$$E(X^*) = 0\text{，}\quad D(X^*) = 1.$$

二、方法与原理

用中心极限定理计算事件的概率.

三、公式与结论

（1）独立同分布中心极限定理：设 $X_1, X_2, \cdots, X_n, \cdots$ 是独立同分布随机变量序列，且具有数学期望和方差 $E(X_i) = \mu$，$D(X_i) = \sigma^2\ (i = 1, 2, \cdots, n, \cdots)$，则随机变量

$$Z_n = \frac{\sum_{i=1}^{n} X_i - E\left(\sum_{i=1}^{n} X_i\right)}{\sqrt{D\left(\sum_{i=1}^{n} X_i\right)}} = \frac{\sum_{i=1}^{n} X_i - n\mu}{\sqrt{n}\sigma}$$

的分布函数 $F_n(x)$，对于任意 x 满足

$$\lim_{n\to\infty}F_n(x)=\lim_{n\to\infty}P\left\{\frac{\sum_{i=1}^{n}X_i-n\mu}{\sqrt{n}\sigma}\leqslant x\right\}=\frac{1}{\sqrt{2\pi}}\int_{-\infty}^{x}\mathrm{e}^{-\frac{t^2}{2}}\mathrm{d}t=\Phi(x).$$

注记 无论随机变量 $X_i\,(i=1,2,\cdots,n,\cdots)$ 具有怎样的分布，只要满足定理条件，则其前 n 项的和 $\sum_{i=1}^{n}X_i$ 的标准化随机变量 $Z_n=\dfrac{\sum_{i=1}^{n}X_i-n\mu}{\sqrt{n}\sigma}$ 在当 n 很大时，就近似地服从标准正态分布 $N(0,1)$. 因此，当定理的条件成立，随机变量序列 $X_i\,(i=1,2,\cdots,n,\cdots)$ 的前 n 项和 $\sum_{i=1}^{n}X_i$ 在 n 很大时，近似地服从正态分布 $N(n\mu,n\sigma^2)$.

（2）棣莫弗-拉普拉斯（De Moivre-Laplace）中心极限定理（二项分布以正态分布为极限分布的中心极限定理）：设随机变量 $X\sim b(n,p)$，对于任意 x，恒有

$$\lim_{n\to\infty}P\left\{\frac{X-np}{\sqrt{np(1-p)}}\leqslant x\right\}=\frac{1}{\sqrt{2\pi}}\int_{-\infty}^{x}\mathrm{e}^{-\frac{t^2}{2}}\mathrm{d}t=\Phi(x).$$

注记 二项分布以正态分布为极限，当 n 充分大时，可以利用上式来近似计算二项分布的概率，而且计算的精度往往很高.

四、重点

（1）独立同分布中心极限定理.

（2）棣莫弗-拉普拉斯中心极限定理.

思维导图

本单元的思维导图如图 1-10-1 所示.

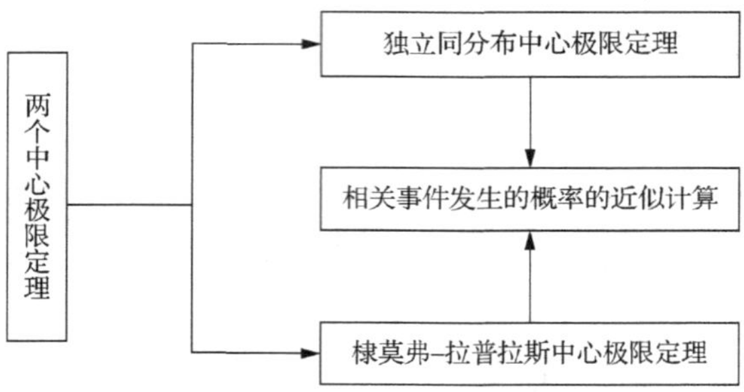

图 1-10-1

典型题解

例 1.10.1 从次品率为 0.05 的一批产品中随机地抽取 200 件产品，则由中心极限定理，得 200 件产品中至少有 3 件次品的概率为（　　）.

A. $\Phi\left(\dfrac{3}{\sqrt{9.5}}\right)$ B. $\Phi\left(-\dfrac{3}{\sqrt{9.5}}\right)$

C. $\Phi\left(\dfrac{7}{\sqrt{9.5}}\right)$ D. $\Phi\left(-\dfrac{7}{\sqrt{9.5}}\right)$

解 设随机变量X为随机抽取 200 件产品中含有次品的数量，由题意，知$X\sim b(200,0.05)$，由独立同分布中心极限定理知，当n充分大时，X近似服从$N(200\times0.05,200\times0.05\times0.95)$，即$N(10,\ 9.5)$，因此

$$P\{X\geqslant3\}=1-P\{X<3\}\approx1-\Phi\left(\frac{3-10}{\sqrt{9.5}}\right)=\Phi\left(\frac{7}{\sqrt{9.5}}\right)\approx0.9884.$$

故选 C.

注记 ① 若使用二项分布的分布律进行精确计算，则

$$\begin{aligned}P\{X\geqslant3\}&=1-P\{X=0\}-P\{X=1\}-P\{X=2\}\\&=1-0.95^{200}-200\times0.05\times0.95^{199}-\frac{200\times199}{2}\times0.05^2\times0.95^{198}\\&\approx0.9996.\end{aligned}$$

② 利用独立同分布中心极限定理进行近似计算，极大地节约了计算成本，计算的精度也很高. 本例还使用了$\Phi(-x)=1-\Phi(x)$的性质.

例 1.10.2 假设在一本书中，每页印刷错误的个数服从参数为 0.2 的泊松分布，且各页的印刷错误相互独立，试用独立同分布中心极限定理计算一本 500 页的书中，印刷错误超过 90 个的概率.

解 设第i页的印刷错误的个数为$X_i(i=1,2,\cdots,500)$，则$X_i\sim\pi(0.2)$. 所以

$$E(X_i)=0.2,\quad D(X_i)=0.2.$$

另设X为 500 页中印刷错误的总数，显然有

$$X=\sum_{i=1}^{500}X_i.$$

由数学期望和方差的性质，知

$$E(X)=E\left(\sum_{i=1}^{500}X_i\right)=\sum_{i=1}^{500}E(X_i)=500\times0.2=100,$$

$$D(X)=D\left(\sum_{i=1}^{500}X_i\right)=\sum_{i=1}^{500}D(X_i)=500\times0.2=100.$$

根据题意及独立同分布中心极限定理，可知

$$\begin{aligned}P\{X>90\}&=P\left\{\frac{X-E(X)}{\sqrt{D(X)}}>\frac{90-E(X)}{\sqrt{D(X)}}\right\}\\&=P\left\{\frac{X-100}{\sqrt{100}}>\frac{90-100}{\sqrt{100}}\right\}\\&\approx1-\Phi(-1)=\Phi(1)\approx0.8413.\end{aligned}$$

例 1.10.3 设某电站供电网共有 10 000 盏电灯，夜晚时每一盏电灯打开的概率都是 0.7，假定每盏电灯的开、关时间彼此独立，试分别利用切比雪夫不等式和棣莫弗-拉普拉斯中心极限定理估计夜晚同时打开的电灯数在 6800 ~ 7200 范围内的概率.

解 设 X 表示夜晚同时打开的电灯的数目，则 $X \sim b(10\,000, 0.7)$，因此

$$E(X) = 10\,000 \times 0.7 = 7000, \quad D(X) = 10\,000 \times 0.7 \times 0.3 = 2100.$$

（1）由切比雪夫不等式，有

$$P\{6800 < X < 7200\} = P\{|X - 7000| < 200\} \geqslant 1 - \frac{2100}{200^2} \approx 0.95.$$

（2）由棣莫弗-拉普拉斯中心极限定理，有

$$P\{6800 < X < 7200\} = P\{|X - 7000| < 200\} = P\left\{\frac{|X - 7000|}{\sqrt{2100}} < \frac{200}{\sqrt{2100}}\right\}$$

$$\approx 2\Phi\left(\frac{200}{\sqrt{2100}}\right) - 1 \approx 0.9999.$$

注记 由棣莫弗-拉普拉斯中心极限定理可知，虽然有 10 000 盏电灯，但是只需要有供应 7200 盏电灯的电力就能够以接近于 1 的概率保证电力够用. 事实上，切比雪夫不等式的估计只说明概率大于 0.95，本例再次印证了尽管切比雪夫不等式在理论上具有重大意义，但估计的精确度并不高.

单元练习

一、选择题

1. 设随机变量 $X \sim b(n, p)$，则当 $n \to \infty$ 时，$\dfrac{X - np}{\sqrt{np(1-p)}}$ 的极限分布是（　　）.

A. 正态分布　　B. 标准正态分布

C. 二项分布　　D. 无法确定

2. 设随机变量序列 $X_1, X_2, \cdots, X_n, \cdots$ 相互独立，且 $X_i \sim N(\mu, \sigma^2)$ $(i = 1, 2, \cdots, n, \cdots)$，则下列结论正确的是（　　）.

A. $X_1 \xrightarrow{P} \mu$　　B. $\sum\limits_{i=1}^{100} X_i \xrightarrow{P} \mu$

C. $\dfrac{1}{100}\sum\limits_{i=1}^{100} X_i \xrightarrow{P} \mu$　　D. $\dfrac{1}{n}\sum\limits_{i=m}^{m+n-1} X_i \xrightarrow{P} \mu$

二、计算题

1. 对敌人的防御地进行 100 次轰炸，已知每次轰炸命中目标的炸弹数目是一个随机

变量，其期望值是 2，方差是 1.69. 试用中心极限定理计算在 100 次轰炸中有 180～220 颗炸弹命中目标的概率.

2. 某药厂声称其生产的某种药品对某种疾病的治愈率为 90%. 为了检验此治愈率，任意抽取 100 位该疾病患者进行临床试验，若其中至少有 87 人被治愈，则说明此药可以通过检验. 利用中心极限定理计算此药通过检验的概率.

3. 某保险公司多年的统计资料表明，在索赔户中被盗索赔户占 20%，以 X 表示在随意抽查的 100 个索赔户中因被盗向保险公司索赔的户数.

（1）写出 X 的分布律；

（2）利用中心极限定理，求被盗索赔户数不少于 14 户且不多于 30 户的概率.

4. 设某条生产线上组装每件产品的时间（单位：min）X 服从指数分布，已知 $E(X)=10$，且各件产品的组装时间是相互独立的. 利用中心极限定理，求：

（1）组装 100 件产品需要 15 ~ 20h 的概率；

（2）以 95%的可能性，16h 内最多可以组装多少件产品?

单元测试

一、选择题

1. 设 $X_1,X_2,\cdots,X_n,\cdots$ 为独立同分布随机变量序列，且 $X_i\sim\pi(\lambda)\ (i=1,2,\cdots,n,\cdots)$，则下列选项正确的是（　　）.

A. $\lim\limits_{n\to\infty}P\left\{\dfrac{\sum\limits_{i=1}^{n}X_i-n\lambda}{\sqrt{n}\lambda}\leqslant x\right\}=\varPhi(x)$　　B. $\lim\limits_{n\to\infty}P\left\{\sum\limits_{i=1}^{n}X_i\leqslant x\right\}=\varPhi(x)$

C. 当 n 充分大时，$\sum\limits_{i=1}^{n}X_i\overset{\text{近似}}{\sim}N(0,1)$　　D. 当 n 充分大时，$\sum\limits_{i=1}^{n}X_i\overset{\text{近似}}{\sim}N(n\lambda,n\lambda)$

2. 设 $X_1,X_2,\cdots,X_n,\cdots$ 为独立同分布随机变量序列，且 $X_i\ (i=1,2,\cdots,n,\cdots)$ 的概率密度函数为 $f(x)=\begin{cases}\dfrac{1}{\theta}\mathrm{e}^{-\frac{x}{\theta}}, & x\geqslant 0,\\ 0, & \text{其他},\end{cases}$ 则下列选项正确的是（　　）.

A. $\lim\limits_{n\to\infty}P\left\{\dfrac{\sum\limits_{i=1}^{n}X_i-n\cdot\theta}{n\cdot\theta^2}\leqslant x\right\}=\varPhi(x)$　　B. $\lim\limits_{n\to\infty}P\left\{\dfrac{\sum\limits_{i=1}^{n}X_i-n\cdot\theta}{\sqrt{n}\cdot\theta}\leqslant x\right\}=\varPhi(x)$

C. $\lim\limits_{n\to\infty}P\left\{\dfrac{\sum\limits_{i=1}^{n}X_i-\theta}{\theta^2}\leqslant x\right\}=\varPhi(x)$　　D. $\lim\limits_{n\to\infty}P\left\{\dfrac{\sum\limits_{i=1}^{n}X_i-n\cdot\theta}{n\cdot\theta}\leqslant x\right\}=\varPhi(x)$

3. 已知每箱货物的质量是一个随机变量，其均值为 50kg，均方差为 3kg. 卡车载重量为 5000kg，则在保证不超载概率大于 0.84 的前提下，最多能装货物的箱数为（　　）.

A. 97　　B. 98　　C. 99　　D. 100

二、计算题

1. 一机器同时收到 48 个噪声电压 $V_i\ (i=1,2,\cdots,48)$，设它们是相互独立的随机变量，且都在区间 $(0,10)$ 内服从均匀分布. 记 $V=\sum_{i=1}^{48}V_i$，求 $P\{V>240\}$ 的近似值.

2. 某大学理学院主办一年一度的公益晚会，今年共有 100 人接到邀请函. 按以往的经验，在这些人中有 80%的人可以来参加公益晚会，试求来参加公益晚会的人数在 70 ~ 90 人的概率.

3. 将一枚硬币重复独立地抛掷 n 次，为使正面向上出现的频率在 0.4 ~ 0.6 的概率不小于 0.9，分别利用切比雪夫不等式和中心极限定理确定 n 的最小值.

4. 某射手打靶，打中 6 环、7 环、8 环、9 环、10 环的概率分别为 0.1，0.1，0.2，0.2，0.4. 根据中心极限定理求此射手在 200 次射击中，所得环数在 1500 ~ 1800 环的概率.

5. 某高校共有 6400 名学生，已知每天晚上每名学生到阅览室自修的概率为 0.1，根据中心极限定理，求阅览室至少要准备多少个座位，才能以 99%的概率保证每名去阅览室自修的学生都有座位?

三、拓展题

设 $X_1, X_2, \cdots, X_n, \cdots$ 为独立同分布随机变量序列，已知 $\mu_k = E(X^k)\ (k=1,2,3,4)$ 存在，且 $\mu_4 - \mu_2^2 > 0$. 证明：当 n 充分大时，随机变量 $Z_n = \frac{1}{n}\sum_{i=1}^{n} X_i^2$ 近似服从正态分布，并指出其分布参数.

概率论阶段测试卷（一）

一、选择题（每题 3 分，共 15 分）

1. 已知 $X\sim N(\mu,\sigma^2)$，$P\{3X+5\leqslant 0\}=0.5$，则下列 μ 值正确的是（　　）.

A. $\mu=-\dfrac{5}{3}$　　B. $\mu=\dfrac{5}{3}$

C. $\mu=-5$　　D. $\mu=5$

2. 已知随机变量 X 的概率密度为 $f_X(x)$，令 $Y=-5X+3$，则 Y 的概率密度 $f_Y(y)$ 为（　　）.

A. $\dfrac{1}{5}f_X\left(-\dfrac{y-3}{5}\right)$　　B. $\dfrac{1}{5}f_X\left(-\dfrac{y+3}{5}\right)$

C. $-\dfrac{1}{5}f_X\left(-\dfrac{y+3}{5}\right)$　　D. $-\dfrac{1}{5}f_X\left(-\dfrac{y-3}{5}\right)$

3. 设二维随机变量 (X,Y) 的概率密度函数为 $f(x,y)=\begin{cases}k(x^2+y^2), & 0<x<2,\ 1<y<4,\\ 0, & \text{其他},\end{cases}$ 则 k 的值必为（　　）.

A. $\dfrac{1}{80}$　　B. $\dfrac{1}{60}$　　C. $\dfrac{1}{50}$　　D. $\dfrac{1}{30}$

4. 下列结论中，不是两个随机变量 X 和 Y 不相关的充要条件的是（　　）.

A. $\mathrm{Cov}(X,Y)=0$　　B. $D(X+Y)=D(X)+D(Y)$

C. X 和 Y 相互独立　　D. $E(XY)=E(X)E(Y)$

5. 设随机变量 X 与 Y 相互独立且同分布，$P\{X=-1\}=P\{X=1\}=\dfrac{1}{2}$，则下列各式中成立的是（　　）.

A. $P\{X=Y\}=\dfrac{1}{2}$　　B. $P\{X=Y\}=1$

C. $P\{X+Y=0\}=\dfrac{1}{4}$　　D. $P\{XY=1\}=\dfrac{1}{4}$

二、填空题（每题 3 分，共 15 分）

1. 甲、乙两人对同一目标各射击一次，其命中率分别为 0.5 和 0.6，现已知目标被击中，则它是甲击中的概率为________.

2. 若随机变量 X 服从 $[0,5]$ 上的均匀分布，则方程 $x^2+Xx+1=0$ 有实根的概率为________.

3. 设 X,Y 为两个随机变量，$E(X)=-2$，$E(Y)=2$，$D(X)=1$，$D(Y)=4$，$\rho_{XY}=-0.5$，则根据切比雪夫不等式有 $P\{|X+Y|\geqslant 6\}\leqslant$________.

4. 从数 $1,2,3,4$ 中任取一数，记为 X，再从 $1,2,\cdots,X$ 中任取一个数，记为 Y，则 Y 是 2 的概率为________.

5. 设 X 和 Y 为任意两个随机变量，且 $P\{X\geqslant 0,Y\geqslant 0\}=\dfrac{3}{7}$，$P\{X\geqslant 0\}=P\{Y\geqslant 0\}=\dfrac{4}{7}$，则 $P\{\max\{X,Y\}\geqslant 0\}=$________.

三、解答题（共 70 分）

1.（本小题 12 分） 在电源电压不超过 200V、200～240V 和超过 240V 三种情况下，某种电子元件被损坏的概率分别为 0.2，0.001 和 0.2. 假设电源电压 X 服从正态分布 $N(220,25^2)$，试求该电子元件被损坏的概率 α （已知 $\Phi(0.8)=0.7881$）.

2.（本小题 12 分） 设随机变量 X 的概率密度函数为

$$f(x)=\begin{cases}\dfrac{1}{2}\cos\dfrac{x}{2}, & 0\leqslant x\leqslant \pi,\\ 0, & \text{其他}.\end{cases}$$

对 X 独立地重复观察 4 次，用 Z 表示观察值大于 $\dfrac{\pi}{3}$ 的次数，试求：

（1） Z 的分布律；

（2） Z 的分布函数 $F_Z(z)$；

（3） $E(Z^2+1)$.

3.（本小题 12 分） 设随机变量 X 的概率密度函数为

$$f(x)=\begin{cases}1+x, & -1\leqslant x<0,\\ 1-x, & 0\leqslant x<1,\\ 0, & \text{其他}.\end{cases}$$

求：（1）随机变量 X 的分布函数；

（2） $P\left\{X>-\dfrac{1}{4}\,\middle|\,-\dfrac{1}{2}<X<\dfrac{1}{2}\right\}$.

4.（本小题 12 分）　设二维随机变量 (X,Y) 的概率密度函数为

$$f(x,y)=\begin{cases} Cx^2y, & x^2 \leqslant y \leqslant 1, \\ 0, & \text{其他}. \end{cases}$$

（1）试确定常数 C；

（2）求 X 的边缘概率密度函数 $f_X(x)$；

（3）求条件概率密度函数 $f_{Y|X}(y\mid x)$ 及条件概率 $P\left\{Y \geqslant \dfrac{3}{4} \,\middle|\, X=\dfrac{1}{2}\right\}$.

5.（本小题 12 分）　设 X,Y 为离散型随机变量，它们的分布律分别为

$$X \sim \begin{pmatrix} -1 & 0 & 1 \\ \dfrac{1}{4} & \dfrac{1}{4} & \dfrac{1}{2} \end{pmatrix}, \qquad Y \sim \begin{pmatrix} -1 & 0 & 1 \\ \dfrac{5}{12} & \dfrac{1}{4} & \dfrac{1}{3} \end{pmatrix}$$

已知 $P\{X<Y\}=0$，$P\{X>Y\}=\dfrac{1}{4}$，求：

（1）(X,Y) 的联合分布律；

（2）判断 X,Y 是否独立.

6.（本小题 10 分） 用某卡车装运水泥，设每袋水泥的质量（单位：kg）为 X ，且设 X 服从正态分布，其数学期望为 50kg，均方差为 2.5kg，若该卡车装有水泥 100 袋，试利用中心极限定理求该卡车水泥的总质量 Y 超过 5025kg 的概率（ $\Phi(1)=0.8413$ ）.

概率论阶段测试卷（二）

一、选择题（每题 3 分，共 15 分）

1. 下列四个函数中，不能作为随机变量分布函数的是（　　）.

A. $F(x)=\begin{cases}0, & x<0\\ \dfrac{x^2}{2}, & 0\leqslant x<1\\ 1, & x\geqslant 1\end{cases}$　　B. $F(x)=\begin{cases}0, & x<0\\ \dfrac{1}{3}, & 0\leqslant x<1\\ \dfrac{1}{2}, & 1\leqslant x<2\\ 1, & x\geqslant 2\end{cases}$

C. $F(x)=\begin{cases}\dfrac{\ln(1+x)}{1+x}, & x\geqslant 0\\ 0, & x<0\end{cases}$　　D. $F(x)=\begin{cases}1-\mathrm{e}^{-x}, & x\geqslant 0\\ 0, & x<0\end{cases}$

2. 设 $X\sim U(1,6)$，对 X 进行三次独立观测，则至少有两次观测值大于3的概率为（　　）.

A. $\dfrac{81}{125}$　　B. $\dfrac{27}{125}$　　C. $\dfrac{9}{25}$　　D. $\dfrac{54}{125}$

3. 设随机变量 X 与 Y 相互独立，且 $X\sim N(3,\sigma^2)$，$Y\sim N(-1,\sigma^2)$，则下列式子中正确的是（　　）.

A. $P\{X+Y\leqslant -2\}=\dfrac{1}{2}$　　B. $P\{X+Y\leqslant 2\}=\dfrac{1}{2}$

C. $P\{X-Y\leqslant -2\}=\dfrac{1}{2}$　　D. $P\{X-Y\leqslant 2\}=\dfrac{1}{2}$

4. 设 $X_i(i=1,2,\cdots,n)$ 是独立同分布的随机变量，$E(X_i)=1$，$D(X_i)=4$ 且 $E(X_i^2)$ 存在，$i=1,2,\cdots,n$，对任意整数 $\varepsilon>0$，则下列结论正确的是（　　）.

A. $\lim\limits_{n\to\infty}P\left\{\left|\dfrac{1}{n}\sum\limits_{i=1}^{n}X_i-4\right|<\varepsilon\right\}=1$　　B. $\lim\limits_{n\to\infty}P\left\{\left|\dfrac{1}{n}\sum\limits_{i=1}^{n}X_i^2-4\right|<\varepsilon\right\}=1$

C. $\lim\limits_{n\to\infty}P\left\{\left|\dfrac{1}{n}\sum\limits_{i=1}^{n}X_i^2-5\right|<\varepsilon\right\}=1$　　D. $\lim\limits_{n\to\infty}P\left\{\left|\dfrac{1}{n}\sum\limits_{i=1}^{n}X_i^2-3\right|<\varepsilon\right\}=1$

5. 设随机变量 X 的概率密度函数为 $f(x)=\begin{cases}\mathrm{e}^{-x}, & x\geqslant 0,\\ 0, & 其他,\end{cases}$ $Y_k=\begin{cases}0, & X<k\\ 1, & X\geqslant k\end{cases}$ $(k=1,2)$，

则 $E(Y_1-Y_2)=$（　　）.

A. $\mathrm{e}^{-2}-\mathrm{e}^{-1}$　　B. $\mathrm{e}^{-1}-\mathrm{e}^{-2}$　　C. $\mathrm{e}^{-1}+\mathrm{e}^{-2}$　　D. $\mathrm{e}+\mathrm{e}^{2}$

二、填空题（每题 3 分，共 15 分）

1. 设某袋中有 50 个乒乓球，其中红球 20 个，白球 30 个. 现有两人依次随机从袋中各取一球，取后不放回，则第二个人取得红球的概率为________.

2. 设事件 A,B 独立，$P(A)=0.7$，$P(A\cup B)=0.88$，则 $P(A-B)=$________.

3. 已知随机变量 X 服从参数为 λ 的泊松分布，且已知 $E[(X-3)(X-2)]=2$，则 $\lambda=$________.

4. 设 $X_1,X_2,\cdots,X_n$ 是 n 个独立同分布的随机变量，且 $E(X)=\mu$，$D(X)=8$，$\bar{X}=\dfrac{1}{n}\sum_{i=1}^{n}X_i$，则由切比雪夫不等式可得到 $P\left\{\left|\bar{X}-\mu\right|<4\right\}\geqslant$________.

5. 设随机变量 X 的分布函数为 $F(x)=\begin{cases}0, & x<-1,\\ 0.4, & -1\leqslant x<1,\\ 0.8, & 1\leqslant x<3,\\ 1, & x\geqslant 3,\end{cases}$ 则 X 的分布律为________________.

三、解答题（共 70 分）

1.（本小题 12 分） 玻璃杯成箱出售，每箱 20 只，假设各箱含 0，1，2 只残次品的概率分别是 0.8，0.1 和 0.1. 某顾客欲购买一箱玻璃杯，在购买时，售货员随机取出一箱，顾客开箱随机查看 4 只玻璃杯，若无残次品，则买下该箱玻璃杯，否则退回，求：

（1）顾客买下该箱玻璃杯的概率 α；

（2）在顾客买下的一箱玻璃杯中，没有残次品的概率 β.

2.（本小题 12 分） 已知随机变量 X 的概率密度函数为

$$f(x)=\begin{cases} x\mathrm{e}^{-\frac{x^2}{2}}, & x>0, \\ 0, & x\leqslant 0. \end{cases}$$

求：（1）随机变量 $Y=3X-1$ 的分布函数与概率密度函数；

（2）计算 $P\{0<X<2\}$ 及 $P\{Y>1\}$.

3.（本小题 12 分） 设 (X,Y) 服从区域 $D=\left\{(x,y)\middle|0\leqslant x\leqslant 1-y^2\right\}$ 内的均匀分布，即 (X,Y) 的联合概率密度函数为

$$f(x,y)=\begin{cases} \dfrac{3}{4}, & 0\leqslant x\leqslant 1-y^2, \\ 0, & \text{其他}. \end{cases}$$

（1）求 Y 的边缘密度函数 $f_Y(y)$；

（2）求 $Y=-\dfrac{1}{2}$ 时 X 的条件概率密度函数；

（3）设区域 $B=\left\{(x,y)\mid x\geqslant y^2\right\}$，求概率 $P\left\{(X,Y)\in B\right\}$.

4.（本小题 12 分） 设 X,Y 独立同分布，$P\{X=k\}=\dfrac{1}{2},k=1,2.$ 令 $\xi=X-Y$，$\eta=X+Y$，求：

（1）(ξ,η) 的联合分布律；

（2）$E(\xi)$，$E(\eta)$，$D(\xi)$，$D(\eta)$；

（3）$\rho_{\xi\eta}$.

5.（本小题 12 分） 设随机变量 X 和 Y 相互独立，其概率密度函数分别为

$$f_X(x)=\begin{cases}1, & 0\leqslant x\leqslant 1,\\ 0, & \text{其他},\end{cases}\qquad f_Y(y)=\begin{cases}\mathrm{e}^{-y}, & y>0,\\ 0, & \text{其他}.\end{cases}$$

求 $Z=X+Y$ 的概率密度函数.

6. （本小题 10 分）　设某种电子元件的寿命（单位：h）X 的概率密度函数为 $f(x)=\begin{cases}0.1\mathrm{e}^{-0.1x}, & x\geqslant 0,\\ 0, & 其他,\end{cases}$. 在使用过程中，若第一个电子元件损坏，则立即使用第二个；若第二个损坏，则立即使用第三个……已知每个电子元件的售价为 a 元，问一年需要多少元才能有 95%的概率保证电子元件够用（一年按 306 个工作日，每个工作日按 8h 计算）.

第二篇 数理统计

当今人类社会正处在信息社会的巨变时期，海量数据以指数级快速增长，毫无疑问我们已经进入了数据时代. 随着科学技术的迅猛发展，人类获得数据的能力和手段空前提高，因而也获得了从前无法想象的天文般数据. 针对如此庞大的、每天围绕我们的数据，人类从来没有像今天这样如此强烈地希望从数据中获取信息和知识. 这样，以数据为研究对象，对数据进行收集、分类、概括、整理、分析及解释的统计学就变得越来越重要. 统计学主要有两个分支，一个是以致力于数据进行整理、概括及解释的描述性统计学；另一个是对样本数据所形成的数据集做出推理和判断的推断统计学. 我们所学习的数理统计就是上述的推断统计学. 为了便于学生全面、系统地把握数理统计这部分理论的内容，我们用图 2-0-1 所示的思维导图展示本书的数理统计知识，便于学生记忆与思考.

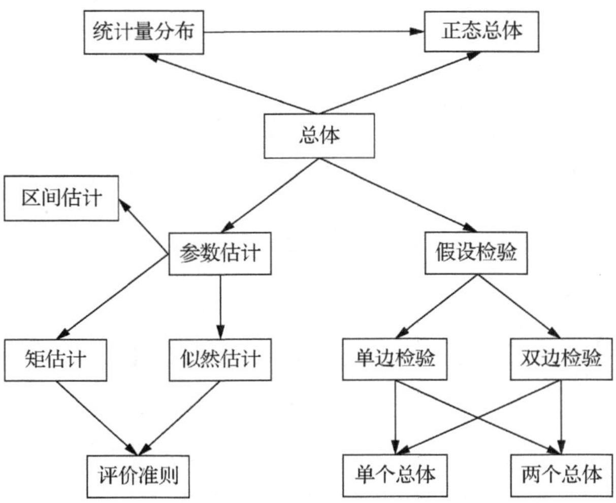

图 2-0-1

第一单元　总体、样本与统计量

单元概要

本单元给出了数理统计中的总体、样本及统计量等基本概念，还提出了抽样分布的概念，介绍了几种常用的分布. 这些内容是数理统计的重要概念，直接影响着整个统计部分课程的学习效果. 因此，对于本单元的学习，应着重对基本概念和思想方法的理解，要熟练掌握并运用三大分布的性质，逐步开启数理统计知识的大门.

本单元的基本内容概述如下.

一、概念

（1）基本概念：总体、样本、统计量.

（2）重要概念：简单随机样本、抽样分布、χ^2 分布、t 分布、F 分布、分位点.

（3）一般概念：个体、容量、观察值.

二、方法与原理

（1）样本与总体独立同分布：若 $X_1,X_2,\cdots,X_n$ 是由服从分布函数 F 的总体 X 得到的一个样本，则 $X_1,X_2,\cdots,X_n$ 互相独立，且分布函数都是 F，所以 $(X_1,X_2,\cdots,X_n)$ 的联合分布函数是

$$F^*(x_1,x_2,\cdots,x_n)=\prod_{i=1}^{n}F(x_i).$$

（2）应用典型模式求统计量的分布：根据统计量的具体形式，按照三大分布（χ^2 分布、t 分布、F 分布）的定义进行逐层的构造与设计，从而分辨识别统计量的分布.

三、公式与结论

（1）样本均值：

$$\overline{X}=\frac{1}{n}\sum_{i=1}^{n}X_i .$$

（2）样本方差：

$$S^2=\frac{1}{n-1}\sum_{i=1}^{n}(X_i-\overline{X})^2=\frac{1}{n-1}\left(\sum_{i=1}^{n}X_i^{\,2}-n\overline{X}^2\right).$$

（3）样本标准差：

$$S=\sqrt{S^2}=\sqrt{\frac{1}{n-1}\sum_{i=1}^{n}(X_i-\overline{X})^2}.$$

（4）样本k阶原点矩：

$$A_k=\frac{1}{n}\sum_{i=1}^{n}X_i^{\,k},\quad k=1,2,\cdots.$$

样本k阶中心矩：

$$B_k=\frac{1}{n}\sum_{i=1}^{n}(X_i-\overline{X})^k,\quad k=2,3,\cdots.$$

其中

$$A_1=\overline{X},\quad B_2=\frac{n-1}{n}S^2.$$

（5）由大数定律和中心极限定理，得当$n\to\infty$时，

$$\overline{X}\xrightarrow{P}\mu,\quad A_k\xrightarrow{P}\mu_k;$$

$$g(A_1,\cdots,A_k)\xrightarrow{P}g(\mu_1,\cdots,\mu_k)\text{，其中 }g\text{ 为连续函数；}$$

$$\overline{X}\overset{\text{近似地}}{\sim}N\left(\mu,\frac{\sigma^2}{n}\right),\quad A_k\overset{\text{近似地}}{\sim}N\left(\mu_k,\frac{\mu_{2k}-\mu_k^{\,2}}{n}\right).$$

（6）χ^2分布：$X_1,X_2,\cdots,X_n$是来自总体$X\sim N(0,1)$的样本，则统计量$\chi^2=X_1^{\,2}+X_2^{\,2}+\cdots+X_n^{\,2}\sim\chi^2(n)$，参数$n$为自由度.

其性质如下：

① 设$\chi_1^{\,2}\sim\chi^2(n_1)$，$\chi_2^{\,2}\sim\chi^2(n_2)$，且$\chi_1^{\,2},\chi_2^{\,2}$独立，则

$$\chi_1^{\,2}+\chi_2^{\,2}\sim\chi^2(n_1+n_2).$$

② $E\left[\chi^2(n)\right]=n$，$D\left[\chi^2(n)\right]=2n$.

③ χ^2分布的概率密度函数的图像在第一象限单峰不对称($n>2$).

④ 上α分位点$\chi_\alpha^{\,2}(n)$满足$P\left\{\chi^2>\chi_\alpha^{\,2}(n)\right\}=\alpha$.

（7）t分布：设$X\sim N(0,1)$，$Y\sim\chi^2(n)$，且X与Y独立，则

$$t=\frac{X}{\sqrt{Y/n}}\sim t(n),$$

其概率密度函数设为$h(t)$，分布函数设为$H(t)$，参数n为自由度.

其性质如下：

① $h(t)$是关于y轴对称的单峰函数.

② $H(0)=P\{t\leqslant 0\}=\dfrac{1}{2}=P\{t\geqslant 0\}=P\{t>0\}=P\{t<0\}$.

③ $H(-t)+H(t)=1$.

④ 上α分位点$t_\alpha(n)$满足$P\{t>t_\alpha(n)\}=\alpha$，且$t_{1-\alpha}(n)=-t_\alpha(n)$. 当$n>45$时，

$t_\alpha(n) \approx z_\alpha$.

⑤ $\lim\limits_{n\to\infty} h(t) = \varphi(t)$.

（8）F 分布：设$U \sim \chi^2(n_1)$，$V \sim \chi^2(n_2)$，且U与V相互独立，则

$$F = \frac{U/n_1}{V/n_2} \sim F(n_1, n_2),$$

参数n_1, n_2为第一、第二自由度.

其性质如下：

① 若$F \sim F(n_1, n_2)$，则$\frac{1}{F} \sim F(n_2, n_1)$.

② F 分布的概率密度函数的图像在第一象限单峰不对称.

③ 上α分位点$F_\alpha(n_1, n_2)$ 满足$P\{F > F_\alpha(n_1, n_2)\} = \alpha$，且

$$F_{1-\alpha}(n_1, n_2) = \frac{1}{F_\alpha(n_2, n_1)}.$$

四、重点

常用的统计量、三大分布.

思维导图

本单元的思维导图如图 2-1-1 所示.

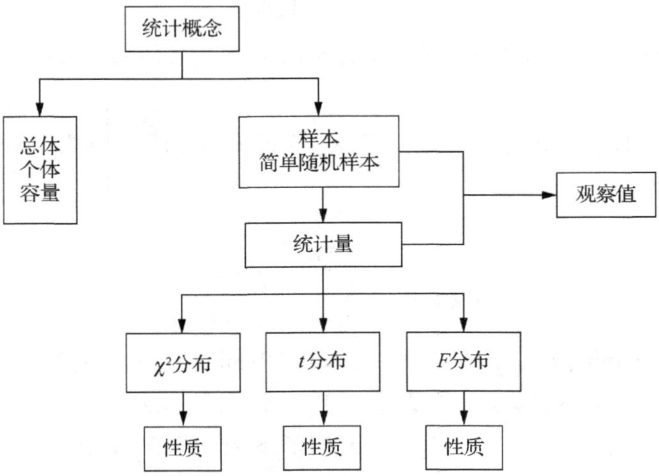

图 2-1-1

典型题解

例 2.1.1　已知总体X服从参数为λ的泊松分布，$X_1, X_2, \cdots, X_n$为其简单随机样本，求样本的分布律.

解 若 $X_1,X_2,\cdots,X_n$ 是服从分布函数 F 的总体 X 的一个样本，则 $X_1,X_2,\cdots,X_n$ 互相独立，且分布函数都是 F. 对于这道题目来说，$X\sim\pi(\lambda)$，那么 $X_1,X_2,\cdots,X_n$ 独立且都服从 $\pi(\lambda)$. 那么 $(X_1,X_2,\cdots,X_n)$ 的分布律就是

$$\begin{aligned}P\{X_1=i_1,X_2=i_2,\cdots,X_n=i_n\}&=P\{X_1=i_1\}P\{X_2=i_2\}\cdots P\{X_n=i_n\}\\&=\frac{\lambda^{i_1}}{i_1!}\mathrm{e}^{-\lambda}\cdot\frac{\lambda^{i_2}}{i_2!}\mathrm{e}^{-\lambda}\cdots\frac{\lambda^{i_n}}{i_n!}\mathrm{e}^{-\lambda}\\&=\frac{\lambda^{\sum\limits_{k=1}^{n}i_k}}{i_1!i_2!\cdots i_n!}\mathrm{e}^{-n\lambda},\quad i_1,i_2,\cdots,i_n=0,1,2,\cdots.\end{aligned}$$

注记 该题考查了简单随机样本的定义及样本与总体独立同分布的性质.

例 2.1.2 设总体 X 的概率密度函数为 $f(x)=\begin{cases}2x, & 0<x<1,\\ 0, & \text{其他},\end{cases}$ $X_1,X_2,\cdots,X_n$ 是来自总体 X 的简单随机样本. 求：

（1）$\xi=\max\{X_1,X_2,\cdots,X_n\}$ 的概率密度函数；

（2）$\eta=\min\{X_1,X_2,\cdots,X_n\}$ 的概率密度函数.

解 由于 X 的概率密度函数为 $f(x)=\begin{cases}2x, & 0<x<1,\\ 0, & \text{其他},\end{cases}$ 得 X 的分布函数为

$$F(x)=\begin{cases}0, & x<0,\\ x^2, & 0\leqslant x<1,\\ 1, & \text{其他}.\end{cases}$$

（1）$F_\xi(z)=P\{\max\{X_1,X_2,\cdots,X_n\}\leqslant z\}=P\{X_1\leqslant z,X_2\leqslant z,\cdots,X_n\leqslant z\}$

$$=P\{X_1\leqslant z\}P\{X_2\leqslant z\}\cdots P\{X_n\leqslant z\}=\left[F(z)\right]^n=\begin{cases}0, & z<0,\\ z^{2n}, & 0\leqslant z<1,\\ 1, & \text{其他}.\end{cases}$$

从而

$$f_\xi(z)=\begin{cases}2nz^{2n-1}, & 0<z<1,\\ 0, & \text{其他}.\end{cases}$$

（2）$F_\eta(z)=P\{\min\{X_1,X_2,\cdots,X_n\}\leqslant z\}=1-P\{\min\{X_1,X_2,\cdots,X_n\}>z\}$，其中，

$$\begin{aligned}P\{\min\{X_1,X_2,\cdots,X_n\}>z\}&=P\{X_1>z,X_2>z,\cdots,X_n>z\}\\&=P\{X_1>z\}P\{X_2>z\}\cdots P\{X_n>z\}\\&=\left(1-P\{X_1\leqslant z\}\right)\left(1-P\{X_2\leqslant z\}\right)\cdots\left(1-P\{X_n\leqslant z\}\right)\\&=\left[1-F(z)\right]^n,\end{aligned}$$

所以

$$F_\eta(z)=1-[1-F(z)]^n=\begin{cases}0, & z<0,\\ 1-(1-z^2)^n, & 0\leqslant z<1,\\ 1, & 其他.\end{cases}$$

从而

$$f_\eta(z)=\begin{cases}2nz(1-z^2)^{n-1}, & 0<z<1,\\ 0, & 其他.\end{cases}$$

注记　该题同样应用了样本与总体独立同分布的性质.

例 2.1.3　取自正态总体 $X\sim N(\mu,\sigma^2)$ 的一组样本 $X_1,X_2,\cdots,X_n$，定义 $Y=X_{n+1}-\frac{1}{n}\sum_{i=1}^{n}X_i$，$Z=X_{n+1}-\frac{1}{n+1}\sum_{i=1}^{n+1}X_i$，求 $E(Y)$，$D(Y)$，$E(Z)$，$D(Z)$，并确定 Y,Z 的分布.

解　因为 $Y=X_{n+1}-\frac{1}{n}\sum_{i=1}^{n}X_i$ 为 $n+1$ 个独立的正态分布的和差，仍然服从正态分布，所以

$$E(Y)=E(X_{n+1})-E\left(\frac{1}{n}\sum_{i=1}^{n}X_i\right)=\mu-\mu=0,$$

$$D(Y)=D(X_{n+1})+D\left(\frac{1}{n}\sum_{i=1}^{n}X_i\right)=\sigma^2+\frac{\sigma^2}{n}=\left(1+\frac{1}{n}\right)\sigma^2.$$

所以

$$Y\sim N\left[0,\left(1+\frac{1}{n}\right)\sigma^2\right].$$

因为 $Z=X_{n+1}-\frac{1}{n+1}\sum_{i=1}^{n+1}X_i$ 的前后两部分都包含 X_{n+1}，是不独立的，所以要求期望、方差和分布，需要先对 Z 进行整理.

$$Z=X_{n+1}-\frac{1}{n+1}\sum_{i=1}^{n+1}X_i=-\frac{1}{n+1}X_1-\frac{1}{n+1}X_2-\cdots-\frac{1}{n+1}X_n+\left(1-\frac{1}{n+1}\right)X_{n+1}.$$

这样，就将 Z 整理成 $n+1$ 个独立的正态分布的和差，仍服从正态分布，所以

$$E(Z)=-\frac{1}{n+1}\mu-\frac{1}{n+1}\mu-\cdots-\frac{1}{n+1}\mu+\left(1-\frac{1}{n+1}\right)\mu=0,$$

$$D(Z)=\left(\frac{1}{n+1}\right)^2\sigma^2+\left(\frac{1}{n+1}\right)^2\sigma^2+\cdots+\left(\frac{1}{n+1}\right)^2\sigma^2+\left(1-\frac{1}{n+1}\right)^2\sigma^2=\frac{n}{n+1}\sigma^2.$$

所以

$$Z\sim N\left(0,\frac{n}{n+1}\sigma^2\right).$$

注记　该题考查样本与总体独立同分布的性质，以及正态分布的性质——有限个相互独立的正态随机变量的线性组合仍然服从正态分布. 在应用性质时，要特别注意是否满足独立性，不能想当然.

例 2.1.4 设随机变量 X 和 Y 都服从标准正态分布，则（　　）.

A. $X+Y$ 服从正态分布　　B. X^2+Y^2 服从 χ^2 分布

C. X^2 和 Y^2 都服从 χ^2 分布　　D. $\dfrac{X^2}{Y^2}$ 服从 F 分布

解析 若随机变量 X 和 Y 相互独立，则四个选项都是正确的. 但本题缺乏独立的条件，因此只能选 C.

注记 此题要注意题目中缺少独立性这一细节.

例 2.1.5 设随机变量 X 服从自由度为 n 的 t 分布，分位点 $t_\alpha(n)$ 满足 $P\{X>t_\alpha(n)\}=\alpha$，$0<\alpha<1$. 若已知 $P\{|X|>x\}=\alpha$，$P\{|X|\leqslant y\}=\alpha$，试将 x,y 表示成相应的分位点.

解 根据 t 分布的对称性，有 $P\{|X|>x\}=P\{X>x\}+P\{X<-x\}=2P\{X>x\}=\alpha$. 所以

$$P\{X>x\}=\frac{\alpha}{2},$$

也就是说，

$$x=t_{\frac{\alpha}{2}}(n).$$

类似地，有

$$P\{|X|\leqslant y\}=1-P\{|X|>y\}=1-2P\{X>y\}=\alpha,$$

所以

$$P\{X>y\}=\frac{1-\alpha}{2},$$

那么

$$y=t_{\frac{1-\alpha}{2}}(n).$$

注记 此题需要灵活运用 t 分布的对称性及分位点的概念.

例 2.1.6 设 $X\sim N(2,1)$，Y_1,Y_2,Y_3,Y_4 均服从 $N(0,4)$，且 X,Y_1,Y_2,Y_3,Y_4 相互独立. 求：

（1）统计量 $t=\dfrac{4(X-2)}{\sqrt{\sum\limits_{i=1}^{4}Y_i^2}}$ 服从什么分布；

（2）t_0 取何值时有 $P\{|t|>t_0\}=0.01$.

解 （1）先构造服从标准正态分布的一些随机变量：

$$\frac{X-2}{\sqrt{1}}\sim N(0,1),\quad \frac{Y_i}{2}\sim N(0,1),\quad i=1,2,3,4.$$

它们相互独立. 所以有

$$\sum_{i=1}^{4}\left(\frac{Y_i}{2}\right)^2=\frac{1}{4}\sum_{i=1}^{4}Y_i^2\sim\chi^2(4),$$

并且与 $\frac{X-2}{1} \sim N(0,1)$ 相互独立. 因此，有

$$t=\frac{X-2}{\sqrt{\frac{\frac{1}{4}\sum_{i=1}^{4}Y_i^2}{4}}}=\frac{4(X-2)}{\sqrt{\sum_{i=1}^{4}Y_i^2}} \sim t(4).$$

（2）按照分位点的定义，有

$$P\{t>t_{0.005}(4)\}=0.005.$$

同时，利用 t 分布的对称性，有

$$p\{t<-t_{0.005}(4)\}=0.005.$$

所以

$$\begin{aligned}p\{|t|>t_{0.005}(4)\}&=p\{t>t_{0.005}(4)\}+p\{t<-t_{0.005}(4)\}\\&=0.005+0.005=0.01.\end{aligned}$$

也就是说，

$$t_0=t_{0.005}(4),$$

由 t 分布表（附表 4）可以得到

$$t_{0.005}(4)=4.6041.$$

注记　该题考查正态总体常用统计量的分布，t 分布的性质及分位点的概念. 在一般工程应用中，常用分位点的具体数值可以查表得到.

例 2.1.7　设 $X_1,X_2,\cdots,X_6$ 是来自总体 $X\sim N(0,1)$ 的样本，$Y=(X_1+X_2+X_3)^2+(X_4+X_5+X_6)^2$，求当 c 取何值时，统计量 cY 服从 χ^2 分布，并写明自由度.

解　$X_1,X_2,\cdots,X_6$ 是来自总体 $X\sim N(0,1)$ 的样本，那么

$$X_1+X_2+X_3\sim N(0,3),\quad X_4+X_5+X_6\sim N(0,3),$$

且相互独立. 进一步地，要得到 χ^2 分布，需要先构造出一些标准正态分布的随机变量，即

$$\frac{X_1+X_2+X_3}{\sqrt{3}}\sim N(0,1),\quad \frac{X_4+X_5+X_6}{\sqrt{3}}\sim N(0,1),$$

且它们相互独立. 所以

$$\left(\frac{X_1+X_2+X_3}{\sqrt{3}}\right)^2+\left(\frac{X_4+X_5+X_6}{\sqrt{3}}\right)^2=\frac{1}{3}Y\sim\chi^2(2).$$

此时 $c=\frac{1}{3}$，$cY\sim\chi^2(2)$，自由度是 2.

注记　该题考查正态总体常用统计量的分布，类似的构造统计量以确定未知参数的技巧需要掌握.

例 2.1.8　设总体 X 的数学期望和方差都存在，且 $E(X)=\mu$，$D(X)=\sigma^2$，从总体中抽取容量为 n 的样本 $X_1,X_2,\cdots,X_n$，样本的均值和方差分别为 $\bar{X},S^2$. 证明：

（1）样本均值 $\overline{X}$ 的数学期望 $E(\overline{X})=\mu$，方差 $D(\overline{X})=\dfrac{\sigma^2}{n}$；

（2）样本方差 S^2 的数学期望 $E(S^2)=\sigma^2$.

证明 （1）因为 $X_1,X_2,\cdots,X_n$ 是总体 X 一组样本，所以随机变量 $X_1,X_2,\cdots,X_n$ 独立且都与 X 具有相同的分布，它们的数学期望和方差也都存在，且

$$E(X_i)=\mu,\quad D(X_i)=\sigma^2.$$

样本均值 $\overline{X}=\dfrac{1}{n}\sum\limits_{i=1}^{n}X_i$，这是随机变量 $X_1,X_2,\cdots,X_n$ 的一个函数. 利用期望和方差的性质，得

$$E(\overline{X})=E\left(\frac{1}{n}\sum_{i=1}^{n}X_i\right)=\frac{1}{n}\sum_{i=1}^{n}E(X_i)=\mu,$$

$$D(\overline{X})=D\left(\frac{1}{n}\sum_{i=1}^{n}X_i\right)=\frac{1}{n^2}\sum_{i=1}^{n}D(X_i)=\frac{\sigma^2}{n}.$$

（2）由于

$$\begin{aligned}S^2&=\frac{1}{n-1}\sum_{i=1}^{n}(X_i-\overline{X})^2=\frac{1}{n-1}\sum_{i=1}^{n}(X_i^2-2X_i\overline{X}+\overline{X}^2)\\&=\frac{1}{n-1}\left(\sum_{i=1}^{n}X_i^2-2\overline{X}\sum_{i=1}^{n}X_i+n\overline{X}^2\right)\\&=\frac{1}{n-1}\left(\sum_{i=1}^{n}X_i^2-n\overline{X}^2\right),\end{aligned}$$

所以

$$E(S^2)=\frac{1}{n-1}\left(\sum_{i=1}^{n}E(X_i^2)-nE(\overline{X}^2)\right).$$

利用

$$D(X)=E(X^2)-[E(X)]^2,$$

可以得到

$$E(X_i^2)=D(X_i)+[E(X_i)]^2=\sigma^2+\mu^2,\quad E(\overline{X}^2)=D(\overline{X})+[E(\overline{X})]^2=\frac{\sigma^2}{n}+\mu^2.$$

代入化简，得

$$E(S^2)=\frac{1}{n-1}\left(\sum_{i=1}^{n}(\mu^2+\sigma^2)-n\left(\frac{\sigma^2}{n}+\mu^2\right)\right)=\sigma^2.$$

注记 此题说明，不论总体 X 服从何种分布，只要均值和方差存在，那么 $E(\overline{X})=E(X)$，$D(\overline{X})=\dfrac{D(X)}{n}$，$E(S^2)=D(X)$，这些可以作为常用结论来记忆.

例 2.1.9 设总体 $X\sim N(\mu,\sigma^2)(\sigma>0)$，从该总体中抽取简单随机样本 $X_1,X_2,\cdots,X_{2n}$

$(n\geqslant 2)$，其样本的均值 $\overline{X}=\dfrac{1}{2n}\sum\limits_{i=1}^{2n}X_i$，求统计量 $Y=\sum\limits_{i=1}^{n}(X_i+X_{n+i}-2\overline{X})^2$ 的数学期望 $E(Y)$.

解　方法一：将原有的容量为 $2n$ 的样本看作前后两组容量分别为 n 的样本，记

$$\overline{X'}=\frac{1}{n}\sum_{i=1}^{n}X_i,\quad \overline{X''}=\frac{1}{n}\sum_{i=1}^{n}X_{n+i},$$

则有

$$2\overline{X}=\overline{X'}+\overline{X''}.$$

因此

$$\begin{aligned}E(Y)&=E\left[\sum_{i=1}^{n}(X_i+X_{n+i}-2\overline{X})^2\right]\\&=E\left\{\sum_{i=1}^{n}\left[(X_i-\overline{X'})+(X_{n+i}-\overline{X''})\right]^2\right\}\\&=E\left\{\sum_{i=1}^{n}\left[(X_i-\overline{X'}^2)+2(X_i-\overline{X'})(X_{n+i}-\overline{X''})+(X_{n+i}-\overline{X''})^2\right]\right\}\\&=E\left[\sum_{i=1}^{n}(X_i-\overline{X'})^2+2\sum_{i=1}^{n}(X_i-\overline{X'})(X_{n+i}-\overline{X''})+\sum_{i=1}^{n}(X_{n+i}-\overline{X''})^2\right]\\&=E\left[\sum_{i=1}^{n}(X_i-\overline{X'})^2\right]+2\sum_{i=1}^{n}E\left[(X_i-\overline{X'})(X_{n+i}-\overline{X''})\right]+E\left[\sum_{i=1}^{n}(X_{n+i}-\overline{X''})^2\right].\end{aligned}$$

注意到对于 $i=1,2,\cdots,n$， $X_i-\overline{X'}$ 与 $X_{n+i}-\overline{X''}$ 都是独立的，即

$$\begin{aligned}&E[(X_i-\overline{X'})(X_{n+i}-\overline{X''})]\\&=E(X_i-\overline{X'})E(X_{n+i}-\overline{X''})\\&=[E(X_i)-E(\overline{X'})][E(X_{n+i})-E(\overline{X''})]\\&=0.\end{aligned}$$

所以

$$E(Y)=E\left[\sum_{i=1}^{n}(X_i-\overline{X'})^2\right]+E\left[\sum_{i=1}^{n}(X_{n+i}-\overline{X''})^2\right]=E[(n-1)S_1{}^2]+E[(n-1)S_2{}^2].$$

这里 $S_1{}^2$ 和 $S_2{}^2$ 分别是前后两组样本的样本方差，所以

$$E(S_1{}^2)=E(S_2{}^2)=\sigma^2.$$

所以

$$\begin{aligned}E(Y)&=(n-1)E(S_1{}^2)+(n-1)E(S_2{}^2)\\&=(n-1)\sigma^2+(n-1)\sigma^2\\&=2(n-1)\sigma^2.\end{aligned}$$

方法二：考虑 $(X_1+X_{n+1}),\ (X_2+X_{n+2}),\cdots,(X_n+X_{2n})$，将其视为取自总体 $N(2\mu,2\sigma^2)$ 的简单随机样本，样本容量为 n，则其样本均值为

$$\frac{1}{n}\sum_{i=1}^{n}(X_i+X_{n+i})=\frac{1}{n}\sum_{i=1}^{2n}X_i=2\overline{X},$$

继而样本方差为

$$\frac{1}{n-1}\sum_{i=1}^{n}(X_i+X_{n+i}-2\overline{X})^2\text{，即}\frac{1}{n-1}Y.$$

由于 $E\left(\frac{1}{n-1}Y\right)=2\sigma^2$，因此，

$$E(Y)=(n-1)(2\sigma^2)=2(n-1)\sigma^2.$$

注记 此题较难，利用了样本的性质，主要考查期望与方差的性质和计算.

单元练习

一、选择题

设随机变量 $X\sim t(n)\,(n>1)$，$Y=\frac{1}{X^2}$，则（ ）.

A. $Y\sim\chi^2(n)$　　B. $Y\sim\chi^2(n-1)$

C. $Y\sim F(n,1)$　　D. $Y\sim F(1,n)$

二、计算题

1. 设某电子元件的寿命（单位：h）X 的概率密度函数为

$$f(x)=\begin{cases}0.0015\mathrm{e}^{-0.0015x}, & x\geqslant 0,\\ 0, & \text{其他}.\end{cases}$$

现随机选取 6 个电子元件作为样本独立地进行测试. 求：

（1）800h 时没有一个电子元件损坏的概率 α；

（2）3000h 时所有电子元件都损坏的概率 β.

2. 设$X_1,X_2,\cdots,X_{10}$为$X\sim N(0,0.3^2)$的一个样本，求$P\left\{\sum_{i=1}^{10}X_i^2>1.44\right\}$.

三、讨论题

设总体$X\sim N(0,1)$，$X_1,X_2,\cdots,X_n$是来自总体X的简单随机样本. 求当$n>5$时，统计量$Y=\dfrac{\left(\dfrac{n}{5}-1\right)\sum_{i=1}^{5}X_i^2}{\sum_{i=6}^{n}X_i^2}$服从何种分布？

单元测试

一、选择题

1. 设总体X服从正态分布$N(\mu_1,\sigma^2)$，总体Y服从正态分布$N(\mu_2,\sigma^2)$. 而$X_1,X_2,\cdots,X_{n_1}$和$Y_1,Y_2,\cdots,Y_{n_2}$分别是来自总体X和Y的简单随机样本，且这两个样本相互独立. 则$E\left[\dfrac{\sum_{i=1}^{n_1}(X_i-\overline{X})^2+\sum_{j=1}^{n_2}(Y_j-\overline{Y})^2}{n_1+n_2-2}\right]=$（　　）.

A. $\mu_1+\mu_2$　　B. $\dfrac{\sigma^2}{n_1+n_2}$　　C. $\dfrac{\mu_1+\mu_2}{n_1+n_2}$　　D. σ^2

2. 设样本 $X_1,X_2,\cdots,X_7$ 取自总体 $X\sim N(0,0.5^2)$，则 $P\left(\sum_{i=1}^{7}X_i^2>4\right)=$（　　）.

A. 0.025　　B. 0.25　　C. 0.05　　D. 0.5

3. 设总体 $X\sim N(0,4)$，而 $X_1,X_2,\cdots,X_{15}$ 是来自总体的简单随机样本，则随机变量 $Y=\dfrac{X_1^2+\cdots+X_{10}^2}{2(X_{11}^2+\cdots+X_{15}^2)}$ 满足（　　）.

A. $Y\sim t(5)$　　B. $Y\sim t(10)$

C. $Y\sim F(10,5)$　　D. $Y\sim F(5,10)$

4. 设随机变量 X 和 Y 相互独立且都服从正态分布 $N(0,3^2)$，而 $X_1,X_2,\cdots,X_9$ 和 $Y_1,Y_2,\cdots,Y_9$ 分别是来自总体 X 和 Y 的简单随机样本，则统计量 $U=\dfrac{X_1+\cdots+X_9}{\sqrt{Y_1^2+\cdots+Y_9^2}}$ 服从（　　）分布.

A. $t(9)$　　B. $t(10)$　　C. $F(9,9)$　　D. $\chi^2(9)$

二、计算题

设总体 X 在区间 $(0,\ \theta)$ 上服从均匀分布，X_1,X_2,X_3,X_4 为其样本. 试求：

（1）$\max\limits_{1\leqslant i\leqslant 4}(X_i)$ 的概率密度函数；

（2）$E\left[\dfrac{1}{2}\max\limits_{1\leqslant i\leqslant 4}(X_i)-\theta\right]$.

三、讨论题

1. 设 X_1,X_2,X_3,X_4 是来自正态总体 $N(0,2^2)$ 的样本，令 $Y=(X_1+X_2)^2+(X_3-X_4)^2$，则当 c 取何值时，cY 服从 χ^2 分布，并写明此时的自由度.

2. 设 $X_1,X_2,\cdots,X_5$ 是来自总体 $X\sim N(0,1)$ 的简单随机样本，统计量 $\dfrac{c(X_1+X_2)}{\sqrt{X_3^2+X_4^2+X_5^2}}\sim t(n)$，求常数 c 和自由度 n.

3. 设 X_1,X_2,X_3,X_4 是来自正态总体 $N(0,2^2)$ 的简单随机样本. 则当 a,b 取何值时，统计量 $X=a(X_1-2X_2)^2+b(3X_3-4X_4)^2$ 服从 χ^2 分布，并写明此时的自由度.

四、拓展题

设 $X_1, X_2, \cdots, X_n (n>2)$ 为来自总体 $N(0,1)$ 的简单随机样本，$\bar{X}$ 为样本均值，记 $Y_i = X_i - \bar{X}$，$i=1,2,\cdots,n$. 求：

（1）Y_i 的方差 $D(Y_i)$，$i=1,2,\cdots,n$；

（2）Y_1 与 Y_n 的协方差 $\mathrm{Cov}(Y_1, Y_n)$.

第二单元　正态总体的均值与方差

单元概要

本单元给出了正态总体的样本均值与样本方差所涉及的相关理论. 这些理论是学好数理统计后续理论的必备条件，后面的很多课程都是在此基础上的深入和展开. 因此，应熟练掌握正态总体的样本均值与样本方差所涉及的相关定理并能熟练运用，为进一步的学习打下坚实的基础.

本单元的基本内容概述如下.

一、公式与结论

（1）设总体 X 的均值为 μ，方差为 σ^2，$X_1,X_2,\cdots,X_n$ 为来自 X 的样本，样本均值 $\bar{X}=\frac{1}{n}\sum_{i=1}^{n}X_i$，样本方差 $S^2=\frac{1}{n-1}\sum_{i=1}^{n}(X_i-\bar{X})^2$，则有

① $E(\bar{X})=\mu$；

② $D(\bar{X})=\dfrac{\sigma^2}{n}$；

③ $E(S^2)=\sigma^2$.

（2）设 $X_1,X_2,\cdots,X_n$ 为来自总体 $X\sim N(\mu,\sigma^2)$ 的样本，样本均值 $\bar{X}=\frac{1}{n}\sum_{i=1}^{n}X_i$，样本方差 $S^2=\frac{1}{n-1}\sum_{i=1}^{n}(X_i-\bar{X})^2$，则有

① $\bar{X}\sim N\left(\mu,\dfrac{\sigma^2}{n}\right)$ 即 $\dfrac{\bar{X}-\mu}{\sigma/\sqrt{n}}\sim N(0,1)$，$\dfrac{(\bar{X}-\mu)^2}{\sigma^2/n}\sim\chi^2(1)$；

② $\dfrac{n-1}{\sigma^2}S^2=\sum_{i=1}^{n}\left(\dfrac{X_i-\bar{X}}{\sigma}\right)^2\sim\chi^2(n-1)$，$D(S^2)=\dfrac{2\sigma^4}{n-1}$；

③ $\bar{X}$ 与 S^2 相互独立；

④ $t=\dfrac{\bar{X}-\mu}{S/\sqrt{n}}\sim t(n-1)$，$t^2=\dfrac{(\bar{X}-\mu)^2}{S^2/n}\sim F(1,n-1)$.

（3）设 $X_1,X_2,\cdots,X_{n_1}$ 与 $Y_1,Y_2,\cdots,Y_{n_2}$ 分别为来自正态总体 $X\sim N(\mu,{\sigma_1}^2)$ 与 $Y\sim N(\mu,{\sigma_2}^2)$ 的样本，且 X 与 Y 独立，样本均值和样本方差分别为 $\bar{X},\bar{Y},{S_1}^2,{S_2}^2$，则有

① $\overline{X},\overline{Y},S_1^2,S_2^2$ 相互独立；

② $\overline{X}\pm\overline{Y}\sim N\left(\mu_1\pm\mu_2,\dfrac{\sigma_1^2}{n_1}+\dfrac{\sigma_2^2}{n_2}\right)$；

③ 当 $\sigma_1^2=\sigma_2^2=\sigma^2$ 时，

$$t=\frac{(\overline{X}-\overline{Y})-(\mu_1-\mu_2)}{\sqrt{\dfrac{1}{n_1}+\dfrac{1}{n_2}}\sqrt{\dfrac{(n_1-1)S_1^2+(n_2-1)S_2^2}{n_1+n_2-2}}}\sim t(n_1+n_2-2)；$$

④ $F=\dfrac{S_1^2/S_2^2}{\sigma_1^2/\sigma_2^2}\sim F(n_1-1,n_2-1)$， $\dfrac{S_2^2/S_1^2}{\sigma_2^2/\sigma_1^2}\sim F(n_2-1,n_1-1)$.

二、重点

正态总体的样本均值与样本方差的分布定理.

思维导图

本单元的思维导图如图 2-2-1 所示.

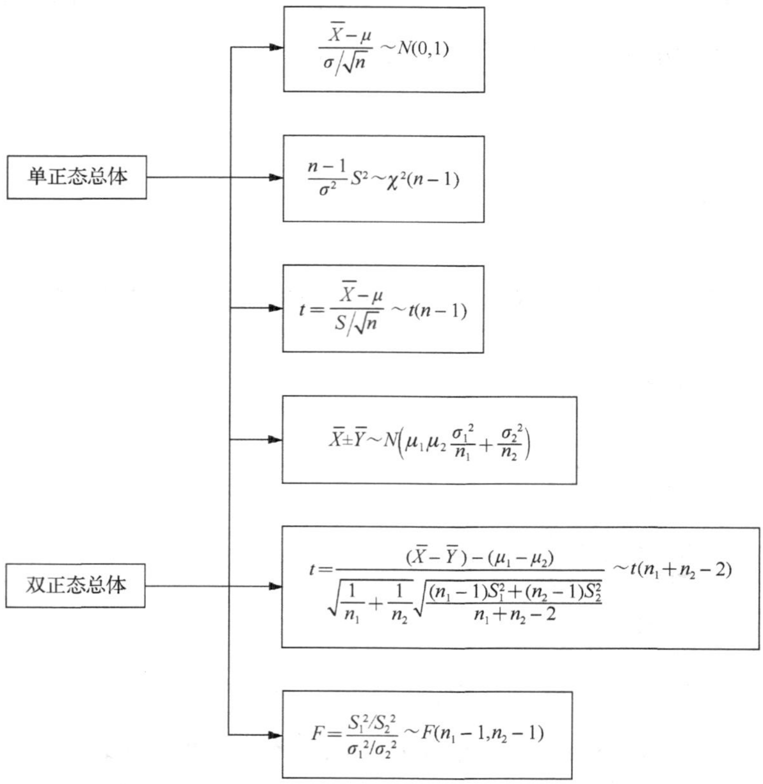

图 2-2-1

典型题解

例 2.2.1　总体 X 的概率密度函数为 $f_X(x)=\begin{cases}|x|, & |x|<1\\ 0, & |x|\geqslant 1\end{cases}$，$\bar{X},S^2$ 分别为取自总体 X 的容量为 n 的样本均值和样本方差，求 $E(\bar{X})$，$D(\bar{X})$，$E(S^2)$，$E(\bar{X}^2)$.

解　设总体 X 的均值为 μ，方差为 σ^2，则

$$E(\bar{X})=\mu\text{，}\quad D(\bar{X})=\frac{\sigma^2}{n}\text{，}\quad E(S^2)=\sigma^2.$$

所以，先求总体 X 的期望和方差：

$$E(X)=\int_{-1}^{1}x|x|\mathrm{d}x=0\text{，}\quad E(X^2)=\int_{-1}^{1}x^2|x|\mathrm{d}x=2\int_0^1 x^3\mathrm{d}x=\frac{1}{2}\text{，}$$

$$D(X)=E(X^2)-[E(X)]^2=\frac{1}{2}-0^2=\frac{1}{2}.$$

因此

$$E(\bar{X})=E(X)=0\text{，}\quad D(\bar{X})=\frac{D(X)}{n}=\frac{1}{2n}\text{，}$$

$$E(S^2)=D(X)=\frac{1}{2}.$$

$$E(\bar{X}^2)=D(\bar{X})+E^2(\bar{X})=\frac{1}{2n}.$$

注记　该题考查了三个方面的知识：一是样本均值的期望和方差，二是样本方差的期望，三是期望和方差的计算.

例 2.2.2　在设计导弹发射装置时，弹着点偏离目标中心的距离的方差是一个重要的指标. 对于某一类导弹发射装置，弹着点偏离目标中心的距离服从正态分布 $N(\mu,\sigma^2)$，这里 $\sigma^2=100\text{m}^2$. 现在计划进行 25 次发射试验，用 S^2 表示这 25 次试验中弹着点偏离目标中心的距离的样本方差. 试估计 S^2 超过 50m^2 的概率.

解　利用正态总体的样本方差的分布定理，$\dfrac{(n-1)S^2}{\sigma^2}\sim\chi^2(n-1)$，有

$$\begin{aligned}P\{S^2>50\}&=P\left\{\frac{(n-1)S^2}{\sigma^2}>\frac{(n-1)50}{\sigma^2}\right\}\\&=P\left\{\chi^2(24)>\frac{24\times 50}{100}\right\}\\&=P\{\chi^2(24)>12\}.\end{aligned}$$

由 χ^2 分布表（附表 5）可得

$$P\{\chi^2(24)>12.401\}=0.975.$$

所以

$$P\{S^2>50\}=P\{\chi^2(24)>12\}>P\{\chi^2(24)>12.401\}=0.975.$$

所以我们可以以超过97.5%的概率判断 S^2 会超过 50m^2.

注记 这是一道实际应用题，要先从题目中挖掘数学本质，再应用统计量的分布及分位点的知识来解决.

例 2.2.3 设 $X_1,X_2,\cdots,X_{16}$ 是来自总体 $X\sim N(1,\sigma^2)$ 的简单随机样本，$\bar{X}$ 为样本均值，已知 $Y=a\bar{X}+b\sim N(0,1)$，则（　　）.

A. $a=\dfrac{4}{\sigma}$，$b=\dfrac{4}{\sigma}$　　　　B. $a=-\dfrac{4}{\sigma}$，$b=\dfrac{4}{\sigma}$

C. $a=\sigma$，$b=-\sigma$　　　　D. $a=\sigma$，$b=\sigma$

解析 因为 $X\sim N(1,\sigma^2)$，$\bar{X}=\dfrac{1}{16}\sum\limits_{i=1}^{16}X_i\sim N\left(1,\dfrac{\sigma^2}{16}\right)$，所以

$$Y=a\bar{X}+b\sim N\left(a+b,\frac{a^2\sigma^2}{16}\right)=N(0,1).$$

于是有

$$a+b=0,\quad \frac{a^2\sigma^2}{16}=1.$$

解得

$$a=\pm\frac{4}{\sigma},\quad b=\mp\frac{4}{\sigma}.$$

故选 B.

注记 这是一道综合性的题目，要灵活运用统计量的分布及正态分布的性质.

例 2.2.4 设 $X_1,X_2,\cdots,X_6$ 为取自总体 $X\sim N(\mu,\sigma^2)$ 的简单随机样本，$S^2=\dfrac{1}{5}\sum\limits_{k=1}^{6}(X_k-\bar{X})^2$，其中 $\bar{X}$ 为样本均值，则 $D(S^2)=$（　　）.

A. $\dfrac{1}{3}\sigma^4$　　B. $\dfrac{1}{5}\sigma^4$　　C. $\dfrac{2}{5}\sigma^2$　　D. $\dfrac{2}{5}\sigma^4$

解析 由正态总体统计量的分布定理 $\dfrac{(n-1)S^2}{\sigma^2}\sim\chi^2(n-1)$ 及 χ^2 分布方差的结论 $D\left[\dfrac{(n-1)S^2}{\sigma^2}\right]=2(n-1)$，构造出题目中想求的 $D(S^2)$，即

$$\frac{(n-1)^2}{\sigma^4}D(S^2)=2(n-1),\quad D(S^2)=\frac{2\sigma^4}{n-1}.$$

代入具体的数值，得

$$D(S^2)=\frac{2\sigma^4}{6-1}=\frac{2}{5}\sigma^4$$

故选 D.

注记 这道题目综合运用了正态总体统计量的分布、χ^2 分布的性质及方差的性质.

例 2.2.5 设 $X_1,X_2,\cdots,X_n\ (n\geqslant 2)$ 是来自总体 $N(0,1)$ 的简单随机样本，$\bar{X}$ 为样本均

值，S^2 为样本方差，则（　　）.

A. $n\overline{X} \sim N(0,1)$　　　　B. $nS^2 \sim \chi^2(n-1)$

C. $\dfrac{(n-1)\overline{X}}{S} \sim t(n-1)$　　　　D. $\dfrac{(n-1)X_1^2}{\sum\limits_{i=2}^{n} X_i^2} \sim F(1,n-1)$

解析　利用正态总体统计量的分布 $X \sim N(\mu,\sigma^2)$，$\overline{X} \sim N\left(\mu,\dfrac{\sigma^2}{n}\right)$，这里 $\mu=0$，$\sigma=1$，所以 $\overline{X} \sim N\left(0,\dfrac{1}{n}\right)$，进而有 $n\overline{X} \sim N\left(0,\dfrac{n^2}{n}\right)=N(0,n)$，故 A 不对.

因为 $\dfrac{(n-1)S^2}{\sigma^2} \sim \chi^2(n-1)$，$\sigma=1$，所以 $(n-1)S^2 \sim \chi^2(n-1)$，故 B 不对.

因为 $\overline{X}$ 与 S^2 独立，所以

$$\frac{\dfrac{\overline{X}-0}{\dfrac{1}{\sqrt{n}}}}{\sqrt{\dfrac{(n-1)S^2}{n-1}}}=\frac{\overline{X}}{\dfrac{S}{\sqrt{n}}}=\frac{\sqrt{n}\,\overline{X}}{S} \sim t(n-1),$$

故 C 不对.

因为 $X_1 \sim N(0,1)$，$X_1{}^2 \sim \chi^2(1)$，$\sum\limits_{i=2}^{n} X_i{}^2 = X_2{}^2+\cdots+X_n{}^2 \sim \chi^2(n-1)$，且 $X_1{}^2$ 与 $\sum\limits_{i=2}^{n} X_i{}^2$ 相互独立，所以

$$\frac{\dfrac{X_1{}^2}{1}}{\dfrac{\sum\limits_{i=2}^{n} X_i{}^2}{n-1}}=\frac{(n-1)X_1{}^2}{\sum\limits_{i=2}^{n} X_i{}^2} \sim F(1,n-1),$$

故选 D.

注记　这道题目综合考查了正态总体统计量的分布，相关定理的结论一定要熟练掌握并灵活运用.

例 2.2.6　从正态总体 $N(\mu,0.5^2)$ 中随机抽取容量为 10 的样本 $X_1,X_2,\cdots,X_{10}$，样本均值为 $\bar{X}$，若 μ 未知，请估计概率 $P\left\{\sum\limits_{i=1}^{10}(X_i-\mu)^2 \geqslant 1.68\right\}$ 与 $P\left\{\sum\limits_{i=1}^{10}(X_i-\bar{X})^2 < 2.85\right\}$.

解　计算与随机变量有关的事件的概率，必须知道该随机变量的分布.

若 μ 未知，由 $X \sim N(\mu,0.5^2)$ 知，

$$\frac{X_i-\mu}{0.5} \sim N(0,1),\quad \sum_{i=1}^{10}\left(\frac{X_i-\mu}{0.5}\right)^2 = 4\sum_{i=1}^{10}(X_i-\mu)^2 \sim \chi^2(10).$$

故

$$P\left\{\sum_{i=1}^{10}(X_i-\mu)^2 \geqslant 1.68\right\}=P\left\{4\sum_{i=1}^{10}(X_i-\mu)^2 \geqslant 6.72\right\}.$$

由 χ^2 分布表，知 $\chi_{0.75}^2(10)=6.737$，即

$$P\left\{4\sum_{i=1}^{10}(X_i-\mu)^2 \geqslant 6.737\right\}=0.75,$$

所以

$$P\left\{\sum_{i=1}^{10}(X_i-\mu)^2 \geqslant 1.68\right\}\approx 0.75.$$

而另一个概率的计算需要注意

$$\frac{1}{9}\sum_{i=1}^{10}(X_i-\bar{X})^2=S^2.$$

利用 $\frac{(n-1)S^2}{\sigma^2}\sim\chi^2(n-1)$，有

$$\frac{\sum_{i=1}^{10}(X_i-\bar{X})^2}{0.5^2}=4\sum_{i=1}^{10}(X_i-\bar{X})^2\sim\chi^2(9).$$

所以

$$P\left\{\sum_{i=1}^{10}(X_i-\bar{X})^2<2.85\right\}=1-P\left\{\sum_{i=1}^{10}(X_i-\bar{X})^2 \geqslant 2.85\right\}$$
$$=1-P\left\{4\sum_{i=1}^{10}(X_i-\bar{X})^2 \geqslant 11.4\right\}.$$

查 χ^2 分布表，知 $\chi_{0.25}^2(9)=11.4$，也就是说，

$$P\left\{4\sum_{i=1}^{10}(X_i-\bar{X})^2 \geqslant 11.4\right\}=0.25.$$

所以

$$P\left\{\sum_{i=1}^{10}(X_i-\bar{X})^2<2.85\right\}=1-0.25=0.75.$$

注记 此题考查正态总体统计量的分布及分位点的知识. 需要注意题目细节上的差异，虽然题目中的问题形似，但本质不同——两个概率是通过构造不同的统计量，利用两种不同分布的分位点分别求出来的.

单元练习

一、选择题

1. 设总体 X 服从正态分布，$E(X)=-1$，$E(X^2)=4$，$X_1,X_2,\cdots,X_n$ 是来自总体 X 的

简单随机样本，则 $\bar{X}=\frac{1}{n}\sum_{i=1}^{n}X_i$ 服从的分布为（　　）.

A. $N\left(-1,\frac{3}{n}\right)$　　B. $N\left(-1,\frac{4}{n}\right)$　　C. $N\left(-\frac{1}{n},4\right)$　　D. $N\left(-\frac{1}{n},\frac{3}{n}\right)$

2. 设总体 X 的概率密度函数为 $f(x)=\frac{1}{2}\mathrm{e}^{-|x|}(-\infty<x<+\infty)$，$X_1,X_2,\cdots,X_n$ 为总体的简单随机样本，且样本方差为 S^2，则 $E(S^2)=$（　　）.

A. 2　　B. 4　　C. 1　　D. 不确定

二、计算题

1. 设 $X\sim N(21,2^2)$，$X_1,X_2,\cdots,X_{25}$ 为 X 的一个样本，求：

（1）样本均值 $\bar{X}$ 的数学期望与方差；

（2）$P\{|\bar{X}-21|\leqslant 0.24\}$.

2. 从正态总体 $X\sim N(\mu,\sigma^2)$ 中抽取一个容量为 16 的样本，$\bar{X},S^2$ 分别为样本均值和样本方差. 求 S^2 的方差 $D(S^2)$ 并估算概率 $P\left\{\frac{S^2}{\sigma^2}\leqslant 2.041\right\}$.

3. 在总体 $X \sim N(12,4)$ 中随机抽取一个容量为 5 的样本 $X_1,X_2,\cdots,X_5$. 求：

（1）样本均值与总体均值之差的绝对值大于 1 的概率；

（2）$P\{\max(X_1,X_2,X_3,X_4,X_5)>15\}$；

（3）$P\{\min(X_1,X_2,X_3,X_4,X_5)<10\}$.

三、讨论题

设总体 $X \sim N(\mu,\sigma^2)$，分别独立地从该总体中抽取两组容量都为 n 的简单样本：$X_{11},X_{12},\cdots,X_{1n}$ 和 $X_{21},X_{22},\cdots,X_{2n}$. 试确定 n，使两个样本的样本均值之差的绝对值超过 σ 的概率约为 0.01.

单元测试

一、选择题

设$X_1,X_2,\cdots,X_n$是来自正态总体$N(0,1)$的简单随机样本，$\bar{X}$，S分别是样本均值和样本标准差，则有（　　）.

A. $n\bar{X} \sim N(0,1)$　　　　B. $\bar{X} \sim N(0,1)$

C. $\dfrac{\bar{X}}{S} \sim t(n-1)$　　　　D. $\sum_{i=1}^{n} X_i^2 \sim \chi^2(n)$

二、计算题

1. 在总体$X \sim N(52,6.3^2)$中随机抽取一个容量为 36 的样本，求样本均值$\bar{X}$落在$50.8 \sim 53.8$的概率.

2. 设$X_1,X_2,\cdots,X_n$是来自泊松分布$\pi(\lambda)$的一个样本，$\bar{X}$，S^2分别为样本均值和样本方差，求$E(\bar{X})$，$D(\bar{X})$，$E(S^2)$.

3. 设总体 $X \sim b(1, p)$， $X_1, X_2, \cdots, X_n$ 是来自总体的样本. 求：

（1）$(X_1, X_2, \cdots, X_n)$ 的分布律；

（2）$\sum_{i=1}^{n} X_i$ 服从什么分布；

（3）$E(\bar{X})$， $D(\bar{X})$， $E(S^2)$.

4. 从正态总体 $N(\mu, 0.5^2)$ 中抽取一个样本容量为 10 的样本 $X_1, X_2, \cdots, X_{10}$， $\overline{X}$ 是样本均值，若 μ 未知，计算概率 $P\left\{\sum_{i=1}^{10}\left(X_i - \mu\right)^2 \geqslant 0.985\right\}$ 与 $P\left\{\sum_{i=1}^{10}\left(X_i - \overline{X}\right)^2 < 3.671\right\}$.

三、讨论题

从正态总体 $N(3.4, 6^2)$ 中抽取一个容量为 n 的样本，如果要求其样本均值位于区间（1.4, 5.4）内的概率不小于 0.95，问样本容量 n 至少应取多大？

四、拓展题

1. 设两个总体 X 与 Y 都服从正态分布 $N(20, 3)$，且相互独立，现从总体 X 与 Y 中分别抽得容量 $n_1 = 10$，$n_2 = 15$ 的两个相互独立的样本，求 $P\{|\bar{X} - \bar{Y}| > 0.3\}$.

2. 设总体 X 和 Y 相互独立且都服从正态分布 $N(30, 3^2)$，$X_1, \cdots, X_{20}$ 和 $Y_1, \cdots, Y_{25}$ 分别是来自总体 X 和 Y 的样本，$\bar{X}, \bar{Y}$，S_1^2 和 S_2^2 分别是这两个样本的样本均值和样本方差. 求 $P\{S_1^2 / S_2^2 \leqslant 0.4\}$.

第三单元　总体参数的点估计与评价准则

单元概要

实际问题中，我们可依据实际问题的背景确定总体的分布类型，但总体中的某些参数通常是未知的，需要通过从总体中抽取样本进行估计，从而对总体做出推断，这类问题称为参数估计问题. 参数估计是统计推断的核心问题之一，方法主要有两类：点估计和区间估计. 本单元主要介绍参数的点估计的概念、方法及其评价标准.

本单元的基本内容可概述如下.

一、概念

估计量、估计值、点估计、矩估计、最大似然估计、无偏性、有效性、相合性.

二、方法与原理

（1）矩估计理论依据为大数定律，即样本原点矩依概率收敛到同阶总体原点矩.

（2）最大似然估计理论依据：随机试验中，概率大的事件更容易发生.

三、公式与结论

1. 求解总体未知参数θ的矩估计量的一般步骤

（1）设k为一个正数，通常取 1，计算总体的k阶原点矩

$$\mu_k = E(X^k) = h(\theta).$$

（2）解出$\theta = h^{-1}(E(X^k)) = h^{-1}(\mu_k)$.

（3）用样本的k阶原点矩$A_k = \frac{1}{n}\sum_{i=1}^{n} X_i^k$替换$\mu_k$，得$\theta$的矩估计量

$$\hat{\theta} = h^{-1}(A_k).$$

2. 求解总体未知参数θ的最大似然估计量的一般步骤

（1）由总体分布写出样本的联合分布律或联合概率密度函数.

（2）把θ看作自变量，样本联合分布律（或联合概率密度函数）看作θ的函数，即为似然函数$L(\theta)$，则离散型：

$$L(\theta)=\prod_{i=1}^{n}P(X_i=x_i);$$

连续型：

$$L(\theta)=\prod_{i=1}^{n}f(x_i,\theta).$$

（3）求 $L(\theta)$ 的最大值点，一般转化为求 $\ln L(\theta)$ 的最大值点.

（4）令 $\ln L(\theta)$ 或 $L(\theta)$ 达到最大值时，θ 的取值 $\hat{\theta}=\hat{\theta}(x_1,x_2,\cdots,x_n)$ 即为 θ 的最大似然估计值，称 $\hat{\theta}=\hat{\theta}(X_1,X_2,\cdots,X_n)$ 为 θ 的最大似然估计量.

3. 估计量的评价标准

设 $\hat{\theta}$ 为未知参数 θ 的一个估计量，则

（1）若 $E(\hat{\theta})=\theta$，则称 $\hat{\theta}$ 为 θ 的一个无偏估计量；

（2）设 $\hat{\theta}_1,\hat{\theta}_2$ 均为 θ 的无偏估计，若 $D(\hat{\theta}_1)<D(\hat{\theta}_2)$，则称 $\hat{\theta}_1$ 比 $\hat{\theta}_2$ 有效；

（3）若 $\hat{\theta}$ 满足 $\forall\varepsilon>0$，$\lim\limits_{n\to\infty}P\{|\hat{\theta}-\theta|\geqslant\varepsilon\}=0$，则称 $\hat{\theta}$ 为参数 θ 的相合估计量.

四、重点

矩估计与最大似然估计的思想与方法.

思维导图

本单元的思维导图如图 2-3-1 所示.

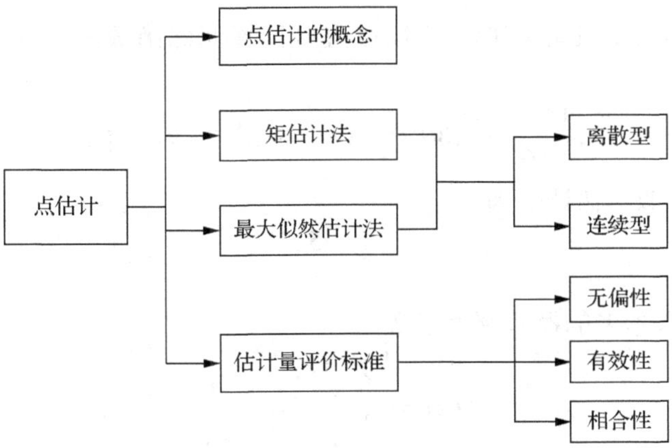

图 2-3-1

典型题解

例 2.3.1　设总体 X 的分布律如表 2-3-1 所示.

表 2-3-1

X	1	2	3
p	θ^2	$2\theta(1-\theta)$	$(1-\theta)^2$

其中 $0<\theta<1$ 为未知参数．若现在已经取得样本 $x_1=2$，$x_2=2$，$x_3=3$，$x_4=2$，$x_5=3$，$x_6=1$．求：

（1）θ 的矩估计值；

（2）θ 的最大似然估计值.

解　（1）首先计算总体的 1 阶原点矩，即 X 的数学期望

$$E(X)=\theta^2+4\theta(1-\theta)+3(1-\theta)^2=3-2\theta.$$

然后用样本 1 阶原点矩代替总体 1 阶原点矩，有 $\overline{X}=3-2\hat{\theta}$，从而解出 θ 的矩估计量

$$\hat{\theta}_{矩}=\frac{3-\overline{X}}{2}.$$

将观察值代入统计量 $\overline{X}$，得

$$\overline{x}=\frac{13}{6}.$$

因此 θ 的矩估计值为

$$\hat{\theta}=\frac{5}{12}.$$

（2）将未知参数看作变量，样本联合分布律看作为未知参数的似然函数

$$L(\theta)=\prod_{i=1}^{6}P(X_i=x_i)=[2\theta(1-\theta)]^3[(1-\theta)^2]^2[\theta^2]=8\theta^5(1-\theta)^7.$$

因为似然函数形式比较简单，所以可直接计算似然函数的最大值点，即令导函数为 0，得

$$\frac{\mathrm{d}L(\theta)}{\mathrm{d}\theta}=40\theta^4(1-\theta)^7-56\theta^5(1-\theta)^6=0.$$

解得 θ 的最大似然估计值为

$$\hat{\theta}=\frac{5}{12}.$$

例 2.3.2　设总体 X 的概率密度函数为

$$f(x)=\begin{cases}\dfrac{\theta^2}{x^3}\mathrm{e}^{-\frac{\theta}{x}}, & x>0,\\ 0, & x\leqslant 0,\end{cases}$$

其中 θ 为未知参数且大于零，$X_1,X_2,\cdots,X_n$ 是来自总体 X 的一个简单随机样本，$x_1,x_2,\cdots,x_n$ 是样本观察值，求：

（1）θ 的矩估计值；

（2）θ 的最大似然估计值.

解　(1) 由题得

$$E(X)=\int_0^{+\infty} x\frac{\theta^2}{x^3}\mathrm{e}^{-\frac{\theta}{x}}\mathrm{d}x=\theta .$$

用样本一阶原点矩代替总体一阶原点矩，有

$$\overline{X}=\widehat{\theta},$$

于是得 θ 的矩估计值为

$$\hat{\theta}=\bar{x}=\frac{1}{n}\sum_{i=1}^{n}x_i .$$

(2) 似然函数为

$$L(\theta)=\prod_{i=1}^{n}f(x_i,\theta)=\prod_{i=1}^{n}\frac{\theta^2}{x_i^3}\mathrm{e}^{-\frac{\theta}{x_i}}=\frac{\theta^{2n}}{x_1^3\cdots x_n^3}\mathrm{e}^{-\left(\frac{\theta}{x_1}+\cdots+\frac{\theta}{x_n}\right)}.$$

因为 $L(\theta)$ 为多个函数乘积的形式，所以直接计算 $L(\theta)$ 的极大值点较困难. 由于 $L(\theta)$ 与 $\ln L(\theta)$ 在同一点处取得最大值，可通过计算对数似然函数 $\ln L(\theta)$ 来简化运算，即

$$\ln L(\theta)=2n\ln\theta-\left(\frac{\theta}{x_1}+\cdots+\frac{\theta}{x_n}\right)-\ln(x_1^3\cdots x_n^3).$$

求对数似然函数 $\ln L(\theta)$ 的极大值点，即令导函数为 0，得

$$\frac{\mathrm{d}\ln L(\theta)}{\mathrm{d}\theta}=\frac{2n}{\theta}-\left(\frac{1}{x_1}+\cdots+\frac{1}{x_n}\right)=0 .$$

解得 θ 的最大似然估计值为

$$\hat{\theta}=\frac{2n}{\sum_{i=1}^{n}x_i^{-1}} .$$

注记　未知参数的估计量不唯一，使用不同的方法获得的估计量可能相同，也可能不同. 即使是同一估计量，代入不同的样本观察值得到的估计值也可能不同.

例 2.3.3　设总体 $X\sim U(-\theta,\theta)$，$X_1,X_2,\cdots,X_n$ 是来自总体 X 的一个简单随机样本，求：

(1) θ 的矩估计量；

(2) θ 的最大似然估计值.

解　(1) X 服从区间 $(-\theta,\theta)$ 内的均匀分布，其概率密度函数为

$$f(x)=\begin{cases}\dfrac{1}{2\theta}, & -\theta<x<\theta,\\ 0, & \text{其他}.\end{cases}$$

易知 X 的 1 阶原点矩为 $E(X)=0$，不含参数信息. 因此需要计算 X 的 2 阶原点矩：

$$E(X^2)=\int_{-\theta}^{\theta}x^2\cdot\frac{1}{2\theta}\mathrm{d}x=\frac{\theta^2}{3} .$$

令$\frac{\hat{\theta}^2}{3}=A_2=\frac{1}{n}\sum_{i=1}^{n}X_i^2$，得$\theta$的矩估计量为

$$\hat{\theta}=\sqrt{\frac{3}{n}\sum_{i=1}^{n}X_i^2}.$$

（2）记$x_1,x_2,\cdots,x_n$是样本观察值，且$-\theta<x_i<\theta$，$i=1,2,\cdots,n$，则θ的似然函数为

$$L(\theta)=\prod_{i=1}^{n}f(x_i,\theta)=\frac{1}{(2\theta)^n}.$$

易知$L'(\theta)<0$，$L(\theta)$为单调减函数，即θ值越小，似然函数值越大. 但是注意到θ须满足$-\theta<x_i<\theta$，即$\theta>|x_i|,i=1,2,\cdots,n$. 所以，$\theta$的最大似然估计值为

$$\hat{\theta}=\max\{|x_1|,|x_2|,\cdots,|x_n|\}.$$

注记 使用矩估计法估计未知参数时，一般优先使用低阶矩. 由于本题中总体的一阶原点矩$E(X)$不含未知参数θ，故考虑用二阶原点矩，并用样本二阶原点矩来替换总体原点矩，从而得到参数的矩估计. 我们通常使用求驻点的方法来求似然函数的最大值点. 但本题中对数似然函数无驻点，可直接观察似然函数，求出最大值点. 同时要注意估计量与估计值的区别：估计量是统计量，也就是随机变量；而估计值是将样本观察值代入估计量后得到的数值.

例 2.3.4 设X的概率密度函数为

$$f(x)=\frac{1}{\sqrt{2\pi}\sigma x}\mathrm{e}^{-(\ln x-\mu)^2/(2\sigma^2)},x>0,$$

其中$\mu,\sigma>0$是未知参数，$X_1,X_2,\cdots,X_n$是来自总体X的一个简单随机样本，$x_1,x_2,\cdots,x_n$是样本观察值. 求：

（1）未知参数μ,σ^2的最大似然估计量；

（2）未知参数μ,σ^2的矩估计量.

解 （1）μ,σ^2的似然函数为

$$L(\mu,\sigma^2)=\prod_{i=1}^{n}f(x_i;\mu,\sigma^2)=(2\pi\sigma^2)^{-n/2}\frac{1}{x_1\cdots x_n}\mathrm{e}^{-1/(2\sigma^2)\sum_{i=1}^{n}(\ln x_i-\mu)^2}.$$

对数似然函数为

$$\ln L(\mu,\sigma^2)=-\frac{n}{2}\ln(2\pi)-\frac{n}{2}\ln\sigma^2-\sum_{i=1}^{n}\ln x_i-\frac{1}{2\sigma^2}\sum_{i=1}^{n}(\ln x_i-\mu)^2.$$

求对数似然函数的最大值点：令导函数为 0，得

$$\begin{cases}\dfrac{\partial\ln L(\mu,\sigma^2)}{\partial\mu}=\dfrac{1}{\sigma^2}\sum_{i=1}^{n}(\ln x_i-\mu)=0,\\ \dfrac{\partial\ln L(\mu,\sigma^2)}{\partial\sigma^2}=-\dfrac{n}{2\sigma^2}+\dfrac{1}{2\sigma^4}\sum_{i=1}^{n}(\ln x_i-\mu)^2=0.\end{cases}$$

解上述对数似然方程组，得

$$\begin{cases}\hat{\mu}=\dfrac{1}{n}\sum\limits_{i=1}^{n}\ln x_i,\\ \hat{\sigma}^2=\dfrac{1}{n}\sum\limits_{i=1}^{n}(\ln x_i-\hat{\mu})^2.\end{cases}$$

因此，μ,σ^2 的最大似然估计量为

$$\hat{\mu}=\frac{1}{n}\sum_{i=1}^{n}\ln X_i\text{，}\quad \hat{\sigma}^2=\frac{1}{n}\sum_{i=1}^{n}\left(\ln X_i-\frac{1}{n}\sum_{i=1}^{n}\ln X_i\right)^2.$$

（2）由于需要估计两个未知参数，只列一个方程式是不够的，因此需计算总体的一阶原点矩和二阶原点矩：

$$E(X)=\mathrm{e}^{\mu+\frac{\sigma^2}{2}}\text{，}\quad E(X^2)=\mathrm{e}^{2\mu+2\sigma^2}.$$

分别用样本一阶原点矩和样本二阶原点矩替换同阶总体原点矩，即

$$\begin{cases}\mathrm{e}^{\hat{\mu}+\frac{\hat{\sigma}^2}{2}}=A_1=\dfrac{1}{n}\sum\limits_{i=1}^{n}X_i,\\ \mathrm{e}^{2\hat{\mu}+2\hat{\sigma}^2}=A_2=\dfrac{1}{n}\sum\limits_{i=1}^{n}X_i^2.\end{cases}$$

解上述方程组，得

$$\begin{cases}\hat{\mu}=2\ln\bar{X}-\dfrac{1}{2}\ln A_2,\\ \hat{\sigma}^2=\ln A_2-2\ln\bar{X}.\end{cases}$$

注记　当待估参数的个数多于 1 时，若使用最大似然估计，需要对每个参数求偏导数；若使用矩估计法，则需要计算总体高阶矩，并用同阶样本原点矩替换总体原点矩，从而列方程组求出未知参数的矩估计量.

例 2.3.5　设 X 的概率密度函数为

$$f(x)=\begin{cases}\dfrac{2x}{\theta^2}, & 0<x<\theta,\\ 0, & \text{其他}.\end{cases}$$

$X_1,X_2,\cdots,X_n$ 是来自总体 X 的一个简单随机样本，$x_1,x_2,\cdots,x_n$ 是样本观察值. 求：

（1）θ 的矩估计量；

（2）θ 的最大似然估计量.

解　（1）由题得 $E(X)=\int_0^{\theta}x\cdot\dfrac{2x}{\theta^2}\mathrm{d}x=\dfrac{2}{3}\theta$，用样本一阶原点矩代替总体一阶原点矩，有

$$\frac{2}{3}\hat{\theta}=\bar{X}.$$

解得

$$\hat{\theta}=\frac{3}{2}\bar{X}.$$

（2）当$0<x_i<\theta$时，似然函数为

$$L(\theta)=\prod_{i=1}^{n} f(x_i)=\prod_{i=1}^{n}\frac{2x_i}{\theta^2}=2^n\cdot\prod_{i=1}^{n}x_i\cdot\theta^{-2n}.$$

对数似然函数为

$$\ln L(\theta)=n\ln 2+\sum_{i=1}^{n}\ln x_i-2n\ln\theta.$$

由于$\frac{\mathrm{d}\ln L(\theta)}{\mathrm{d}\theta}=\frac{-2n}{\theta}<0$，因此$L(\theta)$为单调减函数. 因为$\theta$必须满足$x_i<\theta$，$i=1,2,\cdots,n$，所以当取$x_1,x_2,\cdots,x_n$中的最大值时，$L(\theta)$取得最大值，所以$\theta$的最大似然估计量为

$$\hat{\theta}=\max\{X_1,\cdots,X_n\}.$$

例 2.3.6 一个罐子中装有黑球和白球，有放回地抽取一个容量为n的样本，其中有k个白球，求罐子中黑球数和白球数之比R的最大似然估计.

解 记p为罐子中白球的比例，令X_i表示第i次有放回抽样所得的白球数，则$X_i\sim b(1,p)$，$i=1,2,\cdots,n$. 先求p的最大似然估计，其似然函数为

$$L(p)=\prod_{i=1}^{n}P(X_i=x_i)=\prod_{i=1}^{n}p^{x_i}(1-p)^{1-x_i}=p^{\sum\limits_{i=1}^{n}x_i}(1-p)^{\sum\limits_{i=1}^{n}(1-x_i)}.$$

对数似然函数为

$$\ln L(p)=\sum_{i=1}^{n}x_i\ln p+\sum_{i=1}^{n}(1-x_i)\ln(1-p).$$

令

$$\frac{\mathrm{d}\ln L(p)}{\mathrm{d}p}=\frac{\sum\limits_{i=1}^{n}x_i}{p}-\frac{\sum\limits_{i=1}^{n}(1-x_i)}{1-p}=0,$$

解出p的最大似然估计量为

$$\hat{p}=\bar{X}.$$

由于黑球数与白球数比值$R=\frac{n(1-p)}{np}=\frac{1-p}{p}$，根据最大似然估计的不变性，有

$$\hat{R}=\frac{1-\hat{p}}{\hat{p}}=\frac{1-\bar{X}}{\bar{X}}.$$

对具体的样本值，即容量为n的样本，其中有k个白球，则R的最大似然估计值为

$$\hat{R}=\frac{n-k}{k}.$$

注记 设θ的函数$u=u(\theta)$具有单值反函数，若$\hat{\theta}$是θ的最大似然估计，则$\hat{u}=u(\hat{\theta})$是u的最大似然估计，这一性质称为最大似然估计的不变性. 利用最大似然估计的这一性质可以大大简化问题.

例 2.3.7 设总体 X 服从数学期望为 θ 指数分布，其中 $\theta>0$ 未知，$X_1,X_2,\cdots,X_n$，$(n>1)$ 是来自总体 X 的一个简单随机样本，$x_1,x_2,\cdots,x_n$ 是样本观察值.

（1）证明：样本均值 $\bar{X}$ 和 $n\min\{X_1,X_2,\cdots,X_n\}$ 都是 θ 的无偏估计量；

（2）比较 $\bar{X}$ 和 $n\min\{X_1,X_2,\cdots,X_n\}$ 哪个更有效？

解 （1）证明 因为 $E(\bar{X})=E(X)=\theta$，所以样本均值 $\bar{X}$ 是 θ 的无偏估计量.

记 $X_{(1)}=\min\{X_1,X_2,\cdots,X_n\}$，分布函数为

$$F_{X_{(1)}}(y)=1-[1-F_X(y)]^n,$$

因此 $X_{(1)}$ 的概率密度函数为

$$f_{X_{(1)}}(y)=\begin{cases}\dfrac{n}{\theta}\mathrm{e}^{-\frac{ny}{\theta}}, & y>0,\\ 0, & y\leqslant 0.\end{cases}$$

所以

$$E(nX_{(1)})=\int_0^{+\infty}ny\frac{n}{\theta}\mathrm{e}^{-\frac{ny}{\theta}}\mathrm{d}y=\theta,$$

即 $n\min\{X_1,X_2,\cdots,X_n\}$ 也是 θ 的无偏估计量.

（2）由题得

$$D(\bar{X})=\frac{D(X)}{n}=\frac{\theta^2}{n}.$$

又由 $X_{(1)}$ 的概率密度函数容易求出

$$D(nX_{(1)})=n^2D(X_{(1)})=\theta^2.$$

由于 $n>1$，
所以

$$D(\bar{X})<D(nX_{(1)}).$$

因此估计参数 θ，$\bar{X}$ 比 $n\min\{X_1,X_2,\cdots,X_n\}$ 有效.

例 2.3.8 设总体 $X\sim U(0,\theta)$，$X_1,X_2,\cdots,X_n$ 是来自总体 X 的一个简单随机样本，证明：$\hat{\theta}_1=2\bar{X}$ 和 $\hat{\theta}_2=\dfrac{n+1}{n}X_{(n)}$ 都是 θ 的相合估计量，其中 $X_{(n)}=\max\{X_1,X_2,\cdots,X_n\}$.

证明 由 $X\sim U(0,\theta)$，知 X 的概率密度函数为

$$f(x)=\begin{cases}\dfrac{1}{\theta}, & 0<x<\theta,\\ 0, & \text{其他}.\end{cases}$$

$X_{(n)}=\max\{X_1,X_2,\cdots,X_n\}$ 的分布函数为 $F_{X_{(n)}}(y)=[F_X(y)]^n$，因此其概率密度函数为

$$f_{X_{(1)}}(y)=\begin{cases}\dfrac{nx^{n-1}}{\theta^n}, & 0<x<\theta,\\ 0, & \text{其他}.\end{cases}$$

故

$$E(\hat{\theta}_1)=2E(\bar{X})=2E(X)=2\times\frac{\theta}{2}=\theta,$$

$$D(\hat{\theta}_1)=4D(\bar{X})=4\frac{D(X)}{n}=4\times\frac{\theta^2}{12n}=\frac{\theta^2}{3n}.$$

$$E(\hat{\theta}_2)=E\left(\frac{n+1}{n}X_{(n)}\right)=\frac{n+1}{n}E(X_{(n)})=\frac{n+1}{n}\int_0^\theta\frac{nx^n}{\theta^n}\mathrm{d}x=\frac{n+1}{n}\cdot\frac{n}{n+1}\theta=\theta,$$

$$D(\hat{\theta}_2)=D\left(\frac{n+1}{n}X_{(n)}\right)=\frac{(n+1)^2}{n^2}D(X_{(n)})=\frac{(n+1)^2}{n^2}\left\{E({X_{(n)}}^2)-\left[E(X_{(n)})\right]^2\right\}=\frac{\theta^2}{n(n+1)}.$$

由切比雪夫不等式可知，对于$\forall\varepsilon>0$，当$n\to\infty$时，

$$0\leqslant P\{|\hat{\theta}_1-\theta|\geqslant\varepsilon\}\leqslant\frac{\theta^2}{3n}\cdot\frac{1}{\varepsilon^2}\to0,$$

$$0\leqslant P\{|\hat{\theta}_2-\theta|\geqslant\varepsilon\}\leqslant\frac{\theta^2}{n(n+2)}\cdot\frac{1}{\varepsilon^2}\to0.$$

因此$\hat{\theta}_1=2\bar{X}$和$\hat{\theta}_2=\dfrac{n+1}{n}X_{(n)}$都是$\theta$的相合估计量.

单元练习

一、选择题

1. 设随机变量$X_1,X_2,\cdots,X_n$相互独立同分布，$D(X_1)=\sigma^2\ (\sigma>0)$，记样本均值$\bar{X}=\dfrac{1}{n}\sum\limits_{i=1}^{n}X_i$，样本方差$S^2=\dfrac{1}{n-1}\sum\limits_{i=1}^{n}(X_i-\bar{X})^2$，则（　　）.

A. S是σ的无偏估计量　　B. S是σ的最大似然估计量

C. S是σ的相合估计量　　D. S与$\bar{X}$相互独立

2. 设$X_1,X_2\cdots,X_n$是来自正态总体$X\sim N(\mu,\sigma^2)$的简单随机样本，为使

$$D=k\sum_{i=1}^{n-1}(X_{i+1}-X_i)^2$$

成为总体方差σ^2的无偏估计量，则$k=$（　　）.

A. $\dfrac{1}{n-1}$　　B. $\dfrac{1}{n}$　　C. $\dfrac{1}{2(n-1)}$　　D. $\dfrac{1}{2n}$

3. 对总体中未知参数θ，用矩估计和最大似然估计所得的估计（　　）.

A. 总相同　　B. 总不相同

C. 有时相同，有时不同　　D. 都是无偏估计

4. 设X_1,X_2是来自总体$N(\mu,1)$（μ未知）的一个样本，下列四个μ的估计量中最有效的是（　　）.

A. $\dfrac{2}{3}X_1+\dfrac{1}{3}X_2$　　B. $\dfrac{1}{4}X_1+\dfrac{3}{4}X_2$　　C. $\dfrac{1}{2}X_1+\dfrac{1}{2}X_2$　　D. $\dfrac{1}{6}X_1+\dfrac{5}{6}X_2$

5. 设总体 $X \sim U(\theta,2)$，其中 θ（$\theta<2$）是未知参数. $X_1,X_2,\cdots,X_n$ 是来自总体 X 的一个简单随机样本，则 θ 的最大似然估计量为（　　）.

A. $\max\{X_1,X_2,\cdots,X_n\}$　　　B. $\min\{X_1,X_2,\cdots,X_n\}$

C. $2\overline{X}-2$　　　D. $2\overline{X}+2$

二、计算题

1. 设总体 X 的分布律如表 2-3-2 所示.

表 2-3-2

X	0	1	2	3
p	θ^2	$2\theta(1-\theta)$	θ^2	$1-2\theta$

其中 $\theta\left(0<\theta<\dfrac{1}{2}\right)$ 是未知参数，利用总体的如下样本值 3，1，3，0，3，1，2，3，求 θ 的矩估计值和最大似然估计值.

2. 设总体 X 的概率密度函数为

$$f(x)=\begin{cases}(1+\theta)x^{\theta}, & 0<x<1,\\ 0, & \text{其他},\end{cases}$$

其中 $\theta>-1$ 为未知参数，$X_1,X_2,\cdots,X_n$ 是来自总体 X 的简单随机样本，$x_1,x_2,\cdots,x_n$ 是样本值，求 θ 的矩估计量和最大似然估计量.

3. 设总体 X 的概率密度函数为

$$f(x)=\begin{cases}\dfrac{1}{\theta}, & \theta<x<2\theta,\\ 0, & \text{其他},\end{cases}$$

其中 $\theta>0$ 为未知参数，$X_1,X_2,\cdots,X_n$ 是来自总体 X 的简单随机样本，$x_1,x_2,\cdots,x_n$ 是样本值，求 θ 的矩估计量和最大似然估计量.

4. 已知总体 X 的概率密度函数为

$$f(x)=\begin{cases}\theta, & 0<x<1,\\ 1-\theta, & 1\leqslant x\leqslant 2,\\ 0, & \text{其他},\end{cases}$$

其中 $0<\theta<1$ 为未知参数，$X_1,X_2,\cdots,X_n$ 是来自总体 X 的简单随机样本，记 N 为样本观察值 $x_1,x_2,\cdots,x_n$ 中小于 1 的个数，求 θ 的矩估计值和最大似然估计值.

5. 设 $X_1,X_2,\cdots,X_n$ 为来自总体 $X\sim b(n,p)$ 的简单随机样本，$\bar{X}$ 和 S^2 分别是样本均值和样本方差，求当 k 为何值时，$\bar{X}+kS^2$ 是 np^2 的无偏估计？

三、证明题

1. 设总体 X 的期望 μ 和方差 σ^2 都存在，$X_1,X_2,\cdots,X_n$ 为 X 的一个简单随机样本，证明：

（1）$Y=\sum\limits_{i=1}^{n}C_iX_i$ 是 μ 的无偏估计量，其中 $\sum\limits_{i=1}^{n}C_i=1$，$C_i>0$；

（2）样本方差 S^2 是 σ^2 的无偏估计量；

（3）样本的二阶中心矩 $B_2=\dfrac{1}{n}\sum\limits_{i=1}^{n}(X_i-\bar{X})^2$ 不是 σ^2 的无偏估计量.

2. 设总体 $X \sim N(\mu,\sigma^2)$， $X_1,X_2,\cdots,X_n$ 为 X 的一个简单随机样本，证明：

（1） $\hat{\sigma}_1^2 = S^2 = \dfrac{1}{n-1}\sum_{i=1}^{n}(X_i-\bar{X})^2$ 和 $\hat{\sigma}_2^2 = \dfrac{1}{2}(X_1-X_2)^2$ 均为 σ^2 的无偏估计；

（2）当 $n \geqslant 4$ 时， $\hat{\sigma}_1^2$ 比 $\hat{\sigma}_2^2$ 更有效.

3. 证明：对于正态分布 $N(\mu,\sigma^2)$，若只有一个观察值，则 σ^2 的最大似然估计不存在.

四、讨论题

1. 设随机变量 X 的分布函数为

$$F(x)=\begin{cases}1-\left(\dfrac{\alpha}{x}\right)^{\beta}, & x>\alpha,\\ 0, & x\leqslant\alpha,\end{cases}$$

其中参数 $\alpha>0$ ，$\beta>1$. $X_1,X_2,\cdots,X_n$ 为 X 的一个简单随机样本.

（1）当 $\alpha=1$ 时，求未知参数 β 的矩估计量；

（2）当 $\alpha=1$ 时，求未知参数 β 的最大似然估计量；

（3）当 $\beta=2$ 时，求未知参数 α 的最大似然估计量.

2. 设总体 X 的概率密度函数为

$$f(x)=\begin{cases}\lambda e^{-\lambda(x-\theta)}, & x\geqslant\theta,\\ 0, & \text{其他},\end{cases}$$

其中 $\lambda>0$ ，$\theta>0$ 是未知参数，求 λ 和 θ 的矩估计量和最大似然估计量.

3. 设总体 $X \sim N(\mu,\sigma^2)$，其中 μ,σ^2 未知，$X_1,X_2,\cdots,X_n$ 为 X 的一个简单随机样本，试确定常数 C，使 $C[(X_1-X_2)^2+(X_3-X_4)^2+(X_5-X_6)^2]$ 是 σ^2 的无偏估计.

单元测试

一、选择题

1. 设 $X \sim b(n,p)$，$X_1,X_2,\cdots,X_n$ 为 X 的一个简单随机样本，则未知参数 p 的合适点估计 $\hat{p}$ 可选为（　　）.

A. $\hat{p}=\bar{X}$　　B. $\hat{p}=\frac{1}{n}\bar{X}$

C. $\hat{p}=\max\{X_1,X_2,\cdots,X_n\}$　　D. $\hat{p}=\min\{X_1,X_2,\cdots,X_n\}$

2. 设总体 X 的均值 μ 与方差 σ^2 都存在，但均未知，X_1,X_2 是来自总体 X 的一个样本，则 $\frac{1}{2}(X_1-X_2)^2$ 为（　　）的无偏估计.

A. σ^2　　B. $\sigma^2/2$　　C. μ　　D. μ^2

3. 设总体 X 的均值 μ 与方差 σ^2 都存在，但均未知，X_1,X_2,X_3 是来自总体的一个样本，下列四个 μ 的无偏估计中，最有效的是（　　）.

A. $\frac{2}{3}X_1+\frac{1}{3}X_2$　　B. $\frac{1}{4}X_1+\frac{2}{4}X_2+\frac{1}{4}X_3$

C. $\frac{1}{6}X_1+\frac{5}{6}X_2$　　D. $\frac{1}{3}X_1+\frac{1}{3}X_2+\frac{1}{3}X_3$

4. 设 $X_1,X_2,\cdots,X_n$ 为 X 的一个样本，$\hat{\theta}$ 为 θ 的相合估计，则（　　）.

A. $\hat{\theta}=\bar{X}$　　B. $\hat{\theta}$ 依概率收敛于 θ

C. $E(\hat{\theta})=\theta$　　D. $E(\bar{X})=\theta$

5. 设总体 $X\sim N(\mu,\sigma^2)$，其中 μ,σ^2 未知，$X_1,X_2,\cdots,X_n$ 是来自总体 X 的简单随机样本，以下说法错误的是（　　）.

A. $\hat{\mu}_1=\bar{X}$ 是 μ 的无偏估计　　B. $\hat{\mu}_2=X_1$ 是 μ 的无偏估计

C. $n>1$ 时，$\hat{\mu}_1$ 比 $\hat{\mu}_2$ 有效　　D. $\frac{1}{n}\sum_{i=1}^{n}(X_i-\mu)^2$ 是 σ^2 的矩估计量

二、计算题

1. 设总体 X 服从参数为 λ 的泊松分布，$\lambda>0$ 未知，$X_1,X_2,\cdots,X_n$ 是来自总体 X 的一个简单随机样本，$x_1,x_2,\cdots,x_n$ 是样本观察值，求未知参数 λ 的矩估计值和最大似然估计值，并求概率 $P(X\geqslant 1)$ 的最大似然估计量.

2. 设总体 X 的概率密度函数为

$$f(x)=\begin{cases}\sqrt{\theta}x^{\sqrt{\theta}-1}, & 0<x<1,\\ 0, & \text{其他},\end{cases}$$

其中 $\theta>0$ 为未知参数，$X_1,X_2,\cdots,X_n$ 是来自总体 X 的一个简单随机样本，$x_1,x_2,\cdots,x_n$ 是样本值，求 θ 的矩估计量和最大似然估计量.

3. 设总体 X 的概率密度函数为

$$f(x)=\begin{cases}\dfrac{1}{\theta-1}, & 1<x<\theta,\\ 0, & \text{其他},\end{cases}$$

其中 $\theta>1$ 为未知参数，$X_1,X_2,\cdots,X_n$ 是来自总体 X 的一个简单随机样本，$x_1,x_2,\cdots,x_n$ 是样本值，求 θ 的矩估计量和最大似然估计量.

4. 某工程师为了解一台天平的精度，用该天平对一物体的质量进行了 n 次测量，该物体的质量 μ 已知. 设 n 次测量结果 $X_1,X_2,\cdots,X_n$ 相互独立且均服从正态分布 $N(\mu,\sigma^2)$. 该工程师记录的数据是 n 次测量的绝对误差 $Z_i=|X_i-\mu|\,(i=1,2,\cdots,n)$，利用 $Z_1,Z_2,\cdots,Z_n$ 估计 σ.

（1）求 Z_1 的概率密度函数；

（2）求 σ 的矩估计量；

（3）求 σ 的最大似然估计量.

5. 设总体 X 的概率密度函数为

$$f(x)=\begin{cases}\dfrac{3x^2}{\theta^3}, & 0<x<\theta,\\ 0, & \text{其他},\end{cases}$$

其中$\theta>0$为未知参数，X_1,X_2,X_3为来自总体X的简单随机样本，令$T=\max\{X_1,X_2,X_3\}$.

（1）求T的概率密度函数；

（2）确定a的值，使aT为θ的无偏估计.

三、证明题

1. 设$\hat{\theta}$是θ的无偏估计量，且$D(\hat{\theta})>0$，证明：$\hat{\theta}^2$不是θ^2的无偏估计量.

2. 设总体X服从参数为λ的泊松分布，$X_1,X_2,\cdots,X_n$是总体X的简单随机样本，$\bar{X}$是样本均值，S^2是样本方差. 证明：统计量$T=C\bar{X}+(1-C)S^2$是参数λ的无偏估计量（其中C为任意实数）.

3. 设总体 X 的概率密度函数为

$$f(x)=\begin{cases}1, & \theta<x<\theta+1,\\ 0, & \text{其他},\end{cases}$$

$X_1,X_2,\cdots,X_n$ 是来自总体 X 的样本，记 $X_{(1)}=\min\{X_1,X_2,\cdots,X_n\}$，$X_{(n)}=\max\{X_1,X_2,\cdots,X_n\}$.
证明：$\hat{\theta}_1=\overline{X}-\dfrac{1}{2}$，$\hat{\theta}_2=X_{(n)}-\dfrac{n}{n+1}$，$\hat{\theta}_3=X_{(1)}-\dfrac{1}{n+1}$ 都是 θ 的无偏估计.

四、讨论题

1. 设总体 X 的概率密度函数为

$$f(x)=\begin{cases}\dfrac{6x}{\theta^3}(\theta-x), & 0<x<\theta,\\ 0, & \text{其他}.\end{cases}$$

求：（1）θ 的矩估计量 $\hat{\theta}$；

（2）计算 $\hat{\theta}$ 的方差，并讨论 $\hat{\theta}$ 的无偏性和相合性.

2. 设总体 X 的概率密度函数为

$$f(x)=\begin{cases} e^{-(x-\theta)}, & x>\theta, \\ 0, & x\leqslant\theta, \end{cases}$$

其中 $\theta>0$ 为未知参数，$X_1,X_2,\cdots,X_n$ 是总体 X 的一个样本，求 θ 的最大似然估计并讨论无偏性.

3. 设 $X_1,X_2,\cdots,X_n$ 为来自正态总体 $X\sim N(0,\sigma^2)$ 的一个简单随机样本.

（1）求 σ^2 的最大似然估计量 $\hat{\sigma}^2$，并求出 $E(\hat{\sigma}^2)$；

（2）比较 $D(\hat{\sigma}^2)$ 与 $D(S^2)$ 的大小；

（3）$\hat{\sigma}^2$ 是否为 σ^2 的相合估计量？

第四单元 总体参数的区间估计

单元概要

从总体中取得样本观察值后，可以通过点估计方法给出未知参数的估计值，但我们无法知道这个估计值与参数真实值的误差到底有多大. 实际应用中，由于参数不可能精确求出，所以人们往往更加关注该参数大致的取值范围. 本单元中，我们会学习当总体服从正态分布时，未知参数的区间估计问题.

本单元的基本内容可概述如下.

一、概念

枢轴量、置信度、置信区间、单侧置信上（下）限.

二、方法与原理

正态总体的抽样分布定理.

三、公式与结论

求解正态总体下的未知参数θ的置信区间的一般步骤如下.

（1）从正态总体六个已知的抽样分布（单总体、双总体各三个）中选一个抽样分布，记为Y. Y中应包含待估参数且不包含总体其他未知参数，并且尽可能地包含总体的已知参数信息.

（2）由于Y服从四大抽样分布（$N(0,1),\chi^2,t,F$）中的一个，所以它的上α分位点可在分位点表中查到，满足$P(Y_{1-\alpha/2}<Y<Y_{\alpha/2})=1-\alpha$.

（3）解上述关于待估参数θ的不等式，整理得到$P(T_1<\theta<T_2)=1-\alpha$，则$(T_1,T_2)$即为$\theta$的置信度为$1-\alpha$的置信区间.

四、重点

（1）正态总体的区间估计.

（2）置信度与置信区间长度的制约关系.

（3）正态总体均值、方差的置信区间与单侧置信限（置信水平为$1-\alpha$）的各种情况如表 2-4-1 所示.

表 2-4-1

正态总体	待估参数	其他参数	枢轴量的分布	置信区间	单侧置信限
一个正态总体	μ	σ^2 已知	$Z=\dfrac{\overline{X}-\mu}{\sigma/\sqrt{n}}\sim N(0,1)$	$\left(\overline{X}-\dfrac{\sigma}{\sqrt{n}}z_{\alpha/2},\overline{X}+\dfrac{\sigma}{\sqrt{n}}z_{\alpha/2}\right)$	$\overline{\mu}=\overline{X}+\dfrac{\sigma}{\sqrt{n}}z_{\alpha}$，$\underline{\mu}=\overline{X}-\dfrac{\sigma}{\sqrt{n}}z_{\alpha}$
	μ	σ^2 未知	$t=\dfrac{\overline{X}-\mu}{S/\sqrt{n}}\sim t(n-1)$	$\left(\overline{X}-\dfrac{S}{\sqrt{n}}t_{\alpha/2}(n-1),\overline{X}+\dfrac{S}{\sqrt{n}}t_{\alpha/2}(n-1)\right)$	$\overline{\mu}=\overline{X}+\dfrac{S}{\sqrt{n}}t_{\alpha}(n-1)$，$\underline{\mu}=\overline{X}-\dfrac{S}{\sqrt{n}}t_{\alpha}(n-1)$
	σ^2	μ 未知	$\chi^2=\dfrac{(n-1)S^2}{\sigma^2}\sim\chi^2(n-1)$	$\left(\dfrac{(n-1)S^2}{\chi^2_{\alpha/2}(n-1)},\dfrac{(n-1)S^2}{\chi^2_{1-\alpha/2}(n-1)}\right)$	$\overline{\sigma^2}=\dfrac{(n-1)S^2}{\chi^2_{1-\alpha}(n-1)}$，$\underline{\sigma^2}=\dfrac{(n-1)S^2}{\chi^2_{\alpha}(n-1)}$
两个正态总体	$\mu_1-\mu_2$	σ_1^2,σ_2^2 已知	$Z=\dfrac{(\overline{X}-\overline{Y})-(\mu_1-\mu_2)}{\sqrt{\dfrac{\sigma_1^2}{n_1}+\dfrac{\sigma_2^2}{n_2}}}\sim N(0,1)$	$\left(\overline{X}-\overline{Y}-z_{\alpha/2}\sqrt{\dfrac{\sigma_1^2}{n_1}+\dfrac{\sigma_2^2}{n_2}},\overline{X}-\overline{Y}+z_{\alpha/2}\sqrt{\dfrac{\sigma_1^2}{n_1}+\dfrac{\sigma_2^2}{n_2}}\right)$	$\overline{\mu_1-\mu_2}=\overline{X}-\overline{Y}+z_{\alpha}\sqrt{\dfrac{\sigma_1^2}{n_1}+\dfrac{\sigma_2^2}{n_2}}$ $\underline{\mu_1-\mu_2}=\overline{X}-\overline{Y}-z_{\alpha}\sqrt{\dfrac{\sigma_1^2}{n_1}+\dfrac{\sigma_2^2}{n_2}}$
	$\mu_1-\mu_2$	$\sigma_1^2=\sigma_2^2$ 未知	$t=\dfrac{(\overline{X}-\overline{Y})-(\mu_1-\mu_2)}{S_\omega\sqrt{\dfrac{1}{n_1}+\dfrac{1}{n_2}}}\sim t(n_1+n_2-2)$ $S_\omega^2=\dfrac{(n_1-1)S_1^2+(n_2-1)S_2^2}{n_1+n_2-2}$	$\Big(\overline{X}-\overline{Y}-t_{\alpha/2}(n_1+n_2-2)S_\omega\sqrt{\dfrac{1}{n_1}+\dfrac{1}{n_2}},$ $\overline{X}-\overline{Y}+t_{\alpha/2}(n_1+n_2-2)S_\omega\sqrt{\dfrac{1}{n_1}+\dfrac{1}{n_2}}\Big)$	$\overline{\mu_1-\mu_2}=\overline{X}-\overline{Y}+t_{\alpha}(n_1+n_2-2)S_\omega\sqrt{\dfrac{1}{n_1}+\dfrac{1}{n_2}}$ $\underline{\mu_1-\mu_2}=\overline{X}-\overline{Y}-t_{\alpha}(n_1+n_2-2)S_\omega\sqrt{\dfrac{1}{n_1}+\dfrac{1}{n_2}}$
	$\dfrac{\sigma_1^2}{\sigma_2^2}$	μ_1,μ_2 未知	$F=\dfrac{S_1^2/S_2^2}{\sigma_1^2/\sigma_2^2}\sim F(n_1-1,n_2-1)$	$\left(\dfrac{S_1^2}{S_2^2}\dfrac{1}{F_{\alpha/2}(n_1-1,n_2-1)},\dfrac{S_1^2}{S_2^2}\dfrac{1}{F_{1-\alpha/2}(n_1-1,n_2-1)}\right)$	$\overline{\left(\dfrac{\sigma_1^2}{\sigma_2^2}\right)}=\dfrac{S_1^2}{S_2^2}\dfrac{1}{F_{1-\alpha}(n_1-1,n_2-1)}$ $\underline{\left(\dfrac{\sigma_1^2}{\sigma_2^2}\right)}=\dfrac{S_1^2}{S_2^2}\dfrac{1}{F_{\alpha}(n_1-1,n_2-1)}$

思维导图

本单元的思维导图如图 2-4-1 所示.

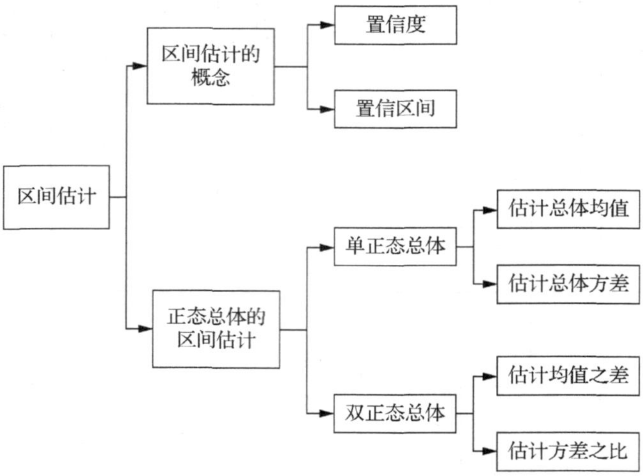

图 2-4-1

典型题解

例 2.4.1 某地区的磁场强度 $X \sim N(\mu, 400)$，现从该地区选取 36 个点，测得样本均值为 $\bar{X}=61.1$，在 0.95 的置信度下求该地区的平均磁场强度 μ 的置信区间.

解 本题是求单正态总体均值的置信区间，由于总体方差已知，选用枢轴量

$$\frac{\bar{X}-\mu}{\sigma / \sqrt{n}} \sim N(0,1) .$$

本题是求双侧置信限，故构造不等式

$$P\left\{-z_{\alpha/2}<\frac{\bar{X}-\mu}{\sigma / \sqrt{n}}<z_{\alpha/2}\right\}=1-\alpha .$$

从而有

$$P\left\{\bar{X}-\frac{\sigma}{\sqrt{n}} z_{\alpha/2}<\mu<\bar{X}+\frac{\sigma}{\sqrt{n}} z_{\alpha/2}\right\}=1-\alpha .$$

所以均值 μ 的置信度为$1-\alpha$ 的置信区间为

$$\left(\bar{X}-\frac{\sigma}{\sqrt{n}} z_{\alpha/2}, \bar{X}+\frac{\sigma}{\sqrt{n}} z_{\alpha/2}\right).$$

因为样本容量 $n=36$，样本均值 $\bar{x}=61.1$，$\sigma=20$，$1-\alpha=0.95$，$z_{0.025}=1.960$，得均值 μ 的置信度为 0.95 的置信区间为 $(54.5667, 67.6333)$.

注记 μ 的置信度为 0.95 的置信区间为 $(54.5667, 67.6333)$，即有 95%的把握保证区间 $(54.5667, 67.6333)$ 包含参数 μ，但不能表述为 $P\{54.5667<\mu<67.6333\}=0.95$. 因为 μ

是一个客观存在的参数，而不是随机变量，所以$54.5667<\mu<67.6333$要么成立，要么不成立，并不是随机事件.

例 2.4.2　某手表厂生产的手表的走时（单位：s/日）误差服从正态分布，检验员从装配线上随机抽取 9 块手表进行检测，检测结果如下：

$$-4.0,\ 3.1,\ 2.5,\ -2.9,\ 0.9,\ 1.1,\ 2.0,\ -3.0,\ 2.8.$$

若置信度为 0.95，求该手表的走时误差的均值μ与方差σ^2的置信区间.

解　（1）求走时误差的均值μ的置信区间. 由于方差σ^2未知，选用枢轴量

$$\frac{\bar{X}-\mu}{S/\sqrt{n}}\sim t(n-1),$$

构造不等式

$$P\left\{-z_{\alpha/2}<\frac{\bar{X}-\mu}{S/\sqrt{n}}<z_{\alpha/2}\right\}=1-\alpha.$$

从而有

$$P\left\{\bar{X}-\frac{S}{\sqrt{n}}t_{\alpha/2}(n-1)<\mu<\bar{X}+\frac{S}{\sqrt{n}}t_{\alpha/2}(n-1)\right\}=1-\alpha.$$

所以均值μ的置信度为$1-\alpha$的置信区间为

$$\left(\bar{X}-\frac{S}{\sqrt{n}}t_{\alpha/2}(n-1),\bar{X}+\frac{S}{\sqrt{n}}t_{\alpha/2}(n-1)\right).$$

对置信度$1-\alpha=0.95$，由t分布表（附表 4）得$t_{0.025}(8)=2.3060$，将

$$\bar{x}=\frac{1}{9}\times(-4.0+3.1+2.5-2.9+0.9+1.1+2.0-3.0+2.8)\approx 0.2778,$$

$$s=\left\{\frac{1}{8}\times[(-4.0-0.2778)^2+(3.1-0.2778)^2+\cdots+(2.8-0.2778)^2]\right\}^{1/2}\approx 2.7936,$$

以及$n=9$代入，得均值μ的置信度为 0.95 的置信区间为$(-1.8695,2.4251)$.

（2）求走时误差的方差σ^2的置信区间. 选用枢轴量

$$\frac{n-1}{\sigma^2}S^2\sim\chi^2(n-1),$$

构造不等式

$$P\left\{\chi^2_{1-\alpha/2}(n-1)<\frac{n-1}{\sigma^2}S^2<\chi^2_{1-\alpha/2}(n-1)\right\}=1-\alpha.$$

从而有

$$P\left\{\frac{(n-1)S^2}{\chi^2_{\alpha/2}(n-1)}<\sigma^2<\frac{(n-1)S^2}{\chi^2_{1-\alpha/2}(n-1)}\right\}=1-\alpha.$$

所以方差σ^2的置信度为$1-\alpha$的置信区间为

$$\left(\frac{(n-1)S^2}{\chi^2_{\alpha/2}(n-1)},\frac{(n-1)S^2}{\chi^2_{1-\alpha/2}(n-1)}\right).$$

将 $s^2 \approx 7.8042$，$n=9$，$\alpha=0.05$，$\chi^2_{0.025}(8)=17.535$，$\chi^2_{0.975}(8)=2.180$ 代入，得方差 σ^2 的置信度 0.95 的置信区间为 $(3.5607, 28.6393)$.

例 2.4.3 某车间用两台型号相同的机器生产同一种产品，现比较两台机器生产的产品的长度. 记机器A生产的产品长度 $X \sim N(\mu_1, \sigma_1^2)$，机器B生产的产品长度 $Y \sim N(\mu_2, \sigma_2^2)$. 现从机器 A 生产的产品中抽取 10 件，测得样本均值为 $\bar{x}=49.83\text{cm}$，样本标准差 $s_1=1.09\text{cm}$；从机器 B 生产的产品中抽取 15 件，测得样本均值为 $\bar{y}=50.24\text{cm}$，样本标准差 $s_2=1.18\text{cm}$.

（1）若 $\sigma_1^2=\sigma_2^2=1$，求 $\mu_1-\mu_2$ 的置信度为 0.99 的置信区间；

（2）若 $\sigma_1^2=\sigma_2^2$ 但未知，求 $\mu_1-\mu_2$ 的置信度为 0.99 的置信区间；

（3）求 σ_1^2/σ_2^2 的置信度为 0.95 的置信区间（$F_{0.025}(9,14)=3.21$，$F_{0.025}(14,9)=3.798$）.

解 （1）这是双正态总体方差已知情况下，求均值差 $\mu_1-\mu_2$ 的置信区间问题. 使用枢轴量

$$\frac{(\bar{X}-\bar{Y})-(\mu_1-\mu_2)}{\sqrt{\dfrac{\sigma_1^2}{n_1}+\dfrac{\sigma_2^2}{n_2}}} \sim N(0,1),$$

构造不等式

$$P\left\{-z_{\alpha/2} < \frac{(\bar{X}-\bar{Y})-(\mu_1-\mu_2)}{\sqrt{\dfrac{\sigma_1^2}{n_1}+\dfrac{\sigma_2^2}{n_2}}} < z_{\alpha/2}\right\}=1-\alpha.$$

从而 $\mu_1-\mu_2$ 的置信度为 $1-\alpha$ 的置信区间为

$$\left(\bar{X}-\bar{Y}-z_{\alpha/2}\sqrt{\frac{\sigma_1^2}{n_1}+\frac{\sigma_2^2}{n_2}}, \bar{X}-\bar{Y}+z_{\alpha/2}\sqrt{\frac{\sigma_1^2}{n_1}+\frac{\sigma_2^2}{n_2}}\right).$$

代入 $n_1=10$，$\bar{x}=49.83$，$n_2=15$，$\bar{y}=50.24$，$\sigma_1^2=\sigma_2^2=1$，$z_{0.005}=2.576$，即得 $\mu_1-\mu_2$ 的置信度为 0.99 的置信区间约为 $(-1.4616,\ 0.6416)$.

（2）双正态总体方差相等但未知的情况下，求均值差 $\mu_1-\mu_2$ 的置信区间. 使用枢轴量

$$\frac{(\bar{X}-\bar{Y})-(\mu_1-\mu_2)}{S_\omega\sqrt{\dfrac{1}{n_1}+\dfrac{1}{n_2}}} \sim t(n_1+n_2-2),$$

其中

$$S_\omega^2=\frac{(n_1-1)S_1^2+(n_2-1)S_2^2}{n_1+n_2-2}.$$

用类似的方法可以求出 $\mu_1-\mu_2$ 的置信度为 $1-\alpha$ 的置信区间为

$$\left(\bar{X}-\bar{Y}-t_{\alpha/2}(n_1+n_2-2)S_\omega\sqrt{\frac{1}{n_1}+\frac{1}{n_2}},\bar{X}-\bar{Y}+t_{\alpha/2}(n_1+n_2-2)S_\omega\sqrt{\frac{1}{n_1}+\frac{1}{n_2}}\right).$$

代入 $n_1=10$，$\bar{x}=49.83$，$s_1=1.09$，$n_2=15$，$\bar{y}=50.24$，$s_2=1.18$，$t_{0.005}(23)=2.8037$，即得 $\mu_1-\mu_2$ 的置信度为 0.99 的置信区间约为 $(-1.7213,\ 0.9013)$.

（3）求双正态总体方差比值的置信区间. 使用枢轴量

$$\frac{S_1^2/S_2^2}{\sigma_1^2/\sigma_2^2}\sim F(n_1-1,n_2-1).$$

从而 σ_1^2/σ_2^2 的置信度为 $1-\alpha$ 的置信区间为

$$\left(\frac{S_1^2/S_2^2}{F_{\alpha/2}(n_1-1,n_2-1)},\frac{S_1^2/S_2^2}{F_{1-\alpha/2}(n_1-1,n_2-1)}\right).$$

代入 $n_1=10$，$s_1=1.09$，$n_2=15$，$s_2=1.18$，$F_{0.025}(9,14)=3.21$，以及 $F_{0.975}(9,14)=\dfrac{1}{F_{0.025}(14,9)}=\dfrac{1}{3.798}$，即得方差比值 σ_1^2/σ_2^2 的置信度为 0.95 的置信区间约为 $(0.2658,\ 3.2407)$.

例 2.4.4　随机选取 9 发炮弹，测得炮弹炮口速度的样本标准差 $s=11$ m/s. 若炮弹的炮口速度服从正态分布，求其标准差 σ 的置信度为 0.95 的单侧置信上限.

解　使用枢轴量

$$\frac{(n-1)S^2}{\sigma^2}\sim\chi^2(n-1).$$

本题是求单侧置信上限，故构造不等式

$$P\left\{\frac{(n-1)S^2}{\sigma^2}>\chi_{1-\alpha}^2(n-1)\right\}=1-\alpha,$$

等价于

$$P\left\{\sigma<\sqrt{\frac{(n-1)S^2}{\chi_{1-\alpha}^2(n-1)}}\right\}=1-\alpha.$$

所以 σ 的置信度为 $1-\alpha$ 的单侧置信上限为 $\sqrt{\dfrac{(n-1)S^2}{\chi_{1-\alpha}^2(n-1)}}$.

代入 $n=9$，$s=11$，$\chi_{0.95}^2(8)=2.733$，得 σ 的置信度为 0.95 的单侧置信上限为 $\bar{\sigma}\approx 18.8199$.

注记　将置信区间的上下限中的"$\alpha/2$"改成"α"就得到相应的单侧置信上下限.

单元练习

一、选择题

1. 设总体 $X\sim N(\mu,\sigma^2)$，其中 σ^2 已知，则对于给定的样本，总体均值 μ 的置信区间的长度 L 与置信度 $1-\alpha$ 的关系是（　　）.

A. 当$1-\alpha$变小时，L变大　　B. 当$1-\alpha$变小时，L变小

C. 当$1-\alpha$变小时，L不变　　D. 以上说法都不对

2. 设总体$X\sim N(\mu,\sigma^2)$，其中σ^2已知，则在给定样本容量n及置信度$1-\alpha$的情况下，未知参数μ的置信区间长度随着样本均值$\bar{X}$的增加而（　　）.

A. 增加　　B. 减少

C. 不变　　D. 不能确定增或减

3. 设一批产品的长度服从正态分布$N(\mu,1)$，其中μ未知，现从中随机抽取 16 个产品，测得样本均值为 20cm，样本标准差为 1cm，则μ的置信度为 0.90 的置信区间是（　　）.

A. $\left(20-\dfrac{1}{4}z_{0.05},20+\dfrac{1}{4}z_{0.05}\right)$　　B. $\left(20-\dfrac{1}{4}z_{0.1},20+\dfrac{1}{4}z_{0.1}\right)$

C. $\left(20-\dfrac{1}{4}t_{0.05}(15),20+\dfrac{1}{4}t_{0.05}(15)\right)$　　D. $\left(20-\dfrac{1}{4}t_{0.1}(15),20+\dfrac{1}{4}t_{0.1}(15)\right)$

4. 设总体$X\sim N(\mu,\sigma^2)$，其中σ^2未知，若样本容量n和置信度$1-\alpha$不变，则对于不同的样本观察值，总体均值μ的置信区间的长度（　　）.

A. 变长　　B. 变短　　C. 不变　　D. 不能确定

二、计算题

1. 某技术人员研发了一种新药粉，用 8 发炮弹来进行试验. 炮口速度（单位：ft/s. 注：$1\text{ft/s}=3.048\times10^{-1}\text{m/s}$）的数据如下：

3005，2925，2935，2965，2995，3005，2937，2905.

设炮口速度$X\sim N(\mu,\sigma^2)$，求μ的置信度为 0.95 的置信区间.

2. 设某大学教授的年龄（单位：岁）$X \sim N(\mu,\sigma^2)$，随机选取五位教授，他们的年龄分别为 39，54，61，72，59. 求年龄标准差的置信度为 0.99 的置信区间.

3. 从总体 $X \sim N(\mu,\sigma^2)$ 中随机抽取一个容量为 16 的样本，整理得 $\bar{x}=10$， $s=2$，求 μ 的置信度为 0.95 的单侧置信上限.

4. 某车间有两台自动机床加工一类套筒，设套筒直径（单位：cm）服从正态分布. 现从甲、乙两个班次的产品中分别检查 5 个和 6 个套筒，得其直径数据如下：

甲班：5.06，5.08，5.03，5.00，5.07；

乙班：4.98，5.03，4.97，4.99，5.02，4.95.

试求两班加工的套筒直径的方差比的置信度为 0. 95 的置信区间.

5. 某厂生产的化纤强度服从正态分布，长期以来其标准差稳定在$\sigma = 0.85$．现抽取一个容量为 25 的样本，测定其强度，计算得样本均值$\bar{x} = 2.25$，试求这批化纤的平均强度的置信度为 0.95 的置信区间.

6. 某公司欲估计本公司生产的电池的寿命. 现从其产品中随机抽取 50 只电池进行寿命试验，这些电池的寿命的平均值$\bar{x} = 2.266$（单位：100h），$s = 1.935$（单位：100h）. 求该公司生产的电池平均寿命的置信度为 0.95 的置信区间.

7. 有两位化验员 A 与 B 独立地对一批聚合物的含氯量用同样的方法各进行 10 次测定，其样本方差分别为$s_{\mathrm{A}}^2 = 0.5419$与$s_{\mathrm{B}}^2 = 0.6065$．若 A 与 B 的测量值都服从正态分布，求其方差比$\sigma_{\mathrm{A}}^2 / \sigma_{\mathrm{B}}^2$的置信度为 0.95 的置信上限.

三、讨论题

1. 设总体 $X \sim N(\mu,\sigma^2)$，从总体 X 中抽取一个容量为 36 的样本，样本均值 $\bar{x}=3.5$，样本方差 $s^2=4$.

（1）若 $\sigma^2=1$，求 μ 的置信度为 0.95 的置信区间；

（2）若 σ^2 未知，求 μ 的置信度为 0.95 的置信区间；

（3）若 $\sigma^2=8$，如果以 $(\bar{X}-1,\bar{X}+1)$ 作为 μ 的置信区间，求置信度.

2. 设总体 $X \sim N(\mu,\sigma^2)$，σ^2 已知，问样本容量 n 取多大时才能保证 μ 的置信度为 0.95 的置信区间的长度不大于 k.

单元测试

一、选择题

1. 设总体 $X \sim N(\mu,\sigma^2)$，其中 μ 未知，若已知 $n=25$，$\sum_{i=1}^{25} x_i = 100$，$\sum_{i=1}^{25} x_i^2 = 520$，则 σ^2 的置信度为 0.90 的置信区间是（　　）.

A. $(3.295,8.666)$　　B. $(4.295,9.666)$

C. $(3.295,9.666)$　　D. $(4.295,8.666)$

2. 无论σ^2是否已知，正态总体均值μ的置信度为$1-\alpha$的置信区间的中心都是(　　).

A. μ　　B. $\bar{X}$　　C. σ^2　　D. S^2

3. 设一批货物的质量服从正态分布$N(\mu,\sigma^2)$，现从中随机抽取16件货物，测得样本均值$\bar{x}=20\text{kg}$，样本标准差$s=1\text{kg}$，则μ的置信度为0.90的置信区间是(　　).

A. $\left(20-\frac{1}{4}t_{0.05}(16),20+\frac{1}{4}t_{0.05}(16)\right)$　　B. $\left(20-\frac{1}{4}t_{0.1}(16),20+\frac{1}{4}t_{0.1}(16)\right)$

C. $\left(20-\frac{1}{4}t_{0.05}(15),20+\frac{1}{4}t_{0.05}(15)\right)$　　D. $\left(20-\frac{1}{4}t_{0.1}(15),20+\frac{1}{4}t_{0.1}(15)\right)$

4. 从一批灯泡中随机抽取5只灯泡进行寿命试验，测得样本均值为1160h，样本标准差为100h，设灯泡的寿命服从正态分布，则灯泡寿命的平均值的置信度为0.95的单侧置信下限为(　　).

A. $1160-\frac{100}{\sqrt{5}}t_{0.05}(4)$　　B. $1160+\frac{100}{\sqrt{5}}t_{0.05}(4)$

C. $1160-\frac{100}{\sqrt{5}}t_{0.025}(4)$　　D. $1160+\frac{100}{\sqrt{5}}t_{0.025}(4)$

二、计算题

1. 已知某批灯泡的寿命服从正态分布，其标准差$\sigma=50\text{h}$，随机抽出25只灯泡进行寿命试验，得其平均寿命$\bar{x}=500\,\text{h}$，求灯泡的平均寿命的置信度为0.95的置信区间.

2. 假设某种袋装食品的净重 $X \sim N(\mu,\sigma^2)$，现从中随机抽取一个容量为 16 的样本，测得食品净重的样本均值为 98g，样本方差 $s^2=9$．试求总体均值的置信度为 0.95 的置信区间.

3. 某厂生产的某批次产品的寿命 $X \sim N(\mu,\sigma^2)$．现欲对该批次产品的寿命进行稳定性测试，从该批次产品中抽出 30 件，测得样本方差 $s^2=500$，求该批次产品的标准差的置信度为 0.95 的置信区间.

4. 设某产品在 A、B 两地的月销售量相互独立，服从正态分布 $N(\mu_i,\sigma^2)$，$i=1,2$．现收集了 A、B 两地过去一年各月的销售量数据，并统计得 $\bar{X}_{\mathrm{A}}=108$，$\bar{X}_{\mathrm{B}}=101$，$S_{\mathrm{A}}=12$，$S_{\mathrm{B}}=11$，求 $\mu_1-\mu_2$ 的置信度为 0.95 的置信区间.

5. 假设某产品的月销售量服从正态分布，现随机抽取了该产品在 A、B 两个城市过去一年的月销售量数据，两个样本相互独立，数据如表 2-4-2 所示.

表 2-4-2

城市	月平均销售量	月销售量的样本方差
A	100	104
B	102	120

求总体方差比 $\sigma_{\mathrm{A}}^2/\sigma_{\mathrm{B}}^2$ 的置信度为 0.95 的置信区间［已知 $F_{0.025}(11,11)=3.4737$］.

三、讨论题

1. 设 $X_1,X_2,\cdots,X_n$ 是来自 $X\sim N(\mu,\sigma^2)$ 的样本，μ 已知，σ 未知.

（1）验证 $\sum\limits_{i=1}^{n}\left(\dfrac{X_i-\mu}{\sigma}\right)^2\sim\chi^2(n)$，并利用这一结果构造 σ^2 的置信度为 $1-\alpha$ 的置信区间；

（2）设 $\mu=6.5$，且有样本观察值 7.5, 2.0, 12.1, 8.8, 9.4, 7.3, 1.9, 2.8, 7.0, 7.3，试求 σ 的置信度为 0.95 的置信区间.

2. 假设 0.5, 1.25, 0.8, 2.0 是总体 X 的一组随机观测值，已知 $Y=\ln X$ 服从正态分布 $N(\mu,1)$.

（1）求 X 的数学期望；

（2）求 μ 的置信度为 0.95 的置信区间；

（3）利用上述结果，求 $E(X)$ 的置信度为 0.95 的置信区间.

第五单元　总体的假设检验

单元概要

本单元给出了假设检验中的一些基础概念，并利用这些概念研究了在单个正态总体与两个正态总体条件下，总体均值与总体方差的假设检验问题. 对于本单元的学习，应着重理解假设检验的基本思想和做法，了解原假设和备择假设的设置，能够根据实际问题选取正确的检验统计量，掌握不同情形下拒绝域的形式，并能够利用假设检验这一工具做出统计决策.

本单元的基本内容可概述如下.

一、概念

（1）基础概念：原假设、备择假设、显著性水平、检验统计量、显著性检验.

（2）重要概念：拒绝域、双边检验、右边检验、左边检验.

（3）一般概念：第一类错误、第二类错误.

二、方法与原理

Z 检验、t 检验、χ^2 检验、F 检验.

三、公式与结论

（1）单个正态总体均值的假设检验：

在总体方差 σ^2 已知的条件下，选择 Z 统计量 $\dfrac{\overline{X}-\mu_0}{\sigma/\sqrt{n}}$，进行 Z 检验；

在总体方差 σ^2 未知的条件下，选择 t 统计量 $\dfrac{\overline{X}-\mu_0}{S/\sqrt{n}}$，进行 t 检验.

单个正态总体均值的假设检验（显著性水平 α）情况如表 2-5-1 所示.

表 2-5-1

原假设 H_0	备择假设 H_1	检验统计量	拒绝域
$\mu\leqslant\mu_0$ $\mu\geqslant\mu_0$ $\mu=\mu_0$ （σ^2 已知）	$\mu>\mu_0$ $\mu<\mu_0$ $\mu\neq\mu_0$	$Z=\dfrac{\overline{X}-\mu_0}{\sigma/\sqrt{n}}$	$z\geqslant z_\alpha$ $z\leqslant -z_\alpha$ $\lvert z\rvert\geqslant z_{\alpha/2}$

续表

原假设 H_0	备择假设 H_1	检验统计量	拒绝域
$\mu \leqslant \mu_0$ $\mu \geqslant \mu_0$ $\mu = \mu_0$ （σ^2 未知）	$\mu > \mu_0$ $\mu < \mu_0$ $\mu \neq \mu_0$	$t = \dfrac{\overline{X} - \mu_0}{S / \sqrt{n}}$	$t \geqslant t_\alpha(n-1)$ $t \leqslant -t_\alpha(n-1)$ $\lvert t \rvert \geqslant t_{\alpha/2}(n-1)$

（2）单个正态总体方差的假设检验：

在总体均值 μ 未知的条件下，选择 χ^2 统计量 $\dfrac{(n-1)S^2}{\sigma_0^2}$，进行 χ^2 检验. 单个正态总体方差的假设检验（显著性水平 α）情况如表 2-5-2 所示.

表 2-5-2

原假设 H_0	备择假设 H_1	检验统计量	拒绝域
$\sigma^2 \leqslant \sigma_0^2$ $\sigma^2 \geqslant \sigma_0^2$ $\sigma^2 = \sigma_0^2$ （μ 未知）	$\sigma^2 > \sigma_0^2$ $\sigma^2 < \sigma_0^2$ $\sigma^2 \neq \sigma_0^2$	$\chi^2 = \dfrac{(n-1)S^2}{\sigma_0^2}$	$\chi^2 \geqslant \chi_\alpha^2(n-1)$ $\chi^2 \leqslant \chi_{1-\alpha}^2(n-1)$ $\chi^2 \geqslant \chi_{\alpha/2}^2(n-1)$ 或 $\chi^2 \leqslant \chi_{1-\alpha/2}^2(n-1)$

（3）两个正态总体均值差的假设检验：

在两个总体方差 σ_1^2 和 σ_2^2 均已知的条件下，选择 Z 统计量 $\dfrac{(\bar{X}-\bar{Y})-\delta}{\sqrt{\sigma_1^2/n_1+\sigma_2^2/n_2}}$，进行 Z 检验.

在两个总体方差 $\sigma_1^2=\sigma_2^2$，但未知的条件下，选择 t 统计量 $\dfrac{(\bar{X}-\bar{Y})-\delta}{S_w\sqrt{1/n_1+1/n_2}}$，其中 $S_w^2=\dfrac{(n_1-1)S_1^2+(n_2-1)S_2^2}{n_1+n_2-2}$，进行 t 检验. 两个正态总体均值差的假设检验（显著性水平 α）情况如表 2-5-3 所示.

表 2-5-3

原假设 H_0	备择假设 H_1	检验统计量	拒绝域
$\mu_1-\mu_2 \leqslant \delta$ $\mu_1-\mu_2 \geqslant \delta$ $\mu_1-\mu_2 = \delta$ （σ_1^2, σ_2^2 已知）	$\mu_1-\mu_2 > \delta$ $\mu_1-\mu_2 < \delta$ $\mu_1-\mu_2 \neq \delta$	$Z = \dfrac{(\bar{X}-\bar{Y})-\delta}{\sqrt{\dfrac{\sigma_1^2}{n_1}+\dfrac{\sigma_2^2}{n_2}}}$	$z \geqslant z_\alpha$ $z \leqslant -z_\alpha$ $\lvert z \rvert \geqslant z_{\alpha/2}$
$\mu_1-\mu_2 \leqslant \delta$ $\mu_1-\mu_2 \geqslant \delta$ $\mu_1-\mu_2 = \delta$ （$\sigma_1^2=\sigma_2^2=\sigma^2$ 未知）	$\mu_1-\mu_2 > \delta$ $\mu_1-\mu_2 < \delta$ $\mu_1-\mu_2 \neq \delta$	$t = \dfrac{(\bar{X}-\bar{Y})-\delta}{S_w\sqrt{\dfrac{1}{n_1}+\dfrac{1}{n_2}}}$，其中 $S_w^2 = \dfrac{(n_1-1)S_1^2+(n_2-1)S_2^2}{n_1+n_2-2}$	$t \geqslant t_\alpha(n-1)$ $t \leqslant -t_\alpha(n-1)$ $\lvert t \rvert \geqslant t_{\alpha/2}(n-1)$

（4）两个正态总体方差比的假设检验：

在两个总体均值 μ_1,μ_2 均未知的条件下，选择 F 统计量 S_1^2/S_2^2，进行 F 检验. 两个正态总体方差比的假设检验（显著性水平 α）情况如表 2-5-4 所示.

表 2-5-4

原假设 H_0	备择假设 H_1	检验统计量	拒绝域
$\sigma_1^2\leqslant\sigma_2^2$	$\sigma_1^2>\sigma_2^2$	$F=\dfrac{S_1^2}{S_2^2}$	$F\geqslant F_\alpha(n_1-1,n_2-1)$
$\sigma_1^2\geqslant\sigma_2^2$	$\sigma_1^2<\sigma_2^2$		$F\leqslant F_{1-\alpha}(n_1-1,n_2-1)$
$\sigma_1^2=\sigma_2^2$（μ_1,μ_2 未知）	$\sigma_1^2\neq\sigma_2^2$		$F\geqslant F_{\alpha/2}(n_1-1,n_2-1)$ 或 $F\leqslant F_{1-\alpha/2}(n_1-1,n_2-1)$

四、重点

（1）各种假设检验问题对应的检验统计量.

（2）各种假设检验问题对应的拒绝域.

思维导图

本章的思维导图如图 2-5-1 所示.

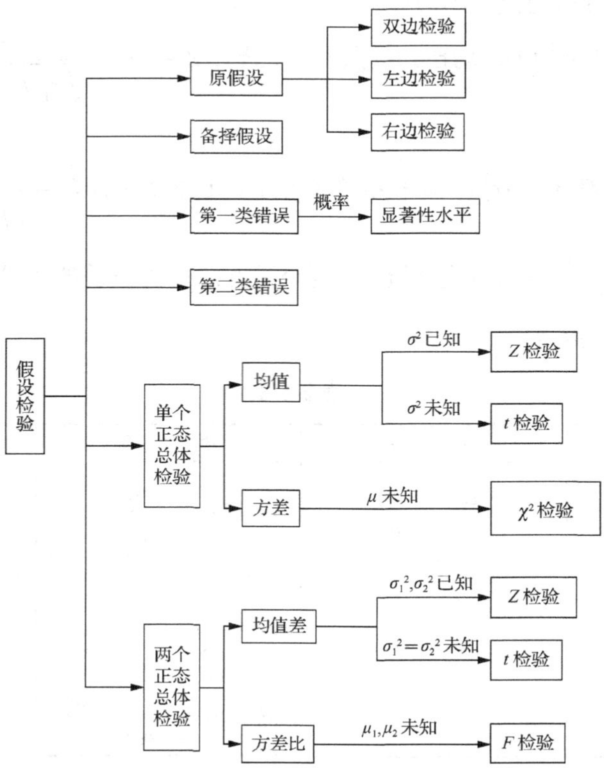

图 2-5-1

典型题解

例 2.5.1 在假设检验中，记 H_1 为备择假设，则犯第一类错误的情况为（ ）.

A. H_1 真时接受 H_1　　B. H_1 不真时接受 H_1

C. H_1 真时拒绝 H_1　　D. H_1 不真时拒绝 H_1

解析 第一类错误指的是原假设 H_0 为真时，却拒绝 H_0. 由原假设与备择假设之间的关系知，H_0 为真等价于 H_1 不真，拒绝 H_0 等价于接受 H_1. 故选 B.

注记 本题考查原假设、备择假设之间的关系，以及第一类错误的定义.

例 2.5.2 设总体 $X \sim N(\mu_0, 1^2)$，$X_1, X_2, \cdots, X_{16}$ 为取自总体 X 的样本，其样本均值为 $\bar{X}$，样本方差为 S^2，检验 $H_0: \mu = \mu_0$，则检验统计量为（ ）.

A. $Z = \dfrac{\bar{X} - \mu_0}{1/4}$　　B. $T = \dfrac{\bar{X} - \mu_0}{S/4}$

C. $\chi^2 = (16-1)S^2$　　D. 以上都不是

解析 本题中总体方差 $\sigma^2 = 1$ 已知，故检验均值时应采用 Z 检验. 另外由于样本容量 $n = 16$，故检验统计量应选为 $Z = \dfrac{\bar{X} - \mu_0}{\sigma/\sqrt{n}} = \dfrac{\bar{X} - \mu_0}{1/4}$. 故选 A.

注记 本题主要考查检验统计量的选取.

例 2.5.3 对正态总体的数学期望 μ 进行假设检验时，如果在显著性水平 0.05 的条件下接受原假设 $H_0: \mu = \mu_0$，那么在显著性水平 0.01 的条件下，下列结论成立的是（ ）.

A. 必须接受 H_0　　B. 可能接受，也可能拒绝 H_0

C. 必须拒绝 H_0　　D. 不接受也不拒绝 H_0

解析 显著性水平对应犯第一类错误的概率. 当显著性水平下降时，犯第一类错误的概率下降，因此在原假设成立的条件下，拒绝原假设的概率下降，接受原假设的概率上升. 从而拒绝域变小，接受域变大. 若在显著性水平 0.05 条件下接受原假设，说明对应的检验统计量取值落在接受域中. 当显著性水平下降到 0.01 时，接受域变大对应的检验统计量也必然落于变大后的 0.01 水平的接受域内，因此必须接受原假设. 故选 A.

注记 本题主要考查显著性水平的大小与接受域大小的关系.

例 2.5.4 某工厂生产的固体燃料推进器的燃烧率（单位：cm/s）服从正态分布 $N(40, 2^2)$. 改进技术后，重新生产了一批推进器，从中随机抽取 25 只，测得燃烧率的样本均值为 $\bar{x} = 41.25$，问新生产的这批推进器的燃烧率是否有显著提高（取显著性水平 $\alpha = 0.05$）？

解 由题意提出原假设和备择假设

$$H_0: \mu \leqslant 40;\ H_1: \mu > 40.$$

因为总体方差 $\sigma^2 = 2^2$ 已知，故选取检验统计量为

$$Z = \frac{\bar{X} - \mu_0}{\sigma/\sqrt{n}}.$$

对于给定的显著性水平$\alpha = 0.05$，查表可得，拒绝域为

$$z \geqslant z_{\alpha} = z_{0.05} = 1.645 .$$

由样本观察值计算得

$$z = \frac{41.25 - 40}{2 / \sqrt{25}} = 3.125 ,$$

因为$z = 3.125 > 1.645$，落入拒绝域，所以拒绝H_0，即认为新生产的这批推进器的燃烧率有显著提高.

注记 本题主要考查σ^2已知的条件下，均值μ的右边检验问题.

例 2.5.5 按规定，每100g的罐头中维生素C的含量（单位：mg）不得少于21. 现从某厂生产的一批罐头中随机抽取17罐，测得维生素C的含量如下：

16，22，21，20，23，21，19，15，13，23，17，20，29，18，22，16，25.

已知维生素C的含量服从正态分布，试以0.025的显著性水平检验该批罐头中维生素C的含量是否合格.

解 由题意提出原假设和备择假设

$$H_0 : \mu \geqslant 21 ; \quad H_1 : \mu < 21 .$$

因为总体方差σ^2未知，故选取的检验统计量为

$$t = \frac{\overline{X} - \mu_0}{S / \sqrt{n}} .$$

对于给定的显著性水平$\alpha = 0.025$，样本容量$n = 17$，查t分布表（附表4）可得，拒绝域为

$$t \leqslant -t_{\alpha}(n-1) = -t_{0.025}(16) = -2.1199 .$$

由样本观察值可知

$$n = 17 , \quad \mu_0 = 21 , \quad \overline{x} = \frac{340}{17} = 20 , \quad s = \sqrt{\frac{1}{16}\sum_{i=1}^{17}(x_i - \overline{x})^2} \approx 3.98 ,$$

从而

$$t = \frac{20 - 21}{3.98 / \sqrt{17}} \approx -1.036 .$$

因为$t \approx -1.036 > -2.1199$，未落入拒绝域，所以接受$H_0$，即认为这批罐头的中的维生素C的含量是合格的.

注记 本题主要考查σ^2未知的条件下，均值μ的左边检验问题.

例 2.5.6 按规定，某种饮料自动销售机售出的每杯饮料为222mL. 今随机取出36杯，测得平均每杯219mL，标准差为14.2mL. 假设每杯饮料的含量X服从正态分布，那么是否可以认为售出的饮料平均每杯为222mL（显著性水平$\alpha = 0.05$）？

解 由题意，提出原假设和备择假设

$$H_0: \mu = 222\text{；}\quad H_1: \mu \neq 222.$$

因为总体方差σ^2未知，故选取的检验统计量为

$$t = \frac{\overline{X} - \mu_0}{S/\sqrt{n}}.$$

对于给定的显著性水平$\alpha = 0.05$，样本容量$n = 36$，查t分布表（附表4）可得，拒绝域为

$$|t| \geqslant t_{\alpha/2}(n-1) = t_{0.025}(35) = 2.0301.$$

由样本观察值可知

$$n = 36,\quad \mu_0 = 222,\quad \bar{x} = 219,\quad s = 14.2,$$

从而

$$|t| = \left|\frac{219 - 222}{14.2/\sqrt{36}}\right| \approx 1.2676.$$

因为$|t| \approx 1.2676 < 2.0301$，未落入拒绝域，所以接受$H_0$，即可以认为售出的饮料平均每杯为222 mL.

注记　本题主要考查σ^2未知的条件下，均值μ的双边检验问题.

例 2.5.7　已知某种导线的电阻（单位：Ω）的标准差要求不得超过0.005. 现从生产的一批该种导线中随机抽取9根，测得样本标准差$s = 0.007$（Ω），设该批导线的电阻总体服从正态分布. 问在显著性水平$\alpha = 0.05$的条件下，能否认为这批导线的电阻的标准差显著偏大？

解　由题意，提出原假设和备择假设

$$H_0: \sigma \leqslant 0.005\text{；}\quad H_1: \sigma > 0.005.$$

选取检验统计量为

$$\chi^2 = \frac{(n-1)S^2}{\sigma_0^2}.$$

对于给定的显著性水平$\alpha = 0.05$，样本容量$n = 9$，查χ^2分布表（附表5）可得，拒绝域为

$$\chi^2 \geqslant \chi_\alpha^2(n-1) = \chi_{0.05}^2(8) = 15.507.$$

由样本观察值可知$n = 9$，$s = 0.007$，从而

$$\chi^2 = \frac{(9-1)\times 0.007^2}{0.005^2} = 15.68.$$

因为$\chi^2 = 15.68 > 15.507$，落入拒绝域，所以拒绝H_0，接受H_1，即可以认为这批导线的电阻的标准差显著偏大.

注记　本题主要考查在均值μ未知的条件下，σ^2的右边检验问题.

例 2.5.8　根据长期积累的数据知，某工厂生产的铜线的折断力服从正态分布，方差$\sigma^2 = 16$，现从某天生产的铜线中随机抽取10根，测得其各自的折断力如下：

289，286，285，284，286，285，285，286，298，292.

问该天生产的铜线的折断力与以往相比，其波动性有无显著变化（显著性水平 $\alpha=0.05$ ）.

解 由题意，提出原假设和备择假设

$$H_0:\sigma^2=16;\quad H_1:\sigma\neq 16.$$

选取检验统计量为

$$\chi^2=\frac{(n-1)S^2}{\sigma_0^2}.$$

对于给定的显著性水平 $\alpha=0.05$，样本容量 $n=10$，查 χ^2 分布表（附表 5）可得，拒绝域为

$$\chi^2\geqslant\chi^2_{\alpha/2}(n-1)=\chi^2_{0.025}(9)=19.022\text{ 或 }\chi^2\leqslant\chi^2_{1-\alpha/2}(n-1)=\chi^2_{0.975}(9)=2.700.$$

由样本观察值可知 $n=10$， $s^2=18.933$，从而

$$\chi^2=\frac{(10-1)\times 18.933}{16}\approx 10.65.$$

因为 $\chi^2\approx 10.65\in(2.700,19.022)$，未落入拒绝域，所以接受 H_0，即认为该天生产的铜线的折断力与以往相比波动性无显著变化.

注记 本题主要考查均值 μ 未知的条件下， σ^2 的双边检验问题.

例 2.5.9 已知某城市一个家庭每月的耗电量 $X\sim N(62,\sigma^2)$，现随机抽查该城市的 100 个家庭，经统计得每个家庭每月耗电量的均值 $\bar{x}=64.25$，样本标准差 $s=10$，在显著性水平 $\alpha=0.05$ 的条件下，能否认为这些家庭平均每月的耗电量有所提高（ $\Phi(1.645)=0.95$， $\Phi(1.960)=0.975$ ）？

分析 本题为方差 σ^2 未知情况下的均值检验问题，故检验统计量应选择 $t=\dfrac{\bar{X}-\mu_0}{S/\sqrt{n}}$，该检验统计量服从自由度为$(n-1)$的 t 分布. 因为已知条件并未给出相应于 t 分布的分位数，所以不能直接使用 t 分布确定拒绝域. 本题中样本量 $n=100$，属于大样本检验问题，由中心极限定理可知 $t=\dfrac{\bar{X}-\mu_0}{S/\sqrt{n}}$ 近似服从 $N(0,1)$，故可以采用相应于标准正态分布的分位数来近似确定拒绝域.

解 因为题意，提出原假设和备择假设

$$H_0:\mu\leqslant 62;\quad H_1:\mu>62.$$

由于总体方差 σ^2 未知，故选取的检验统计量为

$$t=\frac{\bar{X}-\mu_0}{S/\sqrt{n}}\overset{\text{近似}}{\sim}N(0,1).$$

对于给定的显著性水平 $\alpha=0.05$，由已知数据，得拒绝域为

$$t\geqslant z_\alpha=z_{0.05}=1.645.$$

由样本观察值，可知

$$n=100\,,\quad \mu_0=62\,,\quad \bar{x}=64.25\,,\quad s=10\,,$$

从而

$$t=\frac{64.25-62}{10/\sqrt{100}}=2.25\,.$$

因为$t=2.25>1.645$，落入拒绝域，所以拒绝H_0，即可以认为这些家庭平均每月的耗电量有所提高.

例 2.5.10 为了比较两种枪弹的速度（单位：m/s），在相同的条件下进行速度独立测定，得样本均值和样本标准差如下.

枪弹Ⅰ：$n_1=13$，$\bar{x}=2805$，$s_1=119.86$；

枪弹Ⅱ：$n_2=18$，$\bar{y}=2680$，$s_2=104.47$.

那么在显著性水平$\alpha=0.1$的条件下，这两种枪弹的速度均值有无显著差异.

解析 对于两个独立样本均值差的假设检验，通常有两种情况. 第一种情况是方差σ_1^2和σ_2^2已知，第二种情况是$\sigma_1^2=\sigma_2^2$，但未知. 本题中σ_1^2和σ_2^2未知，因此只能考虑第二种情况，即考查σ_1^2与σ_2^2是否相等，这可以通过方差比的假设检验来进行. 若通过假设检验，可以认为$\sigma_1^2=\sigma_2^2$，则可以使用t检验，检验均值是否存在显著差异. 若通过检验，不能认为$\sigma_1^2=\sigma_2^2$，则需要考虑使用其他的方法来检验均值是否存在差异，这已超出本书的范围，感兴趣的读者可以自行查阅相关资料学习.

解 分两步进行检验.

第一步：先检验速度的方差有无差异.

由题意，提出原假设和备择假设

$$H_0:\sigma_1^2=\sigma_2^2\,;\quad H_1:\sigma_1^2\neq\sigma_2^2\,.$$

选取的检验统计量为

$$F=\frac{S_1^2}{S_2^2}\sim F(n_1-1,n_2-1)\,.$$

对于给定的显著性水平$\alpha=0.1$，样本容量$n_1=13$，$n_2=18$，由F分布表（附表6）可得，拒绝域为

$$F\geqslant F_{\alpha/2}(n_1-1,n_2-1)=F_{0.05}(12,17)=2.380$$

或

$$F\leqslant F_{1-\alpha/2}(n_1-1,n_2-1)=F_{0.95}(12,17)=0.387\,.$$

由样本观察值可知

$$s_1^2=119.86^2\,,\quad s_2^2=104.47^2\,,$$

从而

$$F=\frac{119.86^2}{104.47^2}\approx 1.316\,.$$

因为$F\approx 1.316\in(0.387,2.380)$，未落入拒绝域，所以接受$H_0$，即认为两种枪弹速度的方差无显著差异.

第二步：在方差相等的前提下，检验速度均值有无差异.

由题意，提出原假设和备择假设

$$H_0:\mu_1=\mu_2;\quad H_1:\mu_1\neq\mu_2.$$

由第一步的检验结果知，可以认为两种枪弹速度的方差相等，即 $\sigma_1^2=\sigma_2^2$，故选取检验统计量

$$t=\frac{(\bar{X}-\bar{Y})-\delta}{S_w\sqrt{\frac{1}{n_1}+\frac{1}{n_2}}}\sim t(n_1+n_2-2),$$

其中

$$S_w^2=\frac{(n_1-1)S_1^2+(n_2-1)S_2^2}{n_1+n_2-2},\ \delta=0.$$

对于给定的显著性水平 $\alpha=0.1$，由 t 分布表（附表 4），可得拒绝域为

$$|t|\geqslant t_{\alpha/2}(n_1+n_2-2)=t_{0.05}(29)=1.699.$$

由样本观察值，可知

$$t=\frac{2805-2680}{\sqrt{\frac{12\times119.86^2+17\times104.47^2}{13+18-2}}\times\sqrt{\frac{1}{13}+\frac{1}{18}}}\approx3.091.$$

因为 $t\approx3.091>1.699$，落入拒绝域，所以拒绝 H_0，即认为两种枪弹速度的均值存在显著差异.

单元练习

一、选择题

1. 设总体 $X\sim N(\mu,\sigma^2)$，$X_1,X_2,\cdots,X_n$ 是来自 X 的样本，μ 未知，S^2 为样本方差，则检验 $H_0:\sigma^2\leqslant\sigma_0^2$，$H_1:\sigma^2>\sigma_0^2$ 的显著水平为 α 的接受域为（　　）.

A. $\left(\chi^2_{1-\alpha/2}(n-1),\chi^2_{\alpha/2}(n-1)\right)$　　B. $\left(0,\chi^2_{1-\alpha}(n-1)\right)$

C. $\left(0,\chi^2_{\alpha}(n-1)\right)$　　D. $\left(\chi^2_{1-\alpha}(n-1),\chi^2_{\alpha}(n-1)\right)$

2. 设总体 $X\sim N(\mu,\sigma^2)$，σ^2 未知. 原假设 $H_0:\mu\geqslant\mu_0$，备择假设 $H_1:\mu<\mu_0$，$x_1,x_2,\cdots,x_n$ 为来自总体 X 的样本，$\bar{x}$ 为样本均值，s^2 为样本方差，则在显著性水平 α 的条件下，H_0 的拒绝域为（　　）.

A. $\left|\frac{\bar{x}-\mu_0}{s}\sqrt{n}\right|\geqslant t_{\alpha/2}(n-1)$　　B. $\frac{\bar{x}-\mu_0}{\sigma}\sqrt{n}\leqslant -z_\alpha$

C. $\frac{\bar{x}-\mu_0}{s}\sqrt{n}\leqslant -t_\alpha(n-1)$　　D. $\frac{\bar{x}-\mu_0}{s}\sqrt{n}\geqslant t_\alpha(n-1)$

3. 设总体 $X \sim N(\mu,\sigma^2)$，$X_1,X_2,\cdots,X_n$ 是来自 X 的样本，记 $\bar{X}=\frac{1}{n}\sum_{i=1}^{n}X_i$，$Q^2=\sum_{i=1}^{n}(X_i-\bar{X})^2$．当 μ 和 σ^2 未知时，检验假设 $H_0:\mu=\mu_0$ 所用的统计量是（　　）．

A．$T=\dfrac{\bar{X}-\mu_0}{Q^2/\sqrt{n(n-1)}}$　　B．$T=\dfrac{\bar{X}-\mu_0}{Q/\sqrt{n(n-1)}}$

C．$Z=\dfrac{\bar{X}-\mu_0}{\sigma/\sqrt{n}}$　　D．$\chi^2=\dfrac{Q^2}{\sigma^2}$

二、计算题

1. 从某工厂生产的部件中随机选取 20 只，它们的装配时间（单位：min）如下：

9.8，10.4，10.6，　9.6，　9.7，9.9，10.9，11.1，　9.6，10.2，
10.3，　9.6，　9.9，11.2，10.6，9.8，10.5，10.1，10.5，　9.7.

设装配时间的总体 X 服从正态分布 $N(\mu,\sigma^2)$，μ,σ^2 均未知. 那么，是否可以认为装配时间的均值显著大于 10（显著性水平 $\alpha=0.05$）.

2. 某工厂生产正常时，排出的污水中动植物油的浓度 $X \sim N(10,1)$．现阶段性地抽取 10 个水样，测得平均浓度为 10.8mg/L. 如果方差没有改变，问该工厂的生产是否正常（显著性水平 $\alpha=0.01$）？

3. 取某种溶液的 10 个样本，测得水分含量百分比的样本标准差 $s=0.037\%$. 设该种溶液总体的水分含量的百分比数据服从正态分布，σ^2 为总体方差但未知. 问能否认为该溶液水分含量的百分比的标准差为 0.04%（显著性水平 $\alpha=0.05$）？

4. 设由机器包装的袋盐的质量服从正态分布，规定袋盐质量的标准差不能超过 12g. 为检查该机器的工作是否正常，现从装好的袋盐中随机抽查 9 袋，测得样本标准差为 16.03g，问在显著性水平 $\alpha=0.05$ 的条件下，能否认为该机器的工作是正常的？

5. 设正常男子的血小板计数服从（单位：10^9 个/L）均值为 225 的正态分布. 现统计 200 名男性油漆工人的血小板计数，均值为 192.15，标准差为 42.23. 在显著性水平 $\alpha=0.05$ 的条件下，问这些男性油漆工人的血小板计数与正常男子有无显著差异（$\Phi(1.645)=0.95$，$\Phi(1.960)=0.975$）？

6. 为比较两种方法炼钢的金属损失率，现使用两种方法各炼钢 10 炉，金属损失率结果如下.

方法一：$n_1 = 10$，$\bar{x} = 23.77$，$s_1 = 1.82$；

方法二：$n_2 = 10$，$\bar{y} = 21.57$，$s_2 = 1.49$.

设这两组样本相互独立，且分别来自正态总体$N(\mu_1, \sigma^2)$和$N(\mu_2, \sigma^2)$，其中μ_1, μ_2和σ^2未知. 问这两种方法的金属损失率是否存在显著差异（显著性水平$\alpha = 0.05$）？

三、讨论题

样本容量固定的情况下，显著性水平α越大，犯第几类错误的概率越大？为什么？

单元测试

一、选择题

1. 在假设检验中，显著性水平α的意义是（　　）.

A. 原假设H_0成立，经检验H_0被拒绝的概率

B. 原假设H_0成立，经检验H_0不能被拒绝的概率

C. 原假设H_0不成立，经检验H_0被拒绝的概率

D. 原假设H_0不成立，经检验H_0不能被拒绝的概率

2. 假设正态总体的均值为μ（σ^2已知），在显著性水平为α时，选择$Z=\dfrac{\bar{X}-\mu_0}{\sigma/\sqrt{n}}$为检验量，在$H_0:\mu\leqslant\mu_0$，$H_1:\mu>\mu_0$的假设下，下列结论中正确的是（　　）.

A. 拒绝域$z\leqslant -z_\alpha$　　　　B. 拒绝域$z\geqslant z_\alpha$

C. 拒绝域$z\leqslant -z_{\alpha/2}$　　　　D. 拒绝域$z\geqslant z_{\alpha/2}$

3. 设总体$X\sim N(\mu,\sigma^2)$，其中μ,σ^2均未知，假设检验问题为$H_0:\sigma^2\leqslant 10$；$H_1:\sigma^2>10$. 已知$n=25$，$\alpha=0.05$，$\chi^2_{0.05}(24)=36.415$，且样本方差$s^2=12$，则（　　）.

A. 接受H_0，可能会犯第二类错误　　　　B. 接受H_0，可能会犯第一类错误

C. 拒绝H_0，可能会犯第二类错误　　　　D. 拒绝H_0，可能会犯第一类错误

二、计算题

1. 从一批该产品中随机抽取 16 件，测得寿命的平均值为 241.5h. 设该产品的寿命服从标准差$\sigma=100$h 的正态分布，问是否有理由认为该批产品的平均寿命大于 225h（显著性水平$\alpha=0.05$）？

2. 某批圆木的直径服从正态分布. 现从该批圆木中随机抽取 16 根，测得样本直径的平均值为 12.46cm，样本标准差为 0.29cm，问能否认为该批圆木的平均直径为 12.3cm（显著性水平 $\alpha = 0.1$）？

3. 某机器正常运转时加工的零件长度服从标准差为 0.02cm 的正态分布. 为检验该机器的加工精度，现从该机器生产的零件中随机抽取 16 个零件，并测得样本标准差为 0.023cm，若零件的平均长度不变，试检验该机器的加工精度是否有变化（显著性水平 $\alpha = 0.05$）.

4. 某茶叶包装机包装规格为 50g 的茶叶，按规定，若发现茶叶质量的方差超过 20g^2，则需要校正包装机. 某天，管理人员随机抽取该包装机包装的 14 袋茶叶，测得样本方差为 22.419g^2，问有无必要校正机器（显著性水平 $\alpha = 0.05$ ）？

5. 已知某自动车床加工零件的长度服从正态分布，车床正常工作时，加工的零件长度的均值为 10.5cm，标准差不超过 0.45cm. 现抽取该车床加工的 31 个零件，测得样本零件的平均长度为 11.08cm，样本标准差为 0.51cm，试分别从标准差和均值两个角度分析该车床的工作是否正常（显著性水平 $\alpha = 0.05$ ）.

6. 随机从由两台饮料灌装机灌装的标准容量为500mL的饮用水中各抽取10瓶，测得实际灌装量如下：

机器A：500，500，498，497，501，502，515，491，500，502；

机器B：500，507，496，499，505，502，494，497，499，497.

设这两台机器的灌装量均服从正态分布，问两台机器的灌装稳定性是否相同（显著性水平$\alpha = 0.05$）？

7. 为了比较两批电子器材的电阻（单位：Ω）的大小，现随机抽取了两批样本，测量电阻如下：

A批：140，138，143，142，144，148，137；

B批：135，140，142，136，138，140，141.

设两批电子器材的电阻数据服从方差相等的正态分布，试比较两批电子器材的电阻是否相同（显著性水平$\alpha = 0.05$）.

数理统计阶段测试卷（一）

一、选择题（每小题 3 分，共 15 分）

1. 设 X_1,X_2,X_3,X_4 是来自总体 $N(\mu,\sigma^2)$ 的一个样本，则 $Y=(X_3-X_4)\left[\sum_{i=1}^{2}(X_i-\mu)^2\right]^{-\frac{1}{2}}$ 服从的分布为（　　）.

A．$t(2)$　　B．$\chi^2(9)$　　C．$F(2,1)$　　D．$F(2,2)$

2. 设 $X_1,X_2,\cdots,X_n$（$n\geqslant 2$）为来自总体 $N(\mu,1)$ 的简单随机样本，则下列结论中不正确的是（　　）.

A．$\sum_{i=1}^{n}(X_i-\mu)^2$ 服从 χ^2 分布　　B．$2(X_n-X_1)^2$ 服从 χ^2 分布

C．$\sum_{i=1}^{n}(X_i-\bar{X})^2$ 服从 χ^2 分布　　D．$n(\bar{X}-\mu)^2$ 服从 χ^2 分布

3. 设 $E(X)=\mu$，$D(X)=\sigma^2$ 存在但未知，X_1,X_2,X_3,X_4 是来自总体 X 的样本，下列 μ 的无偏估计中，最有效的是（　　）.

A．$\dfrac{X_1}{4}+\dfrac{2X_2}{4}+\dfrac{X_3}{4}$　　B．$\dfrac{X_1}{5}+\dfrac{X_2}{5}+\dfrac{X_3}{5}+\dfrac{2X_4}{5}$

C．$\dfrac{X_1}{4}+\dfrac{X_2}{4}+\dfrac{X_3}{4}+\dfrac{X_4}{4}$　　D．$\dfrac{X_1}{3}+\dfrac{X_2}{3}+\dfrac{X_3}{3}$

4. 设一批商品的长度 X 服从正态分布 $N(\mu,\sigma^2)$，其中参数均未知，现从中随机抽取 36 个商品，测得样本均值 $\bar{x}=14\,\text{cm}$，样本方差 $s^2=1$，则参数 μ 的置信度为 0.9 的置信区间为（　　）.

A．$\left(14-\dfrac{1}{6}t_{0.05}(35),14+\dfrac{1}{6}t_{0.05}(35)\right)$　　B．$\left(14-\dfrac{1}{6}t_{0.05}(36),14+\dfrac{1}{6}t_{0.05}(36)\right)$

C．$\left(14-\dfrac{1}{6}t_{0.1}(35),14+\dfrac{1}{6}t_{0.1}(35)\right)$　　D．$\left(14-\dfrac{1}{6}t_{0.1}(36),14+\dfrac{1}{6}t_{0.1}(36)\right)$

5. 在进行假设检验时，如果在显著性水平 0.05 的条件下接受原假设 H_0，那么在显著性水平 0.1 的条件下，下列结论正确的是（　　）.

A．可能接受，也可能拒绝 H_0　　B．必拒绝 H_0

C．必接受 H_0　　D．不接受，也不拒绝 H_0

二、填空题（每小题 3 分，共 15 分）

1. 设随机变量 $X\sim t(n)$，$Y\sim F(1,n)$，给定 $\alpha(0.5<\alpha<1)$，常数 c 满足 $P(X>c)=\alpha$，则 $P(Y>c^2)=$________.

2. 设总体 $X\sim U(\theta,1)$，$X_1,X_2,\cdots,X_n$ 是来自总体的简单随机样本，则未知参数 θ 的矩估计量为________.

3. 设 $X_1,X_2,\cdots,X_n$ 是来自总体 $N(\mu,\sigma^2)$ 的简单随机样本，样本均值 $\bar{x}=9.5$，参数 μ 的置信度为 0.95 的双侧置信区间的置信上限为 10.8，则参数 μ 的置信度为 0.95 的双侧置信区间为________.

4. 设随机变量序列 $X_1,X_2,\cdots$ 相互独立且均服从参数为 1 的泊松分布，则当 $n\to\infty$ 时，$\dfrac{1}{n}\sum_{i=1}^{n}X_i(X_i-1)$ 依概率收敛于________.

5. 设总体 $X\sim N(\mu,\sigma^2)$，对于来自总体 X 的容量为 10 的简单随机样本，测得样本方差 $s^2=0.10$，则检验假设 $H_0:\sigma^2\leqslant 0.06$ 使用的检验统计量 χ^2 的观察值等于________，在显著性水平 $\alpha=0.025$ 条件下________ H_0（参考数据：$\chi^2_{0.05}(9)=16.919$，$\chi^2_{0.05}(10)=18.307$，$\chi^2_{0.025}(9)=19.023$，$\chi^2_{0.025}(10)=20.483$）.

三、解答题（共 70 分）

1.（本小题 12 分） 设总体 X 的数学期望 $E(X)=\mu$，方差 $D(X)=\sigma^2$，$X_1,X_2,\cdots,X_n$ 是来自总体的简单随机样本，求：

（1）$E(X_1\bar{X})$；

（2）$\mathrm{Cov}(X_1+X_2,\bar{X})$；

（3）$D(X_1-\bar{X})$.

2.（本小题 12 分） 设总体 X 服从区间 $(0,\theta)$ 上的均匀分布，其中 $\theta>0$ 为未知参数. $X_1,X_2,\cdots,X_n$ $(n\geqslant 2)$ 是来自总体的一个简单随机样本.

（1）求 θ 的最大似然估计量 $\hat{\theta}_1$ 与矩估计量 $\hat{\theta}_2$；

（2）证明：$\hat{\theta}_2$ 与 $\hat{\theta}_3=\dfrac{n+1}{n}\hat{\theta}_1$ 都是 θ 的无偏估计量；

（3）分析估计量 $\hat{\theta}_2$ 与估计量 $\hat{\theta}_3$ 哪个更有效？

3. （本小题 12 分） 工人维护一台机器需要两个阶段，第一阶段所需时间（单位：h）X 服从均值为 2 的指数分布，第二阶段所需时间 Y 服从均值为 1 的指数分布，两个阶段所需时间相互独立.

（1）求第一阶段所需时间少于第二阶段所需时间的概率，即 $P\{X<Y\}$；

（2）求工人维护一台机器所需时间 $X+Y$ 的期望与方差;

（3）现有 80 台同型号的机器需要维护，维护每台机器所需时间相互独立且服从上述分布，利用中心极限定理近似计算工人在 235h 内完成所有机器的维护工作的概率（参考数据：$\Phi(1)=0.8413$，$\Phi(1.24)=0.8925$，$\Phi(0.25)=0.5987$，$\Phi(0.5)=0.6915$）.

4.（本小题 12 分）　设总体 X 的分布律如下表所示.

X	1	2	3
p	$1-\alpha-\beta$	β	α

其中，$0<\alpha<1$，$0<\beta<1$为未知参数且$1-\alpha-\beta>0$. 若已经取得样本$x_1=2$，$x_2=2$，$x_3=3$，$x_4=2$，$x_5=3$，$x_6=1$.

（1）求α,β的矩估计值；

（2）求α,β的最大似然估计值.

5. （本小题 12 分） 设总体 X 的概率密度为

$$f(x,\sigma)=\frac{1}{2\sigma}e^{-\frac{|x|}{\sigma}},\quad -\infty<x<\infty .$$

其中 $\sigma\in(0,+\infty)$ 为未知参数， $X_1,X_2,\cdots,X_n$ 是来自总体 X 的一个简单随机样本. 记 σ 的最大似然估计量为 $\hat{\sigma}$. 求：

（1） $\hat{\sigma}$ ；

（2） $E(\hat{\sigma})$ 和 $D(\hat{\sigma})$.

6. （本小题 10 分） 某型号手机的待机时间服从均值为 60h 的正态分布. 为了提高待机时间，制造商拟配置新型锂电池. 现随机抽查 10 部配置了新型锂电池的手机，测得它们的平均待机时间为 61.5h，样本标准差为 2.5h. 在显著性水平为 0.05 的条件下，能否认为配置了新型锂电池的手机的待机时间的均值有显著提高（参考数据：$t_{0.05}(9)=1.8331$， $t_{0.025}(10)=2.2281$， $t_{0.025}(9)=2.2622$， $t_{0.05}(10)=1.8125$ ）？

数理统计阶段测试卷（二）

一、选择题（每小题 3 分，共 15 分）

1. 设 $X_1, X_2, \cdots, X_9$ 是来自正态总体 $N(\mu, \sigma^2)$ 的一个样本，$\bar{X}$ 是样本均值，S^2 是样本方差，则以下结论正确的是（　　）.

A. $9\bar{X} \sim N(9\mu, \sigma^2)$　　B. $\dfrac{9S^2}{\sigma^2} \sim \chi^2(8)$

C. $\dfrac{3(\bar{X}-\mu)}{S} \sim t(9)$　　D. $\dfrac{9(\bar{X}-\mu)^2}{S^2} \sim F(1,8)$

2. 对于给定的正数 a（$0<a<1$），设 z_α，$\chi_\alpha^2(n)$，$t_\alpha(n)$，$F_\alpha(n_1,n_2)$ 分别是标准正态分布、χ^2 分布、t 分布、F 分布的上 α 分位点，则下面的结论中不正确的是（　　）.

A. $z_{1-\alpha} = -z_\alpha$　　B. $\chi_{1-\alpha}^2(n) = -\chi_\alpha^2(n)$

C. $t_{1-\alpha}(n) = -t_\alpha(n)$　　D. $F_{1-\alpha}(n_1,n_2) = \dfrac{1}{F_\alpha(n_2,n_1)}$

3. 设 $X_1, X_2, \cdots, X_n$ 是来自总体 $X \sim N(\mu, \sigma^2)$ 的简单随机样本，为使 $D = k\sum\limits_{i=1}^{n-1}(X_{i+1}-X_i)^2$ 成为总体方差 σ^2 的无偏估计量，则 k 的值为（　　）.

A. $\dfrac{1}{n-1}$　　B. $\dfrac{1}{n}$　　C. $\dfrac{1}{2(n-1)}$　　D. $\dfrac{1}{2n}$

4. 设一批零件的长度服从正态分布 $X \sim N(\mu, \sigma^2)$，其中参数均未知，现从中随机抽取 9 个零件，测得样本标准差为 $s = 1\,\text{cm}$，则参数 σ^2 的置信度为 0.9 的置信区间为（　　）.

A. $\left(\dfrac{8}{\chi_{0.05}^2(8)}, \dfrac{8}{\chi_{0.95}^2}\right)$　　B. $\left(\dfrac{9}{\chi_{0.05}^2(8)}, \dfrac{9}{\chi_{0.95}^2}\right)$

C. $\left(\dfrac{8}{\chi_{0.95}^2}, \dfrac{8}{\chi_{0.05}^2(8)}\right)$　　D. $\left(\dfrac{8}{\chi_{0.95}^2}, \dfrac{8}{\chi_{0.05}^2(8)}\right)$

5. 设总体 $X \sim N(\mu, \sigma^2)$，其中参数均未知，在显著性水平为 0.05 的条件下，假设检验的问题为 $H_0: \sigma^2 \leqslant 10$，$H_1: \sigma^2 > 10$．已知 $n = 25$，$\alpha = 0.05$，$\chi_{0.05}^2(24) = 36.415$，且根据样本观察值计算得 $s^2 = 12$，则检验结果为（　　）.

A. 接受 H_0，可能犯第二类错误　　B. 拒绝 H_0，可能犯第二类错误

C. 接受 H_0，可能犯第一类错误　　D. 拒绝 H_0，可能犯第一类错误

二、填空题（每小题 3 分，共 15 分）

1. 设总体 X 与 Y 独立且都服从正态分布 $N(0,\sigma^2)$，已知 $X_1,X_2,\cdots,X_m$ 与 $Y_1,Y_2,\cdots,Y_n$ 分别是来自总体 X 与 Y 的简单随机样本，统计量 $T=\dfrac{2(X_1+X_2+\cdots+X_m)}{\sqrt{Y_1^2+Y_2^2+\cdots+Y_n^2}}$ 服从 t 分布，则 $\dfrac{m}{n}=$________.

2. 设 $X_1,X_2,\cdots,X_n$ 是来自总体 $N(\mu,\sigma^2)$ 的简单随机样本，$\bar{X}$ 和 B_2 为样本均值和二阶样本中心矩，则 $\sqrt{n-1}\dfrac{\bar{X}-\mu}{\sqrt{B_2}}$ 服从的分布为________.

3. 设 $X_1,X_2,\cdots,X_n$ 是来自总体 $N(\mu,\sigma^2)$ 的简单随机样本，若已知参数 μ 在某个给定的置信度下的双侧置信区间为 $(7.6,10.8)$，则参数 μ 的矩估计值为________.

4. 设 $X_1,X_2,\cdots,X_n$ 是来自二项分布总体 $B(n,p)$ 的简单随机样本，$\bar{X}$ 和 S^2 分别为样本均值和样本方差. 记统计量 $T=\bar{X}-S^2$，则 $E(T)=$________.

5. 设总体 X 的概率密度函数为

$$f(x)=\begin{cases}\dfrac{3x^2}{\theta^3}, & 0<x<\theta,\\ 0, & \text{其他},\end{cases}$$

其中 θ 是未知参数，$X_1,X_2,\cdots,X_n$ 是来自总体 X 的简单随机样本，若 $c\sum\limits_{i=1}^{n}X_i^2$ 是 θ^2 的无偏估计，则 $c=$________.

三、解答题（共 70 分）

1.（本小题 10 分） 从正态总体 $N(3.4,6^2)$ 中抽取一个容量为 n 的样本，若要求该样本均值位于区间 $(1.4,5.4)$ 内的概率不小于 0.95，问样本容量 n 至少应该取多少（参考数据：$\Phi(1.96)=0.975$）？

2.（本小题 12 分） 设$\hat{\theta}_1$与$\hat{\theta}_2$是θ的两个独立的无偏估计量，且$D(\hat{\theta}_1)=2D(\hat{\theta}_2)$．求常数$c_1$与$c_2$，使$\hat{\theta}=c_1\hat{\theta}_1+c_2\hat{\theta}_2$为$\theta$的无偏估计量，并使$D(\hat{\theta})$达到最小.

3.（本小题 12 分） 设总体X的概率分布为

$$P\{X=1\}=\theta^2，\quad P\{X=2\}=2\theta(1-\theta)，\quad P\{X=3\}=(1-\theta)^2，$$

其中θ为未知参数. 现抽得一个容量为 3 的简单随机样本，其观察值为$x_1=1$，$x_2=3$，$x_3=2$，求θ的矩估计值和最大似然估计值.

4.（本小题 12 分） 设总体 X 的概率密度函数为

$$f(x)=\begin{cases}\theta c^{\theta}x^{-(\theta+1)}, & x>c,\\ 0, & x\leqslant c,\end{cases}$$

其中 $c>0$ 是已知常数，$\theta>0$ 是未知参数，$X_1,X_2,\cdots,X_n$ 是来自总体的简单随机样本，求 θ 的矩估计量和最大似然估计量.

5.（本小题 12 分） 已知某型号钢珠的屈服强度（单位：kg）$X\sim N(\mu,\sigma^2)$，现随机从该型号的钢珠中抽取 10 只，测试其屈服强度，得到平均值 $\bar{x}=2200$，标准差 $s=220\text{kg}$.

（1）求总体均值 μ 的置信度为 0.95 的置信区间；

（2）在 0.10 的显著性水平下，能否认为总体均值 μ 等于 2000kg？

（3）在 0.05 的显著性水平下，能否认为总体标准差 σ 显著高于 200kg（参考数据：$t_{0.025}^{(9)}=2.2622$，$t_{0.05}^{(9)}=1.8331$，$\chi_{0.05}^{2}(9)=16.919$，$\chi_{0.025}^{2}(9)=19.023$）？

6.（本小题 12 分）　一个矩形的宽与长之比为 0.618 时会给人一种美感. 某厂生产的矩形工艺品，其框架的宽与长之比 X 服从正态分布 $N(\mu,\sigma^2)$，μ,σ^2 均未知. 现随机抽取 20 个产品测得其比值为 $x_1,x_2,\cdots,x_{20}$，经过计算得 $\sum_{i=1}^{20}x_i=13.466$，$\sum_{i=1}^{20}x_i^2=9.267$. 问在显著性水平 0.05 的条件下，能否认为 X 的均值 μ 为 0.618（参考数据：$t_{0.05}(19)=1.7291$，$t_{0.05}(20)=1.7247$，$t_{0.025}(19)=2.0930$，$t_{0.025}(20)=2.0860$）？

第三篇　综合测试题

任何理论和知识的获得都是一个渐进的、充满曲折的过程，都是由局部到整体、由表及里、由浅入深，逐渐达到真理性的认识过程。对于“概率论与数理统计”这门课程而言，更是需要如此。其实，本书内容的安排与设计就是上述思想的具体实践。本书第一、二篇分别安排了概率论和数理统计的阶段测试卷，是一种对知识的阶段性认知和理解。一般而言，对知识的阶段性认知和理解是浅显的，有时还可能产生偏差，从逻辑上需要整体性的学习与训练。从本门课程的知识体系与结构而言，概率论与数理统计又是不可分割的有机整体。一方面，概率论是数理统计的基础，数理统计是概率论的延伸与扩展，数理统计离不开概率论；另一方面，数理统计又可以加深对概率论的理解，扩展概率论应用的空间和范围。因此，安排了本篇的综合测试题，希望读者在前两篇阶段训练的基础上巩固学习效果，达到学习目标。

最后，以“书山有路勤为径，学海无涯苦作舟”共勉。

概率论与数理统计综合测试卷（一）

一、选择题（每小题 3 分，15 分）

1. 设事件 A,B 相互独立，$P(B)=0.5$，$P(A-B)=0.3$，则 $P(B-A)=$（　　）.

A．0.1　　B．0.2　　C．0.3　　D．0.4

2. 设随机变量 X 的概率密度函数 $f(x)$ 为偶函数，$F(x)$ 为 X 的分布函数，下列选项不正确的是（　　）.

A．$F(x)+F(-x)=1$　　B．$F(-x)=-F(x)$

C．$F(-x)=\dfrac{1}{2}-\int_0^x f(t)\mathrm{d}t$　　D．$\int_0^{+\infty} f(t)\mathrm{d}t=\int_{-\infty}^0 f(t)\mathrm{d}t=\dfrac{1}{2}$.

3. 设 X_1,X_2,X_3 是随机变量，且 $X_1\sim N(0,1)$，$X_2\sim N(0,2^2)$，$X_3\sim N(5,3^2)$，$P_i=P\{-2\leqslant X_i\leqslant 2\}\ (i=1,2,3)$，则 P_1,P_2,P_3 的大小关系为（　　）.

A．$P_1>P_2>P_3$　　B．$P_2>P_1>P_3$

C．$P_3>P_2>P_1$　　D．$P_1>P_3>P_2$

4. 设 $X_1,X_2,\cdots,X_n$ 为独立同分布的随机变量序列，且 X_i 的概率密度函数为 $f(x)=\begin{cases}\lambda \mathrm{e}^{-\lambda x}, & x\geqslant 0,\\ 0, & \text{其他},\end{cases}$ 则下列选项正确的是（　　）.

A．$\lim\limits_{n\to\infty}P\left\{\dfrac{\sum\limits_{i=1}^n X_i-\dfrac{n}{\lambda}}{\dfrac{n}{\lambda^2}}\leqslant x\right\}=\Phi(x)$　　B．$\lim\limits_{n\to\infty}P\left\{\dfrac{\lambda\sum\limits_{i=1}^n X_i-n}{\sqrt{n}}\leqslant x\right\}=\Phi(x)$

C．$\lim\limits_{n\to\infty}P\left\{\dfrac{\sum\limits_{i=1}^n X_i-\dfrac{1}{\lambda}}{\dfrac{1}{\lambda^2}}\leqslant x\right\}=\Phi(x)$　　D．$\lim\limits_{n\to\infty}P\left\{\dfrac{\lambda\sum\limits_{i=1}^n X_i-n}{n}\leqslant x\right\}=\Phi(x)$

5. 设 $X_1,X_2,\cdots,X_n(n\geqslant 2)$ 为来自总体 $N(0,1)$ 的简单随机样本，$\bar{X}$ 为样本均值，S^2 为样本方差，则（　　）.

A．$n\bar{X}\sim N(0,1)$　　B．$nS^2\sim \chi^2(n)$

C．$\dfrac{(n-1)\bar{X}}{S}\sim t(n-1)$　　D．$\dfrac{(n-1)X_1^2}{\sum\limits_{i=2}^n X_i^2}\sim F(1,n-1)$

二、填空题（每小题 3 分，15 分）

1. 设随机变量 X 与 Y 相互独立，且均服从区间 $[0,4]$ 内的均匀分布，则 $P\{\max(X,Y)\geqslant 1\}=$________.

2．设随机变量 X 与 Y 相互独立且同分布，$P\{X=-1\}=P\{X=1\}=\dfrac{1}{2}$，则 $P\{X=Y\}=$________.

3. 设随机变量 X 的概率密度函数为 $f(x)=\begin{cases}\mathrm{e}^{-x}, & x\geqslant 0,\\ 0, & x<0,\end{cases}$ 随机变量 Y_1,Y_2 满足 $Y_k=\begin{cases}1, & X>k,\\ 0, & X\leqslant k,\end{cases}$ $k=1,2$，则 $E(Y_1Y_2)=$________.

4. 已知一批零件的长度 X（单位：cm）服从正态分布 $N(\mu,1)$，从中随机抽取 16 个零件，经测量得到长度的平均值为 40cm，则 μ 的置信度为 0.95 的置信区间是________________（标准正态分布函数值 $\Phi(1.96)=0.975$，$\Phi(1.645)=0.95$）.

5. 设总体 X 的均值 μ 与方差 σ^2 都存在，但均未知，X_1,X_2 是来自总体 X 的一个简单随机样本，则 $\dfrac{1}{2}(X_1-X_2)^2$ 为________的无偏估计.

三、解答题（共 70 分）

1.（本小题 12 分） 某人从 A 地驾车前往 B 地，有 80%的概率会选择环城高速路线，20%的概率选择其他路线. 若选择环城高速路线，行驶全程所需时间（单位：min）服从期望为 30，方差为 25 的正态分布；若选择其他路线，行驶全程所需时间服从期望为 40，方差为 25 的正态分布.

（1）计算行驶全程所需时间不超过 35min 概率；

（2）已知 35min 后此人未到 B 地，那么计算此人选择环城高速行驶的概率（参考数据：$\Phi(1)=0.8413$，$\Phi(1.24)=0.8925$，$\Phi(0.25)=0.5987$，$\Phi(0.5)=0.6915$）.

2.（本小题 8 分） 设总体 X 在区间(0,4)上服从均匀分布， X_1, X_2, X_3, X_4 为其样本. 试求 $Y=\max\limits_{1\leqslant i\leqslant 4}(X_i)$ 的概率密度函数.

3.（本小题 15 分） 设 A,B 为两个随机事件，且 $P(A)=\dfrac{1}{5}$，$P(B|A)=\dfrac{1}{3}$，$P(A|B)=\dfrac{1}{3}$，令

$$X=\begin{cases}1, & A\text{发生},\\ 0, & A\text{不发生},\end{cases}\qquad Y=\begin{cases}1, & B\text{发生},\\ 0, & B\text{不发生}.\end{cases}$$

求：（1）二维随机变量(X,Y)的分布律；

（2）X 与 Y 的相关系数 ρ_{XY}；

（3） $Z=X^2+Y^2$ 的分布律.

4. （本小题 15 分） 已知连续型随机变量（X,Y）的概率密度函数为

$$f(x,y)=\begin{cases} ax^2y, & 0\leqslant x\leqslant 1, 0\leqslant y\leqslant x, \\ 0, & \text{其他}. \end{cases}$$

求：（1）常数 a 的值；

（2） $f_X(x)$；

（3） $f_{Y|X}(y|x)$；

（4）求 $Z=XY$ 的分布函数和概率密度函数.

5.（本小题 12 分） 设总体 X 的概率密度函数为

$$f(x)=\begin{cases} 1-\theta, & 0<x<1, \\ \theta, & 1<x<2, \\ 0, & \text{其他}, \end{cases}$$

其中 $0<\theta<1$ 为未知参数，现从中选取一个容量为 6 的简单随机样本，样本观察值为

0.2，0.3，0.4，1.1，0.8，1.9.

求：（1）参数 θ 的矩估计值；

（2）参数 θ 的最大似然估计值.

6.（本小题 8 分）　已知某厂生产乐器用的合金弦线的抗拉强度（单位：kg/cm^2）X 服从均值为 10 560 的正态分布，现从一批产品中抽取 10 根，测得其抗拉强度的样本均值 $\bar{x}=10\ 631.4$，样本方差为 $s^2=6560.49$．那么在显著性水平 0.05 的条件下，这批产品的抗拉强度 X 的均值与 10 560 是否有显著差异（参考数据：$t_{0.025}(9)=2.262$，$t_{0.05}(9)=1.833$）？

概率论与数理统计综合测试卷（二）

一、选择题（每小题 3 分，共 15 分）

1. 某人向同一目标独立重复射击，每次射击命中目标的概率为 $p(0<p<1)$，则此人第四次射击恰好第二次命中目标的概率为（　　）.

A. $3p(1-p)^2$　　B. $3p^2(1-p)^2$

C. $6p(1-p)^2$　　D. $6p^2(1-p)^2$

2. 设 X 的概率密度函数为 $f_X(x)=\dfrac{1}{\pi(1+x^2)}$，则 $Y=2X$ 的概率密度函数 $f(y)$ 为（　　）.

A. $\dfrac{1}{\pi(1+4y^2)}$　　B. $\dfrac{2}{\pi(4+y^2)}$

C. $\dfrac{1}{\pi(1+y^2)}$　　D. $\dfrac{\arctan y}{\pi}$

3. 设总体 $X\sim U(0,\theta)$，其中 $\theta>0$ 为未知参数，$\bar{X}$ 为样本均值，则 θ 的矩估计量为（　　）.

A. $\dfrac{\bar{X}}{2}$　　B. $\bar{X}$　　C. $2\bar{X}$　　D. $E(X)$

4. 设随机变量 $X\sim N(0,1)$，对给定的 $a(0<a<1)$，数 z_a 满足 $P\{X>z_a\}=a$，若 $P\{|X|<x\}=a$，则 x 等于（　　）.

A. $z_{a/2}$　　B. $z_{1-a/2}$

C. z_{1-a}　　D. $z_{(1-a)/2}$

5. 设 $X_1,X_2,\cdots,X_{100}$ 是来自正态总体 $N(0,4)$ 的简单随机样本，则统计量 $\dfrac{1}{80}\left(\sum\limits_{i=1}^{20}X_i\right)^2+\dfrac{1}{320}\left(\sum\limits_{i=21}^{100}X_i\right)^2$ 服从的分布为（　　）.

A. $\chi^2(2)$　　B. $\chi^2(100)$　　C. $N(0,2)$　　D. $N(0,400)$

二、填空题（每小题 3 分，共 15 分）

1. 已知 A,B 两个事件满足条件 $P(AB)=P(\bar{A}\bar{B})$，且 $P(A)=p$，则 $P(B)=$________.

2. 设某项竞赛的成绩 $X\sim N(65,100)$，若按参赛人数的 10%发奖，则获奖分数线应定为_______（取 $\Phi(1.29)=0.9$）.

3. 设随机变量 X 的数学期望 $E(X)=\mu$，方差 $D(X)=\sigma^2$，则由切比雪夫不等式可得 $P\{X-\mu|<3\sigma\}\geqslant$ __________.

4. 设 $X_1,X_2,\cdots,X_n,\cdots$ 均服从期望为 4 的泊松分布，则当常数 $c=$ ________时，对于任意给定的正数 ε，都满足 $\lim\limits_{n\to\infty}P\left\{\left|\dfrac{1}{n}\sum\limits_{i=1}^{n}X_i^2-c\right|\leqslant\varepsilon\right\}=1$.

5. 设 $(X,Y)\sim N\left(2,-2,4,1,-\dfrac{1}{2}\right)$，则 $D(X-Y)=$ __________.

三、解答题（共 70 分）

1.（本小题 8 分） 从数 1,2,3,4 中任取一数，记为 X，再从 $1,2,\cdots,X$ 中任取一个数，记为 Y，求 Y 是 2 的概率.

2.（本小题 14 分） 设 X,Y 的分布律分别如表 3-2-1 和表 3-2-2 所示.

表 3-2-1

X	-1	0	1
p	$\frac{1}{4}$	$\frac{1}{2}$	$\frac{1}{4}$

表 3-2-2

Y	0	1
p	$\frac{2}{3}$	$\frac{1}{3}$

若 $P\{XY=0\}=1$，求：

（1）(X,Y)的联合分布律；

（2）$M=\max\{X,Y\}$的分布律；

（3）$P\{X<Y\}$.

3.（本小题 14 分）　设(X,Y)的联合密度函数为

$$f(x,y)=\begin{cases}ke^{-3x-4y}, & x>0,y>0,\\ 0, & 其他.\end{cases}$$

求：（1）k的值；

（2）X的边缘概率密度函数；

（3）$P\{0<X<1,0<Y<1\}$.

4.（本小题 14 分）　已知二维随机变量$(X,Y)\sim N\left(2,0,2^2,3^2,\frac{1}{2}\right)$，记$Z=\frac{X}{2}+\frac{Y}{3}$.

（1）求$E(Z)$与$D(Z)$及Z服从什么分布；

（2）计算X与Z的相关系数ρ_{XZ}，并说明X与Z是否相互独立.

5.（本小题 10 分） 设某种电子元件的寿命（单位：h）T 服从指数分布，概率密度函数为 $f(t)=\begin{cases}\lambda e^{-\lambda t}, & t>0,\\ 0, & 其他,\end{cases}$ 其中 $\lambda>0$ 为未知参数. 现从这批电子元件中任取 n 个在时刻 $t=0$ 时进行独立寿命试验，试验进行到预定时间 T_0 时结束，此时有 $k(0<k<n)$ 个电子元件失效，试求 λ 的最大似然估计.

6.（本小题 10 分） 设在某次考试中考生的成绩服从正态分布，现从中随机抽取 36 位考生的成绩，计算得平均成绩为 76.5 分，标准差为 10 分，问在显著性水平 0.05 的条件下，是否可以认为这次考试中全体考生的平均成绩为 80 分，并给出检验过程（参考数据：$t_{0.05}(36)=1.6883$，$t_{0.025}(36)=2.0281$，$t_{0.05}(35)=1.6896$，$t_{0.025}(35)=2.0301$）.

参考答案及提示

第一篇　概　率　论

第一单元

单元练习

一、选择题

1．D.　2．D.

二、计算题

1．（1）$A \cup B \cup C$．（2）$\overline{A}B \cup \overline{B}C \cup \overline{A}C$．（3）$\overline{A} \cup \overline{B} \cup \overline{C}$．

（4）$\overline{A}\overline{B}\overline{C}$．（5）$\overline{ABC}$．

2．$P(B)=\dfrac{7}{10}$．

3．$\dfrac{2}{5}$．

4．（1）$\dfrac{C_{400}^{90}C_{1100}^{110}}{C_{1500}^{200}}$．（2）$1-\sum_{i=0}^{1}\dfrac{C_{400}^{i}C_{1100}^{200-i}}{C_{1500}^{200}}$．

5．$\dfrac{7}{16}$．

三、证明题

提示：利用事件的运算关系. 证明过程略.

单元测试

一、选择题

1．B.　2．C.　3．D.

二、计算题

1．0.9.

2．$\dfrac{2}{3}$．

3．提示：利用机会相等模型，即 3 号学生抽到英语题目的概率和 1 号学生抽到英语题目的概率相等.

（1）$1-\dfrac{C_{14}^2}{C_{20}^2}$.　（2）$\dfrac{C_6^2C_4^1C_{10}^1}{C_{20}^2C_{18}^2}$.

4．$\dfrac{C_4^2 3!}{3^4}$.

5．$\dfrac{7}{9}$.

三、讨论题

1．$p=\dfrac{19}{36}$，$q=\dfrac{1}{18}$.

2．（1）当 $A\subset B$ 时，$P(AB)$ 的概率最大，此时 $P(AB)=0.5$.

（2）当 $A\cup B=S$ 时，$P(AB)$ 的概率最小，此时 $P(AB)=0.2$.

四、拓展题

1．A.　2．C.

第二单元

单元练习

一、选择题

1．C.　2．B.

二、计算题

1．$\dfrac{7}{10}$.

2．（1）$1-(1-p)^n$.　（2）$(1-p)^n+np(1-p)^{n-1}$.

3．（1）$\dfrac{3}{10}$.　（2）$\dfrac{1}{6}$.

4．（1）0.43.　（2）0.57.

三、讨论题

A,B,C 三个事件不相互独立.

单元测试

一、选择题

1．A.　2．C.

二、计算题

1．6 次.

2．$\dfrac{3}{4}$.

3．（1）0.84.　（2）0.012.

4.（1）$\dfrac{29}{90}$．（2）$\dfrac{20}{61}$.

三、证明题

提示：利用条件概率的定义和事件的运算关系即可证得. 证明过程略.

四、拓展题

$C_{n-1}^{m-1}p^m(1-p)^{n-m}$. 提示：$n$次射击恰好为第$m$次命中目标，即射击$n$次，有$m$次命中目标，且第$m$次命中目标发生在最后一次.

第三单元

单元练习

一、选择题

1．B.　2．B.　3．C.　4．C.

二、计算题

1．$\dfrac{2}{n(n+1)}$.

2．$P\{X=k\}=\dfrac{1}{2^k}$，$k=1,2,\cdots$.

3．X的分布律如答表 1-1 所示.

答表 1-1

X	1	2	3
p	$\frac{3}{8}$	$\frac{9}{16}$	$\frac{1}{16}$

4．$a=\dfrac{5}{16}$，$b=\dfrac{7}{16}$.

单元测试

一、选择题

1．A.　2．C.　3．C.　4．C.

二、计算题

1.（1）X的分布律如答表 1-2 所示.

答表 1-2

X	0	1	2	3
p	$\frac{1}{24}$	$\frac{6}{24}$	$\frac{11}{24}$	$\frac{6}{24}$

（2）X 的分布函数为

$$F(x)=\begin{cases}0, & x<0,\\ \dfrac{1}{24}, & 0\leqslant x<1,\\ \dfrac{7}{24}, & 1\leqslant x<2,\\ \dfrac{18}{24}, & 2\leqslant x<3,\\ 1, & x\geqslant 3.\end{cases}$$

（3）$\dfrac{17}{24}$.

2. X 的分布律如答表 1-3 所示.

答表 1-3

X	1	2	3	4
p	$\dfrac{7}{10}$	$\dfrac{6}{25}$	$\dfrac{27}{500}$	$\dfrac{3}{500}$

3. X 的分布律如答表 1-4 所示.

答表 1-4

X	1	2	3	4
p	$\dfrac{37}{64}$	$\dfrac{19}{64}$	$\dfrac{7}{64}$	$\dfrac{1}{64}$

4. （1）$a=b=c=1$. （2）0. （3）1.

三、拓展题

A.

第四单元

单元练习

一、选择题

1. B. 2. A. 3. B. 4. D. 5. C.

二、计算题

1. $\dfrac{2}{\pi}\cdot\dfrac{e^y}{1+e^{2y}}, y\in(-\infty,+\infty)$.

2. $G(y)=F(2y-4)$.

3. （1）$A=1$. （2）0.4. （3）$f(x)=\begin{cases}2x, & 0<x<1,\\ 0, & 其他.\end{cases}$

4. （1） $f_Y(y)=\begin{cases}\dfrac{1}{y^2}, & y\geqslant 1,\\ 0, & y<1.\end{cases}$ （2） $f_Z(z)=\begin{cases}\dfrac{e^{-\sqrt{z}}}{2\sqrt{z}}, & z>0,\\ 0, & z\leqslant 0.\end{cases}$

单元测试

一、选择题

1．D.　2．B.　3．A.　4．D.　5．C.

二、计算题

1．（1） $P\{Y=k\}=C_3^k(1-e^{-\frac{1}{30}})^k(e^{-\frac{1}{30}})^{3-k}$,　$k=0,1,2,3$.

（2） $\alpha=1-e^{-\frac{1}{10}}$.　（3） $\beta=e^{-\frac{1}{10}}+3(1-e^{-\frac{1}{30}})e^{-\frac{1}{15}}$.

2.

（1） $F(x)=\begin{cases}0, & x>-1,\\ \dfrac{1}{2}(1+x)^2, & -1\leqslant x<0,\\ \dfrac{1}{2}(1+2x-x^2), & 0\leqslant x<1,\\ 1, & x\geqslant 1.\end{cases}$ （2） $\dfrac{19}{24}$.

3．（1）0.9886.　（2）111.84.　（3）57.495.

4．（1） $a=\dfrac{1}{9}$.

（2） $Y=(X-2)^2$ 的分布律如答表 1-5 所示.

答表 1-5

Y	0	1	4	9
p	$\frac{1}{3}$	$\frac{1}{4}$	$\frac{11}{36}$	$\frac{1}{9}$

分布函数为 $F_Y(y)=\begin{cases}0, & y<0,\\ \dfrac{1}{3}, & 0\leqslant y<1,\\ \dfrac{21}{36}, & 1\leqslant y<4,\\ \dfrac{32}{36}, & 4\leqslant y<9,\\ 1, & y\geqslant 9.\end{cases}$

5.（1）$F_Y(y)=\begin{cases}0, & y<-1,\\ 0.8413, & -1\leqslant y<1,\\ 1, & y\geqslant 1.\end{cases}$ （2）$f_Z(z)=\begin{cases}0, & z\leqslant 0,\\ \dfrac{1}{\sqrt{2\pi}}\mathrm{e}^{-\frac{\ln^2 z}{2}}\cdot\dfrac{1}{z}, & z>0.\end{cases}$

（3）$f_T(t)=\begin{cases}0, & t\leqslant 0,\\ 2\cdot\dfrac{1}{\sqrt{2\pi}}\mathrm{e}^{-\frac{t}{2}}\cdot\dfrac{1}{2\sqrt{t}}, & t>0.\end{cases}$ （4）$f_S(s)=\begin{cases}0, & s\leqslant 0,\\ 2\dfrac{1}{\sqrt{2\pi}}\mathrm{e}^{-\frac{s^2}{2}}, & s>0.\end{cases}$

6.（1）$a=1$，$b=0$.　（2）$t=\dfrac{1}{\mathrm{e}-1}$.

7．78.75.

三、拓展题

分布函数为$F_Y(y)=\begin{cases}0, & y\leqslant 0,\\ 1-\mathrm{e}^{-\lambda y}, & 0<y<2,\\ 1, & y\geqslant 2.\end{cases}$

第五单元

单元练习

一、选择题

1．B.　2．B.　3．A.

二、计算题

1．如答表 1-6 所示.

答表 1-6

Y \ X	-1	0	1	$p_{\cdot j}$
-1	0	$\frac{1}{4}$	0	$\frac{1}{4}$
0	$\frac{1}{4}$	0	$\frac{1}{4}$	$\frac{1}{2}$
1	0	$\frac{1}{4}$	0	$\frac{1}{4}$
$p_{i\cdot}$	$\frac{1}{4}$	$\frac{1}{2}$	$\frac{1}{4}$	1

2.（1）(X,Y) 的联合分布律如答表 1-7 所示.

答表 1-7

$X \backslash Y$	0	1	$p_{\cdot j}$
0	$\frac{7}{15}$	$\frac{7}{30}$	$\frac{7}{10}$
1	$\frac{7}{30}$	$\frac{1}{15}$	$\frac{3}{10}$
$p_{i\cdot}$	$\frac{7}{10}$	$\frac{3}{10}$	1

（2）$P\{X \geqslant Y\}=\dfrac{23}{30}$.

3.（1）$a=10$.　（2）$f_X(x)=\begin{cases}5x^4, & 0\leqslant x\leqslant 1,\\ 0, & \text{其他}.\end{cases}$

4. $f_X(x)=\begin{cases}\dfrac{2}{\pi}\sqrt{1-x^2}, & -1\leqslant x\leqslant 1,\\ 0, & \text{其他},\end{cases}$　$f_Y(y)=\begin{cases}\dfrac{2}{\pi}\sqrt{1-y^2}, & -1\leqslant y\leqslant 1,\\ 0, & \text{其他}.\end{cases}$

单元测试

计算题

1. 如答表 1-8 所示.

答表 1-8

$X \backslash Y$	−1	1	$p_{\cdot j}$
−1	$\frac{1}{4}$	$\frac{1}{2}$	$\frac{3}{4}$
1	0	$\frac{1}{4}$	$\frac{1}{4}$
$p_{i\cdot}$	$\frac{1}{4}$	$\frac{3}{4}$	1

2. 如答表 1-9 所示.

答表 1-9

$X \backslash Y$	−1	0	1
0	0	$\frac{1}{3}$	0
1	$\frac{1}{3}$	0	$\frac{1}{3}$

3．如答表 1-10 所示.

答表 1-10

Y \ X	0	1	2	3	$p_{\cdot j}$
1	0	$\frac{3}{8}$	$\frac{3}{8}$	0	$\frac{3}{4}$
3	$\frac{1}{8}$	0	0	$\frac{1}{8}$	$\frac{1}{4}$
$p_{i\cdot}$	$\frac{1}{8}$	$\frac{3}{8}$	$\frac{3}{8}$	$\frac{1}{8}$	1

4．(1) $A=\dfrac{9}{32}$．(2) $f_X(x)=\begin{cases}\dfrac{3}{8}x^2, & 0<x<2,\\ 0, & \text{其他},\end{cases}$ $f_Y(y)=\begin{cases}\dfrac{3}{4}y(2-y), & 0<y<2,\\ 0, & \text{其他}.\end{cases}$

第六单元

单元练习

一、选择题

1．B.　2．A.　3．B.　4．A.

二、计算题

1.(1) $P\{Y=0|X=1\}=1$．(2) X 与 Y 不独立.（3）$P\{X+Y=1\}=\dfrac{1}{2}$，$P\{X=Y\}=0$.

2．$f_Z(z)=\begin{cases}1-\mathrm{e}^{-z}, & 0<z<1,\\ (\mathrm{e}-1)\mathrm{e}^{-z}, & z\geqslant 1,\\ 0, & \text{其他}.\end{cases}$

3．随机变量 X 与 Y 相互独立.

4.(1) $k=\dfrac{1}{2}$.

(2) $f_Z(z)=\begin{cases}\dfrac{1}{2}z\sin z, & 0\leqslant z<\dfrac{\pi}{2},\\ \dfrac{\pi-z}{2}\sin z, & \dfrac{\pi}{2}\leqslant z\leqslant\pi,\\ 0, & \text{其他}.\end{cases}$

(3) $f_\xi(t)=\begin{cases}\cos t-\cos 2t, & 0\leqslant t\leqslant\dfrac{\pi}{2},\\ 0, & \text{其他}.\end{cases}$

5．$\dfrac{1}{24}$.

单元测试

一、选择题

1．C.　2．B.

二、计算题

1．（1）X,Y 不独立.

（2）在 $X=1$ 的条件下，Y 的条件概率分布律为 $Y\sim\begin{pmatrix}-1 & 0 & 1\\ \frac{1}{6} & \frac{1}{6} & \frac{2}{3}\end{pmatrix}$.

（3）$Z\sim\begin{pmatrix}-2 & -1 & 0 & 1 & 2\\ \frac{1}{4} & \frac{1}{12} & \frac{1}{4} & \frac{1}{12} & \frac{1}{3}\end{pmatrix}$.

2．（1）$f_{Y|X}(y\mid x)=\begin{cases}\dfrac{2y}{1-x^4}, & x^2\leqslant y\leqslant 1,\\ 0, & \text{其他},\end{cases}$　$f_{Y|X}\left(y\mid\dfrac{1}{2}\right)=\begin{cases}\dfrac{32}{15}y, & \dfrac{1}{4}\leqslant y\leqslant 1,\\ 0, & \text{其他}.\end{cases}$

（2）$P\left\{Y\geqslant\dfrac{3}{4}\middle|X=\dfrac{1}{2}\right\}=\dfrac{7}{15}$.

3．（1）当 $0<x<1$ 时，$f_{Y|X}(y\mid x)=\begin{cases}\dfrac{2y}{x^2}, & 0\leqslant y\leqslant x,\\ 0, & \text{其他}.\end{cases}$

（2）$F_z(z)=\begin{cases}0 & z<0\\ 1-\int_{\sqrt{z}}^{1}\mathrm{d}x\int_{\frac{x}{z}}^{x}10x^2y\mathrm{d}y=5z^2-4z^{\frac{5}{2}} & 0\leqslant z<1\\ 1 & z>1\end{cases}$　$f_Z(z)=\begin{cases}10z-10z^{\frac{3}{2}}, & 0<z<1,\\ 0, & \text{其他}.\end{cases}$

4．（1）$\dfrac{4}{9}$.

（2）、（3）如答表 1-11 所示.

答表 1-11

Y \ X	0	1	2	$p_{\cdot j}$
0	$\frac{1}{4}$	$\frac{1}{6}$	$\frac{1}{36}$	$\frac{4}{9}$
1	$\frac{1}{3}$	$\frac{1}{9}$	0	$\frac{4}{9}$
2	$\frac{1}{9}$	0	0	$\frac{1}{9}$
$p_{i\cdot}$	$\frac{25}{36}$	$\frac{5}{18}$	$\frac{1}{36}$	1

（4）在$Y=1$的条件下，X的条件概率分布为$X\sim\begin{pmatrix}0 & 1 & 2\\ \frac{3}{4} & \frac{1}{4} & 0\end{pmatrix}$.

（5）X,Y不独立.

（6）$X+Y\sim\begin{pmatrix}0 & 1 & 2\\ \frac{1}{4} & \frac{1}{2} & \frac{1}{4}\end{pmatrix}$，$XY\sim\begin{pmatrix}0 & 1\\ \frac{8}{9} & \frac{1}{9}\end{pmatrix}$.

三、拓展题

1.（1）$\frac{1}{2}$.　（2）$f_Z(z)=\begin{cases}\frac{1}{3}, & -1<z<2,\\ 0, & \text{其他}.\end{cases}$

2.（1）Y的分布函数为$F(y)=\begin{cases}0, & y<1,\\ \frac{2}{3}+\frac{y^3}{27}, & 1\leqslant y<2,\\ 1, & y\geqslant 2.\end{cases}$　（2）$\frac{8}{27}$.

第七单元

单元练习

一、选择题

1．C.　2．B.　3．D.

二、计算题

1.（1）0.5.（2）7.2.

2．5.209 万元.

3．$\frac{7}{6}$.

4．$E(Y)=\frac{\lambda}{\lambda-1}$，$D(Y)=\frac{\lambda}{(\lambda-1)^2(\lambda-2)}$.

单元测试

一、选择题

1．C.　2．D.　3．C.　4．D.

二、计算题

1．$E(X^2)=2$.

2．$D(Z)=\frac{2}{9}$.

3．（1）$E(X)=\frac{3}{2}$，$D(X)=0.45$．（2）$\frac{1}{4}$．

4．（1）$a=\sqrt[3]{4}$．（2）$E\left(\frac{1}{X^2}\right)=\frac{3}{4}$．

三、讨论题

需购进 186 份报纸才能使收益的期望最大.

四、拓展题

$E(Y^2)=5$．

第八单元

单元练习

一、选择题

1．D．2．C．3．B．

二、计算题

1．$\frac{7}{4}$．

2．$\mathrm{Cov}(X^2,Y^2)=-0.02$．

3．（1）(Y_1,Y_2) 的分布律如答表 1-12 所示.

答表 1-12

Y_2 \ Y_1	0	1	$p_{i\cdot}$
0	$1-\mathrm{e}^{-1}$	$\mathrm{e}^{-1}-\mathrm{e}^{-2}$	$1-\mathrm{e}^{-2}$
1	0	e^{-2}	e^{-2}
$p_{\cdot j}$	$1-\mathrm{e}^{-1}$	e^{-1}	1

相关系数为 $\rho=\frac{\mathrm{e}^{-2}-\mathrm{e}^{-3}}{\sqrt{\mathrm{e}^{-1}(1-\mathrm{e}^{-1})}\sqrt{\mathrm{e}^{-2}(1-\mathrm{e}^{-2})}}$．

（2）Z_1 的分布律如答表 1-13 所示.

答表 1-13

$Z_1=\max\{Y_1,Y_2\}$	0	1
P	$1-\mathrm{e}^{-1}$	e^{-1}

（3）Z_2 的分布律如答表 1-14 所示.

答表 1-14

$Z_2=\min\{Y_1,Y_2\}$	0	1
P	$1-e^{-2}$	e^{-2}

（4）$E(Z_1Z_2)=e^{-2}$.

单元测试

一、选择题

1．A.　2．B.　3．B.　4．C.　5．D.　6．A.

二、计算题

1.（1）(ξ,η) 的联合分布律及边缘分布律如答表 1-15 所示.

答表 1-15

ξ \ η	1	2	3	$p_{\cdot j}$
1	$\frac{1}{9}$	0	0	$\frac{1}{9}$
2	$\frac{2}{9}$	$\frac{1}{9}$	0	$\frac{1}{3}$
3	$\frac{2}{9}$	$\frac{2}{9}$	$\frac{1}{9}$	$\frac{5}{9}$
$p_{i\cdot}$	$\frac{5}{9}$	$\frac{1}{3}$	$\frac{1}{9}$	1

（2）$E(\xi)=\dfrac{22}{9}$，$E(\eta)=\dfrac{14}{9}$，$D(\xi)=\dfrac{38}{81}$，$D(\eta)=\dfrac{38}{81}$.　（3）$\rho_{\xi\eta}=\dfrac{8}{19}$.

2.（1）随机变量 (X,Y) 的联合分布律如答表 1-16 所示.

答表 1-16

X \ Y	0	1
0	$\frac{2}{3}$	$\frac{1}{12}$
1	$\frac{1}{6}$	$\frac{1}{12}$

（2）$\mathrm{Cov}(X,Y)=\dfrac{1}{24}$.

3.（1）(X,Y) 的分布律如答表 1-17 所示.

答表 1-17

Y \ X	0	1	2	$p_{\cdot j}$
0	$\frac{1}{4}$	0	$\frac{1}{12}$	$\frac{1}{3}$
1	0	$\frac{1}{3}$	0	$\frac{1}{3}$
2	$\frac{1}{4}$	0	$\frac{1}{12}$	$\frac{1}{3}$
$p_{i\cdot}$	$\frac{1}{2}$	$\frac{1}{3}$	$\frac{1}{6}$	1

（2）$P\{X=2Y\}=\frac{1}{4}$.（3）$E(X^2+Y^2)=\frac{8}{3}$.（4）$\rho_{XY}=0$.

三、讨论题

（1）$E(Z)=1$，$D(Z)=3$.

（2）Z 服从正态分布，$Z\sim N(1,3)$，其概率密度函数为 $f_Z(z)=\frac{1}{\sqrt{2\pi}\cdot\sqrt{3}}\mathrm{e}^{-\frac{(z-1)^2}{2\times 3}}$，$-\infty<z<+\infty$.

（3）X 与 Z 不独立.

四、证明题

1. 证明：(1)当$|X|<1$时，$f_X(x)=\int_{-1}^{1}\frac{1}{4}[1+xy(x^2-y^2)]\mathrm{d}y=\frac{1}{2}$. 同理可得 $f_Y(y)=\frac{1}{2}$.

由 $f(x,y)\neq f_X(x)f_Y(y)$，可知 X 与 Y 不相互独立.

（2）因为$E(X)=\int_{-1}^{1}x\cdot f_X(x)\mathrm{d}x=\int_{-1}^{1}x\cdot\frac{1}{2}\mathrm{d}x=0$，同理有 $E(Y)=0$. 而

$$E(XY)=\int_{-1}^{1}\int_{-1}^{1}xy\cdot\frac{1}{4}[1+xy(x^2-y^2)]\mathrm{d}x\mathrm{d}y=\int_{-1}^{1}\int_{-1}^{1}(x^4y^2-x^2y^4)\mathrm{d}x\mathrm{d}y=0.$$

由 $E(XY)=E(X)E(Y)$，可得 X 与 Y 不相关.

2. 证明略.

五、拓展题

A.

第九单元

单元练习

一、选择题

B.

二、计算题

约为 0.975.

三、证明题

略.

单元测试

一、选择题

1．C.　2．D.　3．B.

二、计算题

1．$\frac{9}{14}$.

2．15.

三、证明题

略.

四、拓展题

A.

第十单元

单元练习

一、选择题

1．B.　2．D.

二、计算题

1．0.8764.

2．0.8413.

3．（1）$X \sim b(100, 0.2)$，分布律为 $P\{X=k\} = \mathrm{C}_{100}^{k}(0.2)^{k}(1-0.2)^{100-k}$，$k=0,1,\cdots,100$.

（2）0.9270.

4．（1）0.85.　（2）81.

单元测试

一、选择题

1．D.　2．B.　3．C.

二、计算题

1．$\frac{1}{2}$.

2．0.9876.

3．切比雪夫不等式：n 的最小值为 250；棣莫弗-拉普拉斯中心极限定理：n 的最小值为 68.

4．0.9992.

5．696.

三、拓展题

证明略．$Z_n=\dfrac{1}{n}\sum_{i=1}^{n}X_i^2$ 近似服从参数为$\left(\mu_2,\dfrac{\mu_4-\mu_2^2}{n}\right)$的正态分布.

概率论阶段测试卷（一）

一、选择题

1．A.　2．A.　3．C.　4．C.　5．A.

二、填空题

1．$\dfrac{5}{8}$．　2．0.6．　3．$\dfrac{1}{12}$．　4．$\dfrac{13}{48}$．　5．$\dfrac{5}{7}$．

三、解答题

1．0.0853.

2．（1）Z 的分布律如答表 1-18 所示.

答表 1-18

Z	0	1	2	3	4
p	$\frac{1}{16}$	$\frac{1}{4}$	$\frac{3}{8}$	$\frac{1}{4}$	$\frac{1}{16}$

（2）Z 的分布函数为$F_Z(z)=\begin{cases}0, & z<0,\\ \dfrac{1}{16}, & 0\leqslant z<1,\\ \dfrac{5}{16}, & 1\leqslant z<2,\\ \dfrac{11}{16}, & 2\leqslant z<3,\\ \dfrac{15}{16}, & 3\leqslant z<4,\\ 1, & z\geqslant 4.\end{cases}$

（3）$E(Z^2+1)=\left[D(Z)+[E(Z)]^2\right]+1=4\times\dfrac{1}{2}\times\dfrac{1}{2}+\left(4\times\dfrac{1}{2}\right)^2+1=6$.

3．（1）随机变量 X 的分布函数为$F(x)=\begin{cases}0, & x<-1,\\ \dfrac{1}{2}(1+x)^2, & -1\leqslant x<0,\\ \dfrac{1}{2}(1+2x-x^2), & 0\leqslant x<1,\\ 1, & x\geqslant 1.\end{cases}$

（2）$\dfrac{19}{24}$.

4.（1）$C=\dfrac{21}{4}$.　（2）$f_X(x)=\begin{cases}\dfrac{21}{8}x^2\left(1-x^4\right), & -1\leqslant x\leqslant 1,\\ 0, & \text{其他}.\end{cases}$

（3）当$-1<x<1$时，$f_{Y|X}(y|x)=\begin{cases}\dfrac{2y}{1-x^4}, & x^2\leqslant y\leqslant 1,\\ 0, & \text{其他}.\end{cases}$

当$X=\dfrac{1}{2}$时，条件概率密度函数为$f_{Y|X}(y|x)=\begin{cases}\dfrac{32}{15}y, & \dfrac{1}{4}\leqslant y\leqslant 1,\\ 0, & \text{其他}.\end{cases}$

条件概率$P\left\{Y\geqslant\dfrac{3}{4}\middle| X=\dfrac{1}{2}\right\}=\dfrac{7}{15}$.

5.（1）(X,Y)的联合分布律如答表 1-19 所示.

答表 1-19

Y \ X	-1	0	1	$p_{\cdot j}$
-1	$\frac{1}{4}$	$\frac{1}{12}$	$\frac{1}{12}$	$\frac{5}{12}$
0	0	$\frac{1}{6}$	$\frac{1}{12}$	$\frac{1}{4}$
1	0	0	$\frac{1}{3}$	$\frac{1}{3}$
$p_{i\cdot}$	$\frac{1}{4}$	$\frac{1}{4}$	$\frac{1}{2}$	1

（2）X,Y不独立.

6. 0.1587.

概率论阶段测试卷（二）

一、选择题

1. C.　2. A.　3. B.　4. C.　5. B.

二、填空题

1. $\dfrac{2}{5}$.　2. 0.28.　3. 2.　4. $1-\dfrac{1}{2n}$.　5. $X\sim\begin{pmatrix}-1 & 1 & 3\\ 0.4 & 0.4 & 0.2\end{pmatrix}$.

三、解答题

1.（1）0.947.　（2）0.845.

2.（1）$F_Y(y)=\begin{cases}1-\mathrm{e}^{-\frac{(y+1)^2}{18}}, & y>-1,\\ 0, & y\leqslant -1,\end{cases}$　$f_Y(y)=F_Y'(y)=\begin{cases}\dfrac{y+1}{9}\mathrm{e}^{-\frac{(y+1)^2}{18}}, & y>-1,\\ 0, & y\leqslant -1.\end{cases}$

（2） $p\{0<X<2\}=1-\mathrm{e}^{-2}$， $p\{Y>1\}=\mathrm{e}^{-\frac{2}{9}}$.

3.（1） Y 的边缘概率密度函数为 $f_Y(y)=\begin{cases}\frac{3}{4}(1-y^2), & -1<y<1,\\ 0, & \text{其他}.\end{cases}$

（2） $f_{X|Y}\left(x\,|-\frac{1}{2}\right)=\dfrac{f\left(x,-\frac{1}{2}\right)}{f_Y\left(-\frac{1}{2}\right)}=\frac{4}{3},\ 0<x<\frac{3}{4}$.

（3） $\dfrac{\sqrt{2}}{2}$.

4.（1） (ξ,η) 的联合分布律如答表 1-20 所示.

答表 1-20

ξ \ η	2	3	4	$p_{\cdot j}$
-1	0	$\frac{1}{4}$	0	$\frac{1}{4}$
0	$\frac{1}{4}$	0	$\frac{1}{4}$	$\frac{1}{2}$
1	0	$\frac{1}{4}$	0	$\frac{1}{4}$
$p_{i\cdot}$	$\frac{1}{4}$	$\frac{1}{2}$	$\frac{1}{4}$	1

（2） $E(\xi)=0$， $E(\eta)=3$， $D(\xi)=\frac{1}{2}$， $D(\eta)=\frac{1}{2}$.

（3） $\rho_{\xi\eta}=0$.

5. $f_Z(z)=\begin{cases}1-\mathrm{e}^{-z}, & 0<z<1,\\ (\mathrm{e}-1)\mathrm{e}^{-z}, & z\geqslant 1,\\ 0, & \text{其他}.\end{cases}$

6. 一年需要 $271a$ 元.

第二篇　数 理 统 计

第一单元

单元练习

一、选择题

C.

二、计算题

1．（1）$\alpha = P\{X_1 \geqslant 800\} \cdots P\{X_6 \geqslant 800\}$

$$= \{1 - P\{X_1 < 800\}\} \cdots \{1 - P\{X_6 < 800\}\} = [1 - (1 - \mathrm{e}^{-0.0015\times 800})]^6 = \mathrm{e}^{-7.2}.$$

（2）$\beta = P\{X_1 \leqslant 3000\} \cdots P\{X_6 \leqslant 3000\} = (1 - \mathrm{e}^{-0.0015\times 3000})^6 = (1 - \mathrm{e}^{-4.5})^6$.

2．0.1.

三、讨论题

$$Y = \frac{\sum_{i=1}^{5} X_i^2 / 5}{\sum_{i=6}^{n} X_i^2} = \frac{\left(\frac{n}{5} - 1\right)\sum_{i=1}^{5} X_i^2}{\sum_{i=6}^{n} X_i^2 / (n-5)} \sim F(5, n-5).$$

单元测试

一、选择题

1．D.　2．A.　3．C.　4．A.

二、计算题

（1）$f_Y(y) = \begin{cases} \dfrac{4y^3}{\theta^4}, & 0 \leqslant y \leqslant \theta, \\ 0, & \text{其他}. \end{cases}$

（2）$E\left(\dfrac{1}{2}\max\limits_{1\leqslant i\leqslant 4}(X_i) - \theta\right) = \dfrac{1}{2} \times \dfrac{4}{5}\theta - \theta = -\dfrac{3}{5}\theta$.

三、讨论题

1. $c = \dfrac{1}{8}$，$cY \sim \chi^2(2)$，此时的自由度为 2.

2. $c = \sqrt{\dfrac{3}{2}}$，$n = 3$.

3. $a = \dfrac{1}{20}$，$b = \dfrac{1}{100}$，此时的自由度为 2.

四、拓展题

（1）$D(Y_i) = 1 - \dfrac{1}{n}$.　（2）$\mathrm{Cov}(Y_1, Y_n) = -\dfrac{1}{n}$.

第二单元

单元练习

一、选择题

1．A.　2．A.

二、计算题

1．（1）$E(\bar{X}) = 21$，$D(\bar{X}) = 0.4^2$.　（2）0.4514.

2．$D(S^2)=2\sigma^4/15$，0.99.

3．（1）0.2628.　（2）0.2923.　（3）0.5785.

三、讨论题

$n\approx 14$.

单元测试

一、选择题

D.

二、计算题

1．0.8293.

2．$E(\bar{X})=\lambda$，$D(\bar{X})=\frac{\lambda}{n}$，$E(S^2)=\lambda$.

3．（1）$(X_1,X_2,\cdots,X_n)$ 的分布律为 $p^{\sum\limits_{k=1}^{n} i_k}(1-p)^{n-\sum\limits_{i=1}^{n} i_k}, i_k=0$ 或 $1,\ k=1,\cdots,n.$

（2）$\sum\limits_{i=1}^{n} X_i \sim b(n,p)$.

（3）$E(\bar{X})=p$，$D(\bar{X})=\frac{p(1-p)}{n}$，$E(S^2)=p(1-p)$.

4．0.95，0.90.

三、讨论题

35.

四、拓展题

1．0.6744.

2．0.025.

第三单元

单元练习

一、选择题

1．C.　2．C.　3．C　4．C.　5．B.

二、计算题

1．矩估计值$\frac{1}{4}$，最大似然估计值$\frac{7-\sqrt{13}}{12}$.

2．矩估计量$\frac{1-2\bar{X}}{\bar{X}-1}$，最大似然估计量$-n(\sum\limits_{i=1}^{n}\ln X_i)^{-1}-1$.

3．矩估计量$\frac{2}{3}\bar{X}$，最大似然估计量$\frac{1}{2}\max\{X_1,\cdots,X_n\}$.

4．矩估计值 $\dfrac{3-2\bar{x}}{2}$，最大似然估计值 $\dfrac{N}{n}$.

5． $k=-1$.

三、证明题

略.

四、讨论题

1.（1） $\hat{\beta}=\dfrac{\bar{X}}{\bar{X}-1}$. （2） $\hat{\beta}=\dfrac{n}{\sum\limits_{i=1}^{n}\ln X_i}$. （3） $\hat{\alpha}=\min\{X_1,X_2,\cdots,X_n\}$.

2．矩估计量： $\hat{\lambda}=\dfrac{1}{\sqrt{\dfrac{1}{n}\sum\limits_{i=1}^{n}X_i^2-\bar{X}^2}}$， $\hat{\theta}=\bar{X}-\sqrt{\dfrac{1}{n}\sum\limits_{i=1}^{n}X_i^2-\bar{X}^2}$.

最大似然估计量： $\hat{\theta}=\min\{X_1,X_2,\cdots,X_n\}$， $\hat{\lambda}=\dfrac{1}{\bar{X}-\min\{X_1,X_2,\cdots,X_n\}}$.

3． $C=\dfrac{1}{6}$.

单元测试

一、选择题

1．B. 2．A. 3．D. 4．B. 5．D.

二、计算题

1．矩估计值 $\bar{x}$，最大似然估计值 $\bar{x}$， $p(x\geqslant 1)$ 的最大似然估计量 $\hat{p}=1-\mathrm{e}^{-\bar{X}}$.

2．矩估计量 $\left(\dfrac{\bar{X}}{1-\bar{X}}\right)^2$，最大似然估计量 $\left(\dfrac{n}{\sum\limits_{i=1}^{n}\ln X_i}\right)^2$.

3．矩估计量 $2\bar{X}-1$，最大似然估计量 $\max\{X_1,X_2,\cdots,X_n\}$.

4.（1） $f(z)=\begin{cases}\dfrac{2}{\sigma}\dfrac{1}{\sqrt{2\pi}}\mathrm{e}^{-\frac{z^2}{2\sigma^2}}, & z>0,\\ 0, & z\leqslant 0.\end{cases}$ （2） $\hat{\sigma}=\sqrt{\dfrac{\pi}{2}}\,\bar{Z}$. （3） $\hat{\sigma}=\sqrt{\dfrac{1}{n}\sum\limits_{i=1}^{n}Z_i^2}$.

5.（1） $f(x)=\begin{cases}\dfrac{9x^8}{\theta^9}, & 0<x<\theta,\\ 0, & \text{其他}.\end{cases}$ （2） $a=\dfrac{10}{9}$.

三、证明题

1．提示： $E(\hat{\theta}^2)=D(\hat{\theta})+[E(\hat{\theta})^2]>\theta^2$.

2．提示： $E(T)=CE(\bar{X})+(1-C)E(S^2)=C\lambda+(1-C)\lambda=\lambda$.

3．提示： $f_{X_{(1)}}(x)=n(1+\theta-x)^{n-1},\theta<x<\theta+1$， $f_{X_{(n)}}(x)=n(x-\theta)^{n-1},\theta<x<\theta+1$.

四、讨论题

1．（1）$\hat{\theta}=2\overline{X}$．（2）$D(\hat{\theta})=\dfrac{\theta^2}{5n}$，$\hat{\theta}$ 是无偏、相合估计量.

2．最大似然估计 $\hat{\theta}=\min\{X_1,X_2,\cdots,X_n\}$，不是无偏估计.

3．（1）$\hat{\sigma}^2=\dfrac{1}{n}\sum_{i=1}^{n}X_i^2$，$E(\hat{\sigma}^2)=\sigma^2$．（2）$D(\hat{\sigma}^2)=\dfrac{2\sigma^4}{n}<\dfrac{2\sigma^4}{n-1}=D(S^2)$．

（3）$\hat{\sigma}^2$ 是 σ^2 的相合估计量.

第四单元

单元练习

一、选择题

1．B.　2．C.　3．A.　4．D.

二、计算题

1．(2959 ± 32.6794)，即$(2926.3206, 2991.6794)$.

2．$(6.2367,\ 52.8419)$．

3．$10.876\,55$．

4．$(0.0544,\ 3.7657)$．

5．(2.25 ± 0.3332)，即$(1.9168, 2.5832)$.

6．$(1.7296,2.8023)$．提示：当 $n>45$ 时，$t_\alpha(n)\approx z_\alpha$．

7．2.8413．

三、讨论题

1．（1）$(3.17,3.83)$．（2）$(2.82,4.18)$．（3）0.966.

2．$\left(\dfrac{2\sigma}{k}z_{0.025}\right)^2$．

单元测试

一、选择题

1．A.　2．B.　3．C.　4．A.

二、计算题

1．(500 ± 19.6)，即$(480.4, 519.6)$.

2．(98 ± 1.5986)，即$(96.4014, 99.5986)$.

3．$(317.1340,897.9996)$．

4．$(-2.75,16.75)$．

5．$(0.2495,3.0105)$．

三、讨论题

1．（1）验证略，$\left(\dfrac{\sum_{i=1}^{n}(X_i-\mu)^2}{\chi^2_{\alpha/2}(n)},\dfrac{\sum_{i=1}^{n}(X_i-\mu)^2}{\chi^2_{1-\alpha/2}(n)}\right)$．（2）(2.239, 5.264).

2．（1）$e^{\mu+0.5}$．（2）$(-0.98, 0.98)$．（3）$(e^{-0.48}, e^{1.48})$．

第五单元

单元练习

一、选择题

1．C. 2．C. 3．B.

二、计算题

1． $t=1.754>1.729$，落入拒绝域，所以可以认为装配时间的均值显著大于 10.

2． $z=2.530\in(-2.576, 2.576)$，未落入拒绝域，所以可以认为该工厂的生产是正常的.

3． $\chi^2=7.701\in(2.700, 19.023)$，未落入拒绝域，所以可以认为该溶液水分含量的百分比的标准差为 0.04%.

4． $\chi^2=14.276<15.507$，未落入拒绝域，所以可以认为该机器的工作是正常的.

5． $t=-11.001<-1.96$，落入拒绝域，所以可以认为这些男性油漆工人的血小板计数与正常男子的有显著差异（提示：本题为大样本检验）.

6． $t=2.958>-2.1009$，落入拒绝域，所以可以认为这两种方法的金属损失率有显著差异.

三、讨论题

显著性水平α越大，犯第一类错误的概率越大. 因为在原假设成立的条件下，α越大，拒绝域越大，拒绝原假设的概率也相应增大，从而犯第一类错误的概率也增大.

单元测试

一、选择题

1．A. 2．B. 3．A.

二、计算题

1． $z=0.66<1.645$，未落入拒绝域，故不可以认为该产品的平均寿命大于 225h.

2． $t=2.207\notin(-1.753,1.753)$，落入拒绝域，故不能认为该批圆木的平均直径为 12.3cm.

3． $\chi^2=19.837\in(6.262, 27.488)$，未落入拒绝域，故可以认为该机器的加工精度没有改变.

4． $\chi^2=14.572\in(0,22.362)$，未落入拒绝域，故不必校正机器.

5． $\chi^2=38.533<43.773$，未落入拒绝域，故从零件长度的标准差的角度看，可以认

为车床的工作是正常的. $t=6.332\notin(-2.042,2.042)$，落入拒绝域，故从零件长度的均值角度看，不可以认为车床的工作是正常的.

6. $f=2.186\in(0.248,4.026)$，未落入拒绝域，故可以认为两台机器的稳定性相同.

7. $t=1.648\in(-2.179,2.179)$，未落入拒绝域，故可以认为两批电子器材的电阻相同.

数理统计阶段测试卷（一）

一、选择题

1. A. 2. B. 3. C. 4. A. 5. A.

二、填空题

1. $2-2\alpha$. 2. $2\bar{X}-1$. 3. $(8.2,10.8)$. 4. 1. 5. 15，接受.

三、解答题

1.（1）$E(X_1\bar{X})=\mu^2+\dfrac{\sigma^2}{n}$.（2）$\mathrm{Cov}(X_1+X_2,\bar{X})=\dfrac{2\sigma^2}{n}$.（3）$D(X_1-\bar{X})=\dfrac{n-1}{n}\sigma^2$.

2.（1）$\hat{\theta}_1=\max\{X_1,X_2,\cdots,X_n\}$，$\hat{\theta}_2=2\bar{X}$. （2）证明略. （3）$\hat{\theta}_3$ 比 $\hat{\theta}_2$ 有效.

3.（1）$\dfrac{1}{3}$. （2）期望为 3，方差为 5. （3）$1-\Phi(0.25)=0.4013$.

4.（1）$\hat{\alpha}_{矩}=\dfrac{1}{3}$，$\hat{\beta}_{矩}=\dfrac{1}{2}$. （2）$\hat{\alpha}_{似}=\dfrac{1}{3}$，$\hat{\beta}_{似}=\dfrac{1}{2}$.

5.（1）$\hat{\sigma}=\dfrac{1}{n}\sum\limits_{i=1}^{n}|X_i|$.（2）$E(\hat{\sigma})=\sigma$，$D(\hat{\sigma})=\dfrac{\sigma^2}{n}$.

6. 可以认为配置了新型锂电池的手机的待机时间的均值有显著提高.

数理统计阶段测试卷（二）

一、选择题

1. D. 2. B. 3. C. 4. A. 5. A.

二、填空题

1. $\dfrac{1}{4}$. 2. $t(n-1)$. 3. 9.2. 4. np^2. 5. $\dfrac{5}{3n}$.

三、解答题

1. 35.

2. $c_1=\dfrac{1}{3}$，$c_2=\dfrac{2}{3}$.

3. 矩估计值为$\dfrac{1}{2}$，最大似然估计值为$\dfrac{1}{2}$.

4. 矩估计量为$\dfrac{\bar{X}}{\bar{X}-c}$，最大似然估计量为$\dfrac{n}{\sum\limits_{i=1}^{n}\ln X_i-n\ln c}$.

5.（1）$(2042.6185, 2357.3815)$.　（2）拒绝原假设，不能认为总体均值 μ 为 2000kg.

（3）接受原假设，不能认为总体标准差显著高于 200kg.

6. 拒绝原假设，不能认为 X 的均值 μ 为 0.618.

第三篇　综合测试题

概率论与数理统计综合测试卷（一）

一、选择题

1. B.　2. B.　3. A.　4. B.　5. D.

二、填空题

1. $\frac{15}{16}$.　2. $\frac{1}{2}$.　3. e^{-2}.　4. $(39.51, 40.49)$.　5. σ^2.

三、解答题

1.（1）0.70478.　（2）0.4301.

2. $f_Y(y)=\begin{cases}\dfrac{y^3}{4^3}, & 0\leqslant y\leqslant 4,\\ 0, & 其他.\end{cases}$

3.（1）(X,Y)的分布律如答表 3-1 所示.

答表 3-1

X \ Y	0	1
0	$\frac{2}{3}$	$\frac{2}{15}$
1	$\frac{2}{15}$	$\frac{1}{15}$

（2）$\rho_{XY}=\frac{1}{6}$.

（3）Z 的分布律如答表 3-2 所示.

答表 3-2

Z	0	1	2
p	$\frac{2}{3}$	$\frac{4}{15}$	$\frac{1}{15}$

4.（1）$a=10$.　（2）$f_X(x)=\begin{cases}5x^4, & 0<x<1,\\ 0, & 其他.\end{cases}$

（3）当$0<x<1$时，$f_{Y|X}(y|x)=\begin{cases}\dfrac{2y}{x^2}, & 0\leqslant y\leqslant x,\\ 0, & \text{其他}.\end{cases}$

（4）$F_Z(z)=\begin{cases}0, & z\leqslant 0,\\ 5z^2-4z^{\frac{5}{2}}, & 0<z\leqslant 1,\\ 1, & \text{其他},\end{cases}$ $\quad f_Z(z)=\begin{cases}10z-10z^{\frac{3}{2}}, & 0<z\leqslant 1,\\ 0, & \text{其他}.\end{cases}$

5.（1）$\hat{\theta}_{矩}=\overline{X}-\dfrac{1}{2}=\dfrac{17}{60}$. （2）$\hat{\theta}_{似}=\dfrac{1}{3}$.

6. 可以认为这批产品的抗拉强度X的均值与 10 560 有显著差异.

概率论与数理统计综合测试卷（二）

一、选择题

1. B. 2. B. 3. C. 4. D. 5. A.

二、填空题

1. $1-p$. 2. 77.9. 3. $\dfrac{8}{9}$. 4. 20. 5. 7.

三、解答题

1. $\dfrac{13}{48}$.

2.（1）(X,Y)的联合分布律如答表 3-3 所示.

答表 3-3

Y \ X	−1	0	1
0	$\frac{1}{4}$	$\frac{1}{6}$	$\frac{1}{4}$
1	0	$\frac{1}{3}$	0

（2）$M\sim\begin{pmatrix}0 & 1\\ \dfrac{5}{12} & \dfrac{7}{12}\end{pmatrix}$. （3）$P\{X<Y\}=\dfrac{7}{12}$.

3.（1）$k=12$. （2）$f_X(x)=\begin{cases}3\mathrm{e}^{-3x}, & x>0,\\ 0, & \text{其他}.\end{cases}$ （3）$(1-\mathrm{e}^{-3})(1-\mathrm{e}^{-4})$.

4.（1）$E(Z)=1$，$D(Z)=3$，$Z\sim N(1,3)$.

（2）(X,Z)服从二维正态分布，$\rho_{XZ}=\dfrac{\sqrt{3}}{2}$，$X$与$Z$不独立.

5. $\hat{\lambda}=\dfrac{1}{T_0}\ln\dfrac{n}{n-k}$.

6. 不可以认为这次考试中全体考生的平均成绩为 80 分.

参 考 文 献

陈文灯，2011. 概率论与数理统计复习指导：思路、方法与技巧[M]. 北京：清华大学出版社.

牛丽英，陈勇，2009. 概率论与数理统计（浙大四版）同步辅导及习题全解[M]. 北京：中国水利水电出版社.

盛骤，谢式千，潘承毅，2003. 概率论与数理统计学习辅导与习题选解[M]. 北京：高等教育出版社.

张新，张宇，2014. 考研数学概率论与数理统计 8 讲[M]. 北京：北京理工大学出版社 .

附　　录

附　　表

附表 1　几种常用的概率分布表

分布	参数	分布律或概率密度	数学期望	方差
(0-1)分布	$0<p<1$	$P\{X=k\}=p^k(1-p)^{1-k},k=0,1$	p	$p(1-p)$
二项分布	$n\geqslant 1$ $0<p<1$	$P\{X=k\}=\binom{n}{k}p^k(1-p)^{n-k}$ $k=0,1,\cdots,n$	np	$np(1-p)$
负二项分布（帕斯卡分布）	$r\geqslant 11$ $0<p<1$	$P\{X=k\}=\binom{k-1}{r-1}p^r(1-p)^{k-r}$ $k=r,r+1,\cdots$	$\frac{r}{p}$	$\frac{r(1-p)}{p^2}$
几何分布	$0<p<1$	$P\{X=k\}=(1-p)^{k-1}p$ $k=1,2,\cdots$	$\frac{1}{p}$	$\frac{1-p}{p^2}$
超几何分布	N,M,n $(M\leqslant N)$ $(n\leqslant N)$	$P\{X=k\}=\frac{\binom{M}{k}\binom{N-M}{n-k}}{\binom{N}{k}}$ k 为整数， $\max\{0,n-N+M\}\leqslant k\leqslant\min\{n,M\}$	$\frac{nM}{N}$	$\frac{nM}{N}\left(1-\frac{M}{N}\right)\left(\frac{N-n}{N-1}\right)$
泊松分布	$\lambda>0$	$P=\{X=k\}=\frac{\lambda^k e^{-\lambda}}{k!}$ $k=0,1,2,\cdots$	λ	λ
均匀分布	$a<b$	$f(x)=\begin{cases}\frac{1}{b-a}, & a<x<b\\ 0, & 其他\end{cases}$	$\frac{a+b}{2}$	$\frac{(b-a)^2}{12}$
正态分布	μ $\sigma>0$	$f(x)=\frac{1}{\sqrt{2\pi}\sigma}e^{-(x-\mu)^2/(2\sigma^2)}$	μ	σ^2
Γ 分布	$\alpha>0$ $\beta>0$	$f(x)=\begin{cases}\frac{1}{\beta^\alpha\Gamma(\alpha)}x^{\alpha-1}e^{-x/\beta}, & x>0\\ 0, & 其他\end{cases}$	$\alpha\beta$	$\alpha\beta^2$
指数分布（负指数分布）	$\theta>0$	$f(x)=\begin{cases}\frac{1}{\theta}e^{-x/\theta}, & x>0\\ 0, & 其他\end{cases}$	θ	θ^2
χ^2 分布	$n\geqslant 1$	$f(x)=\begin{cases}\frac{1}{2^{n/2}\Gamma(n/2)}x^{n/2-1}e^{-x/2}, & x>0\\ 0, & 其他\end{cases}$	n	$2n$

续表

分布	参数	分布律或概率密度	数学期望	方差
韦布尔分布	$\eta>0$ $\beta>0$	$f(x)=\begin{cases}\dfrac{\beta}{\eta}\left(\dfrac{x}{\eta}\right)^{\beta-1}e^{-\left(\frac{x}{\eta}\right)^{\beta}}, & x>0\\ 0, & \text{其他}\end{cases}$	$\eta\Gamma\left(\dfrac{1}{\beta}+1\right)$	$\eta^2\left\{\Gamma\left(\dfrac{2}{\beta}+1\right)-\left[\Gamma\left(\dfrac{1}{\beta}+1\right)\right]^2\right\}$
瑞利分布	$\sigma>0$	$f(x)=\begin{cases}\dfrac{x}{\sigma^2}e^{-x^2/(2\sigma^2)}, & x>0\\ 0, & \text{其他}\end{cases}$	$\sqrt{\dfrac{\pi}{2}}\sigma$	$\dfrac{4-\pi}{2}\sigma^2$
β 分布	$\alpha>0$ $\beta>0$	$f(x)=\begin{cases}\dfrac{\Gamma(\alpha+\beta)}{\Gamma(\alpha)\Gamma(\beta)}x^{\alpha-1}(1-x)^{\beta-1}, & 0<x<1\\ 0, & \text{其他}\end{cases}$	$\dfrac{\alpha}{\alpha+\beta}$	$\dfrac{\alpha\beta}{(\alpha+\beta)^2(\alpha+\beta+1)}$
对数正态分布	μ $\sigma>0$	$f(x)=\begin{cases}\dfrac{1}{\sqrt{2\pi}\sigma x}e^{-(\ln x-\mu)^2/(2\sigma^2)}, & x>0\\ 0, & \text{其他}\end{cases}$	$e^{\mu+\frac{\sigma^2}{2}}$	$e^{2\mu+\sigma^2}(e^{\sigma^2}-1)$
柯西分布	a $\lambda>0$	$f(x)=\dfrac{1}{\pi}\dfrac{\lambda}{\lambda^2+(x-a)^2}$	不存在	不存在
t 分布	$n\geqslant 1$	$f(x)=\dfrac{\Gamma\left(\dfrac{n+1}{2}\right)}{\sqrt{n\pi}\Gamma(n/2)}\left(1+\dfrac{x^2}{n}\right)^{-(n+1)/2}$	$0, n>1$	$\dfrac{n}{n-2}, n>2$
F 分布	n_1,n_2	$f(x)=\begin{cases}\dfrac{\Gamma[(n_1+n_2)/2]}{\Gamma(n_1/2)\Gamma(n_2/2)}\left(\dfrac{n_1}{n_2}\right)\left(\dfrac{n_1}{n_2}x\right)^{n_1/2-1}\cdot\left(1+\dfrac{n_1}{n_2}x\right)^{-(n_1+n_2)/2}, & x>0\\ 0, & \text{其他}\end{cases}$	$\dfrac{n_2}{n_2-2}$ $n_2>2$	$\dfrac{2n_2^2(n_1+n_2-2)}{n_1(n_2-2)^2(n_2-4)}$ $n_2>4$

附表 2 标准正态分布表

$$\Phi(x)=\int_{-\infty}^{x}\frac{1}{\sqrt{2\pi}}e^{-t^2/2}dt$$

x	0.00	0.01	0.02	0.03	0.04	0.05	0.06	0.07	0.08	0.09
0.0	0.5000	0.5040	0.5080	0.5120	0.5160	0.5199	0.5239	0.5279	0.5319	0.5359
0.1	0.5398	0.5438	0.5478	0.5517	0.5557	0.5596	0.5636	0.5675	0.5714	0.5753
0.2	0.5793	0.5832	0.5871	0.5910	0.5948	0.5987	0.6026	0.6064	0.6103	0.6141
0.3	0.6179	0.6217	0.6255	0.6293	0.6331	0.6368	0.6406	0.6443	0.6480	0.6517
0.4	0.6554	0.6591	0.6628	0.6664	0.6700	0.6736	0.6772	0.6808	0.6844	0.6879
0.5	0.6915	0.6950	0.6985	0.7019	0.7054	0.7088	0.7123	0.7157	0.7190	0.7224
0.6	0.7257	0.7291	0.7324	0.7357	0.7389	0.7422	0.7454	0.7486	0.7517	0.7549
0.7	0.7580	0.7611	0.7642	0.7673	0.7704	0.7734	0.7764	0.7794	0.7823	0.7852
0.8	0.7881	0.7910	0.7939	0.7967	0.7995	0.8023	0.8051	0.8078	0.8106	0.8133
0.9	0.8159	0.8186	0.8212	0.8238	0.8264	0.8289	0.8315	0.8340	0.8365	0.8389

续表

x	0.00	0.01	0.02	0.03	0.04	0.05	0.06	0.07	0.08	0.09
1.0	0.8413	0.8438	0.8461	0.8485	0.8508	0.8531	0.8554	0.8577	0.8599	0.8621
1.1	0.8643	0.8665	0.8686	0.8708	0.8729	0.8749	0.8770	0.8790	0.8810	0.8830
1.2	0.8849	0.8869	0.8888	0.8907	0.8925	0.8944	0.8962	0.8980	0.8997	0.9015
1.3	0.9032	0.9049	0.9066	0.9082	0.9099	0.9115	0.9131	0.9147	0.9162	0.9177
1.4	0.9192	0.9207	0.9222	0.9236	0.9251	0.9265	0.9278	0.9292	0.9306	0.9319
1.5	0.9332	0.9345	0.9357	0.9370	0.9382	0.9394	0.9406	0.9418	0.9429	0.9441
1.6	0.9452	0.9463	0.9474	0.9484	0.9495	0.9505	0.9515	0.9525	0.9535	0.9545
1.7	0.9554	0.9564	0.9573	0.9582	0.9591	0.9599	0.9608	0.9616	0.9625	0.9633
1.8	0.9641	0.9649	0.9656	0.9664	0.9671	0.9678	0.9686	0.9693	0.9699	0.9706
1.9	0.9713	0.9719	0.9726	0.9732	0.9738	0.9744	0.9750	0.9756	0.9761	0.9767
2.0	0.9772	0.9778	0.9783	0.9788	0.9793	0.9798	0.9803	0.9808	0.9812	0.9817
2.1	0.9821	0.9826	0.9830	0.9834	0.9838	0.9842	0.9846	0.9850	0.9854	0.9857
2.2	0.9861	0.9864	0.9868	0.9871	0.9875	0.9878	0.9881	0.9884	0.9887	0.9890
2.3	0.9893	0.9896	0.9898	0.9901	0.9904	0.9906	0.9909	0.9911	0.9913	0.9916
2.4	0.9918	0.9920	0.9922	0.9925	0.9927	0.9929	0.9931	0.9932	0.9934	0.9936
2.5	0.9938	0.9940	0.9941	0.9943	0.9945	0.9946	0.9948	0.9949	0.9951	0.9952
2.6	0.9953	0.9955	0.9956	0.9957	0.9959	0.9960	0.9961	0.9962	0.9963	0.9964
2.7	0.9965	0.9966	0.9967	0.9968	0.9969	0.9970	0.9971	0.9972	0.9973	0.9974
2.8	0.9974	0.9975	0.9976	0.9977	0.9977	0.9978	0.9979	0.9979	0.9980	0.9981
2.9	0.9981	0.9982	0.9982	0.9983	0.9984	0.9984	0.9985	0.9985	0.9986	0.9986
3.0	0.9987	0.9987	0.9987	0.9988	0.9988	0.9989	0.9989	0.9989	0.9990	0.9990
3.1	0.9990	0.9991	0.9991	0.9991	0.9992	0.9992	0.9992	0.9992	0.9993	0.9993
3.2	0.9993	0.9993	0.9994	0.9994	0.9994	0.9994	0.9994	0.9995	0.9995	0.9995
3.3	0.9995	0.9995	0.9995	0.9996	0.9996	0.9996	0.9996	0.9996	0.9996	0.9997
3.4	0.9997	0.9997	0.9997	0.9997	0.9997	0.9997	0.9997	0.9997	0.9997	0.9998

附表 3　泊松分布表

$$P\{X \leqslant x\} = \sum_{k=0}^{x} \frac{\lambda^k e^{-\lambda}}{k!}$$

x	λ								
	0.1	0.2	0.3	0.4	0.5	0.6	0.7	0.8	0.9
0	0.9048	0.8187	0.7408	0.6730	0.6065	0.5488	0.4966	0.4493	0.4066
1	0.9953	0.9825	0.9631	0.9384	0.9098	0.8781	0.8442	0.8088	0.7725
2	0.9998	0.9989	0.9964	0.9921	0.9856	0.9769	0.9659	0.9526	0.9371
3	1.0000	0.9999	0.9997	0.9992	0.9982	0.9966	0.9942	0.9909	0.9865
4		1.0000	1.0000	0.9999	0.9998	0.9996	0.9992	0.9986	0.9977
5				1.0000	1.0000	1.0000	0.9999	0.9998	0.9997
6							1.0000	1.0000	1.0000

续表

x	λ								
	1.0	1.5	2.0	2.5	3.0	3.5	4.0	4.5	5.0
0	0.3679	0.2231	0.1353	0.0821	0.0498	0.0302	0.0183	0.0111	0.0067
1	0.7358	0.5578	0.4060	0.2873	0.1991	0.1359	0.0916	0.0611	0.0404
2	0.9197	0.8088	0.6767	0.5438	0.4232	0.3208	0.2381	0.1736	0.1247
3	0.9810	0.9344	0.8571	0.7576	0.6472	0.5366	0.4335	0.3423	0.2650
4	0.9963	0.9814	0.9473	0.8912	0.8153	0.7254	0.6288	0.5321	0.4405
5	0.9994	0.9955	0.9834	0.9580	0.9161	0.8576	0.7851	0.7029	0.6160
6	0.9999	0.9991	0.9955	0.9858	0.9665	0.9347	0.8893	0.8311	0.7622
7	1.0000	0.9998	0.9989	0.9958	0.9881	0.9733	0.9489	0.9134	0.8666
8		1.0000	0.9998	0.9989	0.9962	0.9901	0.9786	0.9597	0.9319
9			1.0000	0.9997	0.9989	0.9967	0.9919	0.9829	0.9682
10				0.9999	0.9997	0.9990	0.9972	0.9933	0.9863
11				1.0000	0.9999	0.9997	0.9991	0.9976	0.9945
12					1.0000	0.9999	0.9997	0.9992	0.9980

x	λ								
	5.5	6.0	6.5	7.0	7.5	8.0	8.5	9.0	9.5
0	0.0041	0.0025	0.0015	0.0009	0.0006	0.0003	0.0002	0.0001	0.0001
1	0.0266	0.0174	0.0113	0.0073	0.0047	0.0030	0.0019	0.0012	0.0008
2	0.0884	0.0620	0.0430	0.0296	0.0203	0.0138	0.0093	0.0062	0.0042
3	0.2017	0.1512	0.1118	0.0818	0.0591	0.0424	0.0301	0.0212	0.0149
4	0.3575	0.2851	0.2237	0.1730	0.1321	0.0996	0.0744	0.0550	0.0403
5	0.5289	0.4457	0.3690	0.3007	0.2414	0.1912	0.1496	0.1157	0.0885
6	0.6860	0.6063	0.5265	0.4497	0.3782	0.3134	0.2562	0.2068	0.1649
7	0.8095	0.7440	0.6728	0.5987	0.5246	0.4530	0.3856	0.3239	0.2687
8	0.8944	0.8472	0.7916	0.7291	0.6620	0.5925	0.5231	0.4557	0.3918
9	0.9462	0.9161	0.8774	0.8305	0.7764	0.7166	0.6530	0.5874	0.5218
10	0.9747	0.9574	0.9332	0.9015	0.8622	0.8159	0.7634	0.7060	0.6453
11	0.9890	0.9799	0.9661	0.9466	0.9208	0.8881	0.8487	0.8030	0.7520
12	0.9955	0.9912	0.9840	0.9730	0.9573	0.9362	0.9091	0.8758	0.8364
13	0.9983	0.9964	0.9929	0.9872	0.9784	0.9658	0.9486	0.9261	0.8981
14	0.9994	0.9986	0.9970	0.9943	0.9897	0.9827	0.9726	0.9585	0.9400
15	0.9998	0.9995	0.9988	0.9976	0.9954	0.9918	0.9862	0.9780	0.9665
16	0.9999	0.9998	0.9996	0.9990	0.9980	0.9963	0.9934	0.9889	0.9823
17	1.0000	0.9999	0.9998	0.9996	0.9992	0.9984	0.9970	0.9947	0.9911
18		1.0000	0.9999	0.9999	0.9997	0.9994	0.9987	0.9976	0.9957
19			1.0000	1.0000	0.9999	0.9997	0.9995	0.9989	0.9980
20					1.0000	0.9999	0.9998	0.9996	0.9991

续表

x	λ								
	10.0	11.0	12.0	13.0	14.0	15.0	16.0	17.0	18.0
0	0.0000	0.0000	0.0000						
1	0.0005	0.0002	0.0001	0.0000	0.0000				
2	0.0028	0.0012	0.0005	0.0002	0.0001	0.0000	0.0000		
3	0.0103	0.0049	0.0023	0.0010	0.0005	0.0002	0.0001	0.0000	0.0000
4	0.0293	0.0151	0.0076	0.0037	0.0018	0.0009	0.0004	0.0002	0.0001
5	0.0671	0.0375	0.0203	0.0107	0.0055	0.0028	0.0014	0.0007	0.0003
6	0.1301	0.0786	0.0458	0.0259	0.0142	0.0076	0.0040	0.0021	0.0010
7	0.2202	0.1432	0.0895	0.0540	0.0316	0.0180	0.0100	0.0054	0.0029
8	0.3328	0.2320	0.1550	0.0998	0.0621	0.0374	0.0220	0.0126	0.0071
9	0.4579	0.3405	0.2424	0.1658	0.1094	0.0699	0.0433	0.0261	0.0154
10	0.5830	0.4599	0.3472	0.2517	0.1757	0.1185	0.0774	0.0491	0.0304
11	0.6968	0.5793	0.4616	0.3532	0.2600	0.1848	0.1270	0.0847	0.0549
12	0.7916	0.6887	0.5760	0.4631	0.3585	0.2676	0.1931	0.1350	0.0917
13	0.8645	0.7813	0.6815	0.5730	0.4644	0.3632	0.2745	0.2009	0.1426
14	0.9165	0.8540	0.7720	0.6751	0.5704	0.4657	0.3675	0.2808	0.2081
15	0.9513	0.9074	0.8444	0.7636	0.6694	0.5681	0.4667	0.3715	0.2867
16	0.9730	0.9441	0.8987	0.8355	0.7559	0.6641	0.5660	0.4677	0.3750
17	0.9857	0.9678	0.9370	0.8905	0.8272	0.7489	0.6593	0.5640	0.4686
18	0.9928	0.9823	0.9626	0.9302	0.8826	0.8195	0.7423	0.6550	0.5622
19	0.9965	0.9907	0.9787	0.9573	0.9235	0.8752	0.8122	0.7363	0.6509
20	0.9984	0.9953	0.9884	0.9750	0.9521	0.9170	0.8682	0.8055	0.7307
21	0.9993	0.9977	0.9939	0.9859	0.9712	0.9469	0.9108	0.8615	0.7991
22	0.9997	0.9990	0.9970	0.9924	0.9833	0.9673	0.9418	0.9047	0.8551
23	0.9999	0.9995	0.9985	0.9960	0.9907	0.9805	0.9633	0.9367	0.8989
24	1.0000	0.9998	0.9993	0.9980	0.9950	0.9888	0.9777	0.9594	0.9317
25		0.9999	0.9997	0.9990	0.9974	0.9938	0.9869	0.9748	0.9554
26		1.0000	0.9999	0.9995	0.9987	0.9967	0.9925	0.9848	0.9718
27			0.9999	0.9998	0.9994	0.9983	0.9959	0.9912	0.9827
28			1.0000	0.9999	0.9997	0.9991	0.9978	0.9950	0.9897
29				1.0000	0.9999	0.9996	0.9989	0.9973	0.9941
30					0.9999	0.9998	0.9994	0.9986	0.9967
31					1.0000	0.9999	0.9997	0.9993	0.9982
32						1.0000	0.9999	0.9996	0.9990
33							0.9999	0.9998	0.9995
34							1.0000	0.9999	0.9998
35								1.0000	0.9999
36									0.9999
37									1.0000

附表 4　t 分布表

$$P\{t(n) > t_\alpha(n)\} = \alpha$$

n \ α	0.20	0.15	0.10	0.05	0.025	0.01	0.005
1	1.376	1.963	3.0777	6.3138	12.7062	31.8207	63.6574
2	1.061	1.386	1.8856	2.9200	4.3027	6.9646	9.9248
3	0.978	1.250	1.6377	2.3534	3.1824	4.5407	5.8409
4	0.941	1.190	1.5332	2.1318	2.7764	3.7469	4.6041
5	0.920	1.156	1.4759	2.0150	2.5706	3.3649	4.0322
6	0.906	1.134	1.4398	1.9432	2.4469	3.1427	3.7074
7	0.896	1.119	1.4149	1.8946	2.3646	2.9980	3.4995
8	0.889	1.108	1.3968	1.8595	2.3060	2.8965	3.3554
9	0.883	1.100	1.3830	1.8331	2.2622	2.8214	3.2498
10	0.879	1.093	1.3722	1.8125	2.2281	2.7638	3.1693
11	0.876	1.088	1.3634	1.7959	2.2010	2.7181	3.1058
12	0.873	1.083	1.3562	1.7823	2.1788	2.6810	3.0545
13	0.870	1.079	1.3502	1.7709	2.1604	2.6503	3.0123
14	0.868	1.076	1.3450	1.7613	2.1448	2.6245	2.9768
15	0.866	1.074	1.3406	1.7531	2.1315	2.6025	2.9467
16	0.865	1.071	1.3368	1.7459	2.1199	2.5835	2.9208
17	0.863	1.069	1.3334	1.7396	2.1098	2.5669	2.8982
18	0.862	1.067	1.3304	1.7341	2.1009	2.5524	2.8784
19	0.861	1.066	1.3277	1.7291	2.0930	2.5395	2.8609
20	0.860	1.064	1.3253	1.7247	2.0860	2.5280	2.8453
21	0.859	1.063	1.3232	1.7207	2.0796	2.5177	2.8314
22	0.858	1.061	1.3212	1.7171	2.0739	2.5083	2.8188
23	0.858	1.060	1.3195	1.7139	2.0687	2.4999	2.8073
24	0.857	1.059	1.3178	1.7109	2.0639	2.4922	2.7969
25	0.856	1.058	1.3163	1.7081	2.0595	2.4851	2.7874
26	0.856	1.058	1.3150	1.7056	2.0555	2.4786	2.7787
27	0.855	1.057	1.3137	1.7033	2.0518	2.4727	2.7707
28	0.855	1.056	1.3125	1.7011	2.0484	2.4671	2.7633
29	0.854	1.055	1.3114	1.6991	2.0452	2.4620	2.7564
30	0.854	1.055	1.3104	1.6973	2.0423	2.4573	2.7500
31	0.8535	1.0541	1.3095	1.6955	2.0395	2.4528	2.7440
32	0.8531	1.0536	1.3086	1.6939	2.0369	2.4487	2.7385
33	0.8527	1.0531	1.3077	1.6924	2.0345	2.4448	2.7333
34	0.8524	1.0526	1.3070	1.6909	2.0322	2.4411	2.7284
35	0.8521	1.0521	1.3062	1.6896	2.0301	2.4377	2.7238
36	0.8518	1.0516	1.3055	1.6883	2.0281	2.4345	2.7195
37	0.8515	1.0512	1.3049	1.6871	2.0262	2.4314	2.7154

续表

n \ α	0.20	0.15	0.10	0.05	0.025	0.01	0.005
38	0.8512	1.0508	1.3042	1.6860	2.0244	2.4286	2.7116
39	0.8510	1.0504	1.3036	1.6849	2.0227	2.4258	2.7079
40	0.8507	1.0501	1.3031	1.6839	2.0211	2.4233	2.7045
41	0.8505	1.0498	1.3025	1.6829	2.0195	2.4208	2.7012
42	0.8503	1.0494	1.3020	1.6820	2.0181	2.4185	2.6981
43	0.8501	1.0491	1.3016	1.6811	2.0167	2.4163	2.6951
44	0.8499	1.0488	1.3011	1.6802	2.0154	2.4141	2.6923
45	0.8497	1.0485	1.3006	1.6794	2.0141	2.4121	2.6896

附表5　χ^2分布表

$$P\{\chi^2(n) > \chi^2_\alpha(n)\} = \alpha$$

n \ α	0.995	0.99	0.975	0.95	0.90	0.10	0.05	0.025	0.01	0.005
1	0.000	0.000	0.001	0.004	0.016	2.706	3.843	5.025	6.637	7.882
2	0.010	0.020	0.051	0.103	0.211	4.605	5.992	7.378	9.210	10.597
3	0.072	0.115	0.216	0.352	0.584	6.251	7.815	9.348	11.344	12.837
4	0.207	0.297	0.484	0.711	1.064	7.779	9.488	11.143	13.277	14.860
5	0.412	0.554	0.831	1.145	1.610	9.236	11.070	12.832	15.085	16.748
6	0.676	0.872	1.237	1.635	2.204	10.645	12.592	14.440	16.812	18.548
7	0.989	1.239	1.690	2.167	2.833	12.017	14.067	16.012	18.474	20.276
8	1.344	1.646	2.180	2.733	3.490	13.362	15.507	17.534	20.090	21.954
9	1.735	2.088	2.700	3.325	4.168	14.684	16.919	19.022	21.665	23.587
10	2.156	2.558	3.247	3.940	4.865	15.987	18.307	20.483	23.209	25.188
11	2.603	3.053	3.816	4.575	5.578	17.275	19.675	21.920	24.724	26.755
12	3.074	3.571	4.404	5.226	6.304	18.549	21.026	23.337	26.217	28.300
13	3.565	4.107	5.009	5.892	7.041	19.812	22.362	24.735	27.687	29.817
14	4.075	4.660	5.629	6.571	7.790	21.064	23.685	26.119	29.141	31.319
15	4.600	5.229	6.262	7.261	8.547	22.307	24.996	27.488	30.577	32.799
16	5.142	5.812	6.908	7.962	9.312	23.542	26.296	28.845	32.000	34.267
17	5.697	6.407	7.564	8.682	10.085	24.769	27.587	30.190	33.408	35.716
18	6.265	7.015	8.231	9.390	10.865	25.989	28.869	31.526	34.805	37.156
19	6.843	7.632	8.906	10.117	11.651	27.203	30.143	32.852	36.190	38.580
20	7.434	8.260	9.591	10.851	12.443	28.412	31.410	34.170	37.566	39.997
21	8.033	8.897	10.283	11.591	13.240	29.615	32.670	35.478	38.930	41.399
22	8.643	9.542	10.982	12.338	14.042	30.813	33.924	36.781	40.289	42.796
23	9.260	10.195	11.688	13.090	14.848	32.007	35.172	38.075	41.637	44.179
24	9.886	10.856	12.401	13.848	15.659	33.196	36.415	39.364	42.980	45.558

续表

n \ α	0.995	0.99	0.975	0.95	0.90	0.10	0.05	0.025	0.01	0.005
25	10.519	11.523	13.120	14.611	16.473	34.381	37.652	40.646	44.313	46.925
26	11.160	12.198	13.844	15.379	17.292	35.563	38.885	41.923	45.642	48.290
27	11.807	12.878	14.573	16.151	18.114	36.741	40.113	43.194	46.962	49.642
28	12.461	13.565	15.308	16.928	18.939	37.916	41.337	44.461	48.278	50.993
29	13.120	14.256	16.147	17.708	19.768	39.087	42.557	45.722	49.586	52.333
30	13.787	14.954	16.791	18.493	20.599	40.256	43.773	46.979	50.892	53.672
31	14.457	15.655	17.538	19.280	21.433	41.422	44.985	48.231	52.190	55.000
32	15.134	16.362	18.291	20.072	22.271	42.585	46.194	49.480	53.486	56.328
33	15.814	17.073	19.046	20.866	23.110	43.745	47.400	50.724	54.774	57.646
34	16.501	17.789	19.806	21.664	23.952	44.903	48.602	51.966	56.061	58.964
35	17.191	18.508	20.569	22.465	24.796	46.059	49.802	53.203	57.340	60.272
36	17.887	19.233	21.336	23.269	25.643	47.212	50.998	54.437	58.619	61.581
37	18.584	19.960	22.105	24.075	26.492	48.363	52.192	55.667	59.891	62.880
38	19.289	20.691	22.878	24.884	27.343	49.513	53.384	56.896	61.162	64.181
39	19.994	21.425	23.654	25.695	28.196	50.660	54.572	58.119	62.426	65.473
40	20.706	22.164	24.433	26.509	29.050	51.805	55.758	59.342	63.691	66.766

注：当 $n>40$ 时，$\chi_\alpha^2(n)\approx\frac{1}{2}(z_\alpha+\sqrt{2n-1})^2$.

附表 6　F 分布表

$$P\{F(n_1,n_2)>F_\alpha(n_1,n_2)\}=\alpha\ \ (\alpha=0.1)$$

n_2 \ n_1	1	2	3	4	5	6	7	8	9	10	12	15	20	24	30	40	60	120	∞
1	39.86	49.50	53.59	55.83	57.24	58.20	58.91	59.44	59.86	60.19	60.71	61.22	61.74	62.00	62.26	62.53	62.79	63.06	63.33
2	8.53	9.00	9.16	9.24	9.29	9.33	9.35	9.37	9.38	9.39	9.41	9.42	9.44	9.45	9.46	9.47	9.47	9.48	9.49
3	5.54	5.46	5.39	5.34	5.31	5.28	5.27	5.25	5.24	5.23	5.22	5.20	5.18	5.18	5.17	5.16	5.15	5.14	5.13
4	4.54	4.32	4.19	4.11	4.05	4.01	3.98	3.95	3.94	3.92	3.90	3.87	3.84	3.84	3.82	3.80	3.79	3.78	3.76
5	4.06	3.78	3.62	3.52	3.45	3.40	3.37	3.34	3.32	3.30	3.27	3.24	3.21	3.19	3.17	3.16	3.14	3.12	3.10
6	3.78	3.46	3.29	3.18	3.11	3.05	3.01	2.98	2.96	2.94	2.90	2.87	2.84	2.82	2.80	2.78	2.76	2.74	2.72
7	3.59	3.26	3.07	2.96	2.88	2.83	2.78	2.75	2.72	2.70	2.67	2.63	2.59	2.58	2.56	2.54	2.51	2.49	2.47
8	3.46	3.11	2.92	2.81	2.73	2.67	2.62	2.59	2.56	2.54	2.50	2.46	2.42	2.40	2.38	2.36	2.34	2.32	2.29
9	3.36	3.01	2.81	2.69	2.61	2.55	2.51	2.47	2.44	2.42	2.38	2.34	2.30	2.28	2.25	2.23	2.21	2.18	2.16
10	3.29	2.92	2.73	2.61	2.52	2.46	2.41	2.38	2.35	2.32	2.28	2.24	2.20	2.18	2.16	2.13	2.11	2.08	2.06
11	3.23	2.86	2.66	2.54	2.45	2.39	2.34	2.30	2.27	2.25	2.21	2.17	2.12	2.10	2.08	2.05	2.03	2.00	1.97
12	3.18	2.81	2.61	2.48	2.39	2.33	2.28	2.24	2.21	2.19	2.15	2.10	2.06	2.04	2.01	1.99	1.96	1.93	1.90
13	3.14	2.76	2.56	2.43	2.35	2.28	2.23	2.20	2.16	2.14	2.10	2.05	2.01	1.98	1.96	1.93	1.90	1.88	1.85
14	3.10	2.73	2.52	2.39	2.31	2.24	2.19	2.15	2.12	2.10	2.05	2.01	1.96	1.94	1.91	1.89	1.86	1.83	1.80

续表

n_2 \ n_1	1	2	3	4	5	6	7	8	9	10	12	15	20	24	30	40	60	120	∞
15	3.07	2.70	2.49	2.36	2.27	2.21	2.16	2.12	2.09	2.06	2.02	1.97	1.92	1.90	1.87	1.85	1.82	1.79	1.76
16	3.05	2.67	2.46	2.33	2.24	2.18	2.13	2.09	2.06	2.03	1.99	1.94	1.89	1.87	1.84	1.81	1.78	1.75	1.72
17	3.03	2.64	2.44	2.31	2.22	2.15	2.10	2.06	2.03	2.00	1.96	1.91	1.86	1.84	1.81	1.78	1.75	1.72	1.69
18	3.01	2.62	2.42	2.29	2.20	2.13	2.08	2.04	2.00	1.98	1.93	1.89	1.84	1.81	1.78	1.75	1.72	1.69	1.66
19	2.99	2.61	2.40	2.27	2.18	2.11	2.06	2.02	1.98	1.96	1.91	1.86	1.81	1.79	1.76	1.73	1.70	1.67	1.63
20	2.97	2.59	2.38	2.25	2.16	2.09	2.04	2.00	1.96	1.94	1.89	1.84	1.79	1.77	1.74	1.71	1.68	1.64	1.61
21	2.96	2.57	2.36	2.23	2.14	2.08	2.02	1.98	1.95	1.92	1.87	1.83	1.78	1.75	1.72	1.69	1.66	1.62	1.59
22	2.95	2.56	2.35	2.22	2.13	2.06	2.01	1.97	1.93	1.90	1.86	1.81	1.76	1.73	1.70	1.69	1.64	1.60	1.57
23	2.94	2.55	2.34	2.21	2.11	2.05	1.99	1.95	1.92	1.89	1.84	1.80	1.74	1.72	1.69	1.66	1.62	1.59	1.55
24	2.93	2.54	2.33	2.19	2.10	2.04	1.98	1.94	1.91	1.88	1.83	1.78	1.73	1.70	1.67	1.64	1.61	1.57	1.53
25	2.92	2.53	2.32	2.18	2.09	2.02	1.97	1.93	1.89	1.87	1.82	1.77	1.72	1.69	1.66	1.63	1.59	1.56	1.52
26	2.91	2.52	2.31	2.17	2.08	2.01	1.96	1.92	1.88	1.86	1.81	1.76	1.71	1.68	1.65	1.61	1.58	1.54	1.50
27	2.90	2.51	2.30	2.17	2.07	2.00	1.95	1.91	1.87	1.85	1.80	1.75	1.70	1.67	1.64	1.60	1.57	1.53	1.49
28	2.89	2.50	2.29	2.16	2.06	2.00	1.94	1.90	1.87	1.84	1.79	1.74	1.69	1.66	1.63	1.59	1.56	1.52	1.48
29	2.88	2.50	2.28	2.15	2.06	1.99	1.93	1.89	1.86	1.83	1.78	1.73	1.68	1.65	1.62	1.58	1.55	1.51	1.47
30	2.88	2.49	2.28	2.14	2.05	1.98	1.93	1.88	1.85	1.82	1.77	1.72	1.67	1.64	1.61	1.57	1.54	1.50	1.46
40	2.84	2.44	2.23	2.09	2.00	1.93	1.87	1.83	1.79	1.76	1.71	1.66	1.61	1.57	1.54	1.51	1.47	1.42	1.38
60	2.79	2.39	2.18	2.04	1.95	1.87	1.82	1.77	1.74	1.71	1.66	1.60	1.54	1.51	1.48	1.44	1.40	1.35	1.29
120	2.75	2.35	2.13	1.99	1.90	1.82	1.77	1.72	1.68	1.65	1.60	1.55	1.48	1.45	1.41	1.37	1.32	1.26	1.19
∞	2.71	2.30	2.08	1.94	1.85	1.77	1.72	1.67	1.63	1.60	1.55	1.49	1.42	1.38	1.34	1.30	1.24	1.17	1.10

$(\alpha = 0.05)$

n_2 \ n_1	1	2	3	4	5	6	7	8	9	10	12	15	20	24	30	40	60	120	∞
1	161	200	216	225	230	234	237	239	241	242	244	246	248	249	250	251	252	253	254
2	18.5	19.0	19.2	19.2	19.3	19.3	19.4	19.4	19.4	19.4	19.4	19.4	19.4	19.5	19.5	19.5	19.5	19.5	19.5
3	10.1	9.55	9.28	9.12	9.01	8.94	8.89	8.85	8.81	8.79	8.74	8.70	8.66	8.64	8.62	8.59	8.57	8.55	8.53
4	7.71	6.94	6.59	6.39	6.26	6.16	6.09	6.04	6.00	5.96	5.91	5.86	5.80	5.77	5.75	5.72	5.69	5.66	5.63
5	6.61	5.79	5.41	5.19	5.05	4.95	4.88	4.82	4.77	4.74	4.68	4.62	4.56	4.53	4.50	4.46	4.43	4.40	4.36
6	5.99	5.14	4.76	4.53	4.39	4.28	4.21	4.15	4.10	4.06	4.00	3.94	3.87	3.84	3.81	3.77	3.74	3.70	3.67
7	5.59	4.74	4.35	4.12	3.97	3.87	3.79	3.73	3.68	3.64	3.57	3.51	3.44	3.41	3.38	3.34	3.30	3.27	3.23
8	5.32	4.46	4.07	3.84	3.69	3.58	3.50	3.44	3.39	3.35	3.28	3.22	3.15	3.12	3.08	3.04	3.01	2.97	2.93
9	5.12	4.26	3.86	3.63	3.48	3.37	3.29	3.23	3.18	3.14	3.07	3.01	2.94	2.90	2.86	2.83	2.79	2.75	2.71
10	4.96	4.10	3.71	3.48	3.33	3.22	3.14	3.07	3.02	2.98	2.91	2.85	2.77	2.74	2.70	2.66	2.62	2.58	2.54
11	4.84	3.98	3.59	3.36	3.20	3.09	3.01	2.95	2.90	2.85	2.79	2.72	2.65	2.61	2.57	2.53	2.49	2.45	2.40
12	4.75	3.89	3.49	3.26	3.11	3.00	2.91	2.85	2.80	2.75	2.69	2.62	2.54	2.51	2.47	2.43	2.38	2.34	2.30
13	4.67	3.81	3.41	3.18	3.03	2.92	2.83	2.77	2.71	2.67	2.60	2.53	2.46	2.42	2.38	2.34	2.30	2.25	2.21
14	4.60	3.74	3.34	3.11	2.96	2.85	2.76	2.70	2.65	2.60	2.53	2.46	2.39	2.35	2.31	2.27	2.22	2.18	2.13
15	4.54	3.68	3.29	3.06	2.90	2.79	2.71	2.64	2.59	2.54	2.48	2.40	2.33	2.29	2.25	2.20	2.16	2.11	2.07

续表

n_2 \ n_1	1	2	3	4	5	6	7	8	9	10	12	15	20	24	30	40	60	120	∞
16	4.49	3.63	3.24	3.01	2.85	2.74	2.66	2.59	2.54	2.49	2.42	2.35	2.28	2.24	2.19	2.15	2.11	2.06	2.01
17	4.45	3.59	3.20	2.96	2.81	2.70	2.61	2.55	2.49	2.45	2.38	2.31	2.23	2.19	2.15	2.10	2.06	2.01	1.96
18	4.41	3.55	3.16	2.93	2.77	2.66	2.58	2.51	2.46	2.41	2.34	2.27	2.19	2.15	2.11	2.06	2.02	1.97	1.92
19	4.38	3.52	3.13	2.90	2.74	2.63	2.54	2.48	2.42	2.38	2.31	2.23	2.16	2.11	2.07	2.03	1.98	1.93	1.88
20	4.35	3.49	3.10	2.87	2.71	2.60	2.51	2.45	2.39	2.35	2.28	2.20	2.12	2.08	2.04	1.99	1.95	1.90	1.84
21	4.32	3.47	3.07	2.84	2.68	2.57	2.49	2.42	2.37	2.32	2.25	2.18	2.10	2.05	2.01	1.96	1.92	1.87	1.81
22	4.30	3.44	3.05	2.82	2.66	2.55	2.46	2.40	2.34	2.30	2.23	2.15	2.07	2.03	1.98	1.94	1.89	1.84	1.78
23	4.28	3.42	3.03	2.80	2.64	2.53	2.44	2.37	2.32	2.27	2.20	2.13	2.05	2.01	1.96	1.91	1.86	1.81	1.76
24	4.26	3.40	3.01	2.78	2.62	2.51	2.42	2.36	2.30	2.25	2.18	2.11	2.03	1.98	1.94	1.89	1.84	1.79	1.73
25	4.24	3.39	2.99	2.76	2.60	2.49	2.40	2.34	2.28	2.24	2.16	2.09	2.01	1.96	1.92	1.87	1.82	1.77	1.71
26	4.23	3.37	2.98	2.74	2.59	2.47	2.39	2.32	2.27	2.22	2.15	2.07	1.99	1.95	1.90	1.85	1.80	1.75	1.69
27	4.21	3.35	2.96	2.73	2.57	2.46	2.37	2.31	2.25	2.20	2.13	2.06	1.97	1.93	1.88	1.84	1.79	1.73	1.67
28	4.20	3.34	2.95	2.71	2.56	2.45	2.36	2.29	2.24	2.19	2.12	2.04	1.96	1.91	1.87	1.82	1.77	1.71	1.65
29	4.18	3.33	2.93	2.70	2.55	2.43	2.35	2.28	2.22	2.18	2.10	2.03	1.94	1.90	1.85	1.81	1.75	1.70	1.64
30	4.17	3.32	2.92	2.69	2.53	2.42	2.33	2.27	2.21	2.16	2.09	2.01	1.93	1.89	1.84	1.79	1.74	1.68	1.62
40	4.08	3.23	2.84	2.61	2.45	2.34	2.25	2.18	2.12	2.08	2.00	1.92	1.84	1.79	1.74	1.69	1.64	1.58	1.51
60	4.00	3.15	2.76	2.53	2.37	2.25	2.17	2.10	2.04	1.99	1.92	1.84	1.75	1.70	1.65	1.59	1.53	1.47	1.39
120	3.92	3.07	2.68	2.45	2.29	2.17	2.09	2.02	1.96	1.91	1.83	1.75	1.66	1.61	1.55	1.50	1.43	1.35	1.25
∞	3.84	3.00	2.60	2.37	2.21	2.10	2.01	1.94	1.88	1.83	1.75	1.67	1.57	1.52	1.46	1.39	1.32	1.22	1.00

$(\alpha = 0.025)$

n_2 \ n_1	1	2	3	4	5	6	7	8	9	10	12	15	20	24	30	40	60	120	∞
1	648	800	864	900	922	937	948	957	963	969	977	985	993	997	1000	1010	1010	1010	1020
2	38.5	39.0	39.2	39.2	39.3	39.3	39.4	39.4	39.4	39.4	39.4	39.4	39.4	39.5	39.5	39.5	39.5	39.5	39.5
3	17.4	16.0	15.4	15.1	14.9	14.7	14.6	14.5	14.5	14.4	14.3	14.3	14.2	14.1	14.1	14.0	14.0	13.9	13.9
4	12.2	10.6	9.98	9.60	9.36	9.20	9.07	8.98	8.90	8.84	8.75	8.66	8.56	8.51	8.46	8.41	8.36	8.31	8.26
5	10.0	8.43	7.76	7.39	7.15	6.98	6.85	6.76	6.68	6.62	6.52	6.43	6.33	6.28	6.23	6.18	6.12	6.07	6.02
6	8.81	7.26	6.60	6.23	5.99	5.82	5.70	5.60	5.52	5.46	5.37	5.27	5.17	5.12	5.07	5.01	4.96	4.90	4.85
7	8.07	6.54	5.89	5.52	5.29	5.12	4.99	4.90	4.82	4.76	4.67	4.57	4.47	4.42	4.36	4.31	4.25	4.20	4.14
8	7.57	6.06	5.42	5.05	4.82	4.65	4.53	4.43	4.36	4.30	4.20	4.10	4.00	3.95	3.89	3.84	3.78	3.73	3.67
9	7.21	5.71	5.08	4.72	4.48	4.32	4.20	4.10	4.03	3.96	3.87	3.77	3.67	3.61	3.56	3.51	3.45	3.39	3.33
10	6.94	5.46	4.83	4.47	4.24	4.07	3.95	3.85	3.78	3.72	3.62	3.52	3.42	3.37	3.31	3.26	3.20	3.14	3.08
11	6.72	5.26	4.63	4.28	4.04	3.88	3.76	3.66	3.59	3.53	3.43	3.33	3.23	3.17	3.12	3.06	3.00	2.94	2.88
12	6.55	5.10	4.47	4.12	3.89	3.73	3.61	3.51	3.44	3.37	3.28	3.18	3.07	3.02	2.96	2.91	2.85	2.79	2.72
13	6.41	4.97	4.35	4.00	3.77	3.60	3.48	3.39	3.31	3.25	3.15	3.05	2.95	2.89	2.84	2.78	2.72	2.66	2.60
14	6.30	4.86	4.24	3.89	3.66	3.50	3.38	3.29	3.21	3.15	3.05	2.95	2.84	2.79	2.73	2.67	2.61	2.55	2.49
15	6.20	4.77	4.15	3.80	3.58	3.41	3.29	3.20	3.12	3.06	2.96	2.86	2.76	2.70	2.64	2.59	2.52	2.46	2.40

续表

n_2 \ n_1	1	2	3	4	5	6	7	8	9	10	12	15	20	24	30	40	60	120	∞
16	6.12	4.69	4.08	3.73	3.50	3.34	3.22	3.12	3.05	2.99	2.89	2.79	2.68	2.63	2.57	2.51	2.45	2.38	2.32
17	6.04	4.62	4.01	3.66	3.44	3.28	3.16	3.06	2.98	2.92	2.82	2.72	2.62	2.56	2.50	2.44	2.38	2.32	2.25
18	5.98	4.56	3.95	3.61	3.38	3.22	3.10	3.01	2.93	2.87	2.77	2.67	2.56	2.50	2.44	2.38	2.32	2.26	2.19
19	5.92	4.51	3.90	3.56	3.33	3.17	3.05	2.96	2.88	2.82	2.72	2.62	2.51	2.45	2.39	2.33	2.27	2.20	2.13
20	5.87	4.46	3.86	3.51	3.29	3.13	3.01	2.91	2.84	2.77	2.68	2.57	2.46	2.41	2.35	2.29	2.22	2.16	2.09
21	5.83	4.42	3.82	3.48	3.25	3.09	2.97	2.87	2.80	2.73	2.64	2.53	2.42	2.37	2.31	2.25	2.18	2.11	2.04
22	5.79	4.38	3.78	3.44	3.22	3.05	2.93	2.84	2.76	2.70	2.60	2.50	2.39	2.33	2.27	2.21	2.14	2.08	2.00
23	5.75	4.35	3.75	3.41	3.18	3.02	2.90	2.81	2.73	2.67	2.57	2.47	2.36	2.30	2.24	2.18	2.11	2.04	1.97
24	5.72	4.32	3.72	3.38	3.15	2.99	2.87	2.78	2.70	2.64	2.54	2.44	2.33	2.27	2.21	2.15	2.08	2.01	1.94
25	5.69	4.29	3.69	3.35	3.13	2.97	2.85	2.75	2.68	2.61	2.51	2.41	2.30	2.24	2.18	2.12	2.05	1.98	1.91
26	5.66	4.27	3.67	3.33	3.10	2.94	2.82	2.73	2.65	2.59	2.49	2.39	2.28	2.22	2.16	2.09	2.03	1.95	1.88
27	5.63	4.24	3.65	3.31	3.08	2.92	2.80	2.71	2.63	2.57	2.47	2.36	2.25	2.19	2.13	2.07	2.00	1.93	1.85
28	5.61	4.22	3.63	3.29	3.06	2.90	2.78	2.69	2.61	2.55	2.45	2.34	2.23	2.17	2.11	2.05	1.98	1.91	1.83
29	5.59	4.20	3.61	3.27	3.04	2.88	2.76	2.67	2.59	2.53	2.43	2.32	2.21	2.15	2.09	2.03	1.96	1.89	1.81
30	5.57	4.18	3.59	3.25	3.03	2.87	2.75	2.65	2.57	2.51	2.41	2.31	2.20	2.14	2.07	2.01	1.94	1.87	1.79
40	5.42	4.05	3.46	3.13	2.90	2.74	2.62	2.53	2.45	2.39	2.29	2.18	2.07	2.01	1.94	1.88	1.80	1.72	1.64
60	5.29	3.93	3.34	3.01	2.79	2.63	2.51	2.41	2.33	2.27	2.17	2.06	1.94	1.88	1.82	1.74	1.67	1.58	1.48
120	5.15	3.80	3.23	2.89	2.67	2.52	2.39	2.30	2.22	2.16	2.05	1.94	1.82	1.76	1.69	1.61	1.53	1.43	1.31
∞	5.02	3.69	3.12	2.79	2.57	2.41	2.29	2.19	2.11	2.05	1.94	1.83	1.71	1.64	1.57	1.48	1.39	1.27	1.00

$(\alpha = 0.01)$

n_2 \ n_1	1	2	3	4	5	6	7	8	9	10	12	15	20	24	30	40	60	120	∞
1	4052	5000	5403	5620	5760	5860	5930	5980	6020	6060	6110	6160	6210	6230	6260	6290	6310	6340	6370
2	98.5	99.0	99.2	99.2	99.3	99.3	99.4	99.4	99.4	99.4	99.4	99.4	99.4	99.5	99.5	99.5	99.5	99.5	99.5
3	34.1	30.8	29.5	28.7	28.2	27.9	27.7	27.5	27.3	27.2	27.1	26.9	26.7	26.6	26.5	26.4	26.3	26.2	26.1
4	21.2	18.0	16.7	16.0	15.5	15.2	15.0	14.8	14.7	14.5	14.4	14.2	14.0	13.9	13.8	13.7	13.7	13.6	13.5
5	16.3	13.3	12.1	11.4	11.0	10.7	10.5	10.3	10.2	10.1	9.89	9.72	9.55	9.47	9.38	9.29	9.20	9.11	9.02
6	13.7	10.9	9.78	9.15	8.75	8.47	8.26	8.10	7.98	7.87	7.72	7.56	7.40	7.31	7.23	7.14	7.06	6.97	6.88
7	12.2	9.55	8.45	7.85	7.46	7.19	6.99	6.84	6.72	6.62	6.47	6.31	6.16	6.07	5.99	5.91	5.82	5.74	5.65
8	11.3	8.65	7.59	7.01	6.63	6.37	6.18	6.03	5.91	5.81	5.67	5.52	5.36	5.28	5.20	5.12	5.03	4.95	4.86
9	10.6	8.02	6.99	6.42	6.06	5.80	5.61	5.47	5.35	5.26	5.11	4.96	4.81	4.73	4.65	4.57	4.48	4.40	4.31
10	10.0	7.56	6.55	5.99	5.64	5.39	5.20	5.06	4.94	4.85	4.71	4.56	4.41	4.33	4.25	4.17	4.08	4.00	3.91
11	9.65	7.21	6.22	5.67	5.32	5.07	4.89	4.74	4.63	4.54	4.40	4.25	4.10	4.02	3.94	3.86	3.78	3.69	3.60
12	9.33	6.93	5.95	5.41	5.06	4.82	4.64	4.50	4.39	4.30	4.16	4.01	3.86	3.78	3.70	3.62	3.54	3.45	3.36
13	9.07	6.70	5.74	5.21	4.86	4.62	4.44	4.30	4.19	4.10	3.96	3.82	3.66	3.59	3.51	3.43	3.34	3.25	3.17
14	8.86	6.51	5.56	5.04	4.69	4.46	4.28	4.14	4.03	3.94	3.80	3.66	3.51	3.43	3.35	3.27	3.18	3.09	3.00
15	8.68	6.36	5.42	4.89	4.56	4.32	4.14	4.00	3.89	3.80	3.67	3.52	3.37	3.29	3.21	3.13	3.05	2.96	2.87

续表

n_2 \ n_1	1	2	3	4	5	6	7	8	9	10	12	15	20	24	30	40	60	120	∞
16	8.53	6.23	5.29	4.77	4.44	4.20	4.03	3.89	3.78	3.69	3.55	3.41	3.26	3.18	3.10	3.02	2.93	2.84	2.75
17	8.40	6.11	5.18	4.67	4.34	4.10	3.93	3.79	3.68	3.59	3.46	3.31	3.16	3.08	3.00	2.92	2.83	2.75	2.65
18	8.29	6.01	5.09	4.58	4.25	4.01	3.84	3.71	3.60	3.51	3.37	3.23	3.08	3.00	2.92	2.84	2.75	2.66	2.57
19	8.18	5.93	5.01	4.50	4.17	3.94	3.77	3.63	3.52	3.43	3.30	3.15	3.00	2.92	2.84	2.76	2.67	2.58	2.49
20	8.10	5.85	4.94	4.43	4.10	3.87	3.70	3.56	3.46	3.37	3.23	3.09	2.94	2.86	2.78	2.69	2.61	2.52	2.42
21	8.02	5.78	4.87	4.37	4.04	3.81	3.64	3.51	3.40	3.31	3.17	3.03	2.88	2.80	2.72	2.64	2.55	2.46	2.36
22	7.95	5.72	4.82	4.31	3.99	3.76	3.59	3.45	3.35	3.26	3.12	2.98	2.83	2.75	2.67	2.58	2.50	2.40	2.31
23	7.88	5.66	4.76	4.26	3.94	3.71	3.54	3.41	3.30	3.21	3.07	2.93	2.78	2.70	2.62	2.54	2.45	2.35	2.26
24	7.82	5.61	4.72	4.22	3.90	3.67	3.50	3.36	3.26	3.17	3.03	2.89	2.74	2.66	2.58	2.49	2.40	2.31	2.21
25	7.77	5.57	4.68	4.18	3.85	3.63	3.46	3.32	3.22	3.13	2.99	2.85	2.70	2.62	2.54	2.45	2.36	2.27	2.17
26	7.72	5.53	4.64	4.14	3.82	3.59	3.42	3.29	3.18	3.09	2.96	2.81	2.66	2.58	2.50	2.42	2.33	2.23	2.13
27	7.68	5.49	4.60	4.11	3.78	3.56	3.39	3.26	3.15	3.06	2.93	2.78	2.63	2.55	2.47	2.38	2.29	2.20	2.10
28	7.64	5.45	4.57	4.07	3.75	3.53	3.36	3.23	3.12	3.03	2.90	2.75	2.60	2.52	2.44	2.35	2.26	2.17	2.06
29	7.60	5.42	4.54	4.04	3.73	3.50	3.33	3.20	3.09	3.00	2.87	2.73	2.57	2.49	2.41	2.33	2.23	2.14	2.03
30	7.56	5.39	4.51	4.02	3.70	3.47	3.30	3.17	3.07	2.98	2.84	2.70	2.55	2.47	2.39	2.30	2.21	2.11	2.01
40	7.31	5.18	4.31	3.83	3.51	3.29	3.12	2.99	2.89	2.80	2.66	2.52	2.37	2.29	2.20	2.11	2.02	1.92	1.80
60	7.08	4.98	4.13	3.65	3.34	3.12	2.95	2.82	2.72	2.63	2.50	2.35	2.20	2.12	2.03	1.94	1.84	1.73	1.60
120	6.85	4.79	3.95	3.48	3.17	2.96	2.79	2.66	2.56	2.47	2.34	2.19	2.03	1.95	1.86	1.76	1.66	1.53	1.38
∞	6.63	4.61	3.78	3.32	3.02	2.80	2.64	2.51	2.41	2.32	2.18	2.04	1.88	1.79	1.70	1.59	1.47	1.32	1.00

$(\alpha = 0.005)$

n_2 \ n_1	1	2	3	4	5	6	7	8	9	10	12	15	20	24	30	40	60	120	∞
1	16200	20000	21600	22500	23100	23400	23700	23900	24100	24200	24400	24600	24800	24900	25000	25100	25300	25400	25500
2	199	199	199	199	199	199	199	199	199	199	199	199	199	199	199	199	199	199	200
3	55.6	49.8	47.5	46.2	45.4	44.8	44.4	44.1	43.9	43.7	43.4	43.1	42.8	42.6	42.5	42.3	42.1	42.0	41.8
4	31.3	26.3	24.3	23.2	22.5	22.0	21.6	21.4	21.1	21.0	20.7	20.4	20.2	20.0	19.9	19.8	19.6	19.5	19.3
5	22.8	18.3	16.5	15.6	14.9	14.5	14.2	14.0	13.8	13.6	13.4	13.1	12.9	12.8	12.7	12.5	12.4	12.3	12.1
6	18.6	14.5	12.9	12.0	11.5	11.1	10.8	10.6	10.4	10.3	10.0	9.81	9.59	9.47	9.36	9.24	9.12	9.00	8.88
7	16.2	12.4	10.9	10.1	9.52	9.16	8.89	8.68	8.51	8.38	8.18	7.97	7.75	7.65	7.53	7.42	7.31	7.19	7.08
8	14.7	11.0	9.60	8.81	8.30	7.95	7.69	7.50	7.34	7.21	7.01	6.81	6.61	6.50	6.40	6.29	6.18	6.06	5.95
9	13.6	10.1	8.72	7.96	7.47	9.13	6.88	6.69	6.54	6.42	6.23	6.03	5.83	5.73	5.62	5.52	5.41	5.30	5.19
10	12.8	9.43	8.08	7.34	6.87	6.54	6.30	6.12	5.97	5.85	5.66	5.47	5.27	5.17	5.07	4.97	4.86	4.75	4.64
11	12.2	8.91	7.60	6.88	6.42	6.10	5.86	5.68	5.54	5.42	5.24	5.05	4.86	4.76	4.65	4.55	4.44	4.34	4.23
12	11.8	8.51	7.23	6.52	6.07	5.76	5.52	5.35	5.20	5.09	4.91	4.72	4.53	4.43	4.33	4.23	4.12	4.01	3.90
13	11.4	8.19	6.93	6.23	5.79	5.48	5.25	5.08	4.94	4.82	4.64	4.46	4.27	4.17	4.07	3.97	3.87	3.76	3.65
14	11.1	7.92	6.68	6.00	5.56	5.26	5.03	4.86	4.72	4.60	4.43	4.25	4.06	3.96	3.86	3.76	3.66	3.55	3.44
15	10.8	7.70	6.48	5.80	5.37	5.07	4.85	4.67	4.54	4.42	4.25	4.07	3.88	3.79	3.69	3.58	3.48	3.37	3.26

续表

n_2 \ n_1	1	2	3	4	5	6	7	8	9	10	12	15	20	24	30	40	60	120	∞
16	10.6	7.51	6.30	5.64	5.21	4.91	4.69	4.52	4.38	4.27	4.10	3.92	3.73	3.64	3.54	3.44	3.33	3.22	3.11
17	10.4	7.35	6.16	5.50	5.07	4.78	4.56	4.39	4.25	4.14	3.97	3.79	3.61	3.51	3.41	3.31	3.21	3.10	2.98
18	10.2	7.21	6.03	5.37	4.96	4.66	4.44	4.28	4.14	4.03	3.86	3.68	3.50	3.40	3.30	3.20	3.10	2.99	2.87
19	10.1	7.09	5.92	5.27	4.85	4.56	4.34	4.18	4.04	3.93	3.76	3.59	3.40	3.31	3.21	3.11	3.00	2.89	2.78
20	9.94	6.99	5.82	5.17	4.76	4.47	4.26	4.09	3.96	3.85	3.68	3.50	3.32	3.22	3.12	3.02	2.92	2.81	2.69
21	9.83	6.89	5.73	5.09	4.68	4.39	4.18	4.01	3.88	3.77	3.60	3.43	3.24	3.15	3.05	2.95	2.84	2.73	2.61
22	9.73	6.81	5.65	5.02	4.61	4.32	4.11	3.94	3.81	3.70	3.54	3.36	3.18	3.08	2.98	2.88	2.77	2.66	2.55
23	9.63	6.73	5.58	4.95	4.54	4.26	4.05	3.88	3.75	3.64	3.47	3.30	3.12	3.02	2.92	2.82	2.71	2.60	2.48
24	9.55	6.66	5.52	4.89	4.49	4.20	3.99	3.83	3.69	3.59	3.42	3.25	3.06	2.97	2.87	2.77	2.66	2.55	2.43
25	9.48	6.60	5.46	4.84	4.43	4.15	3.94	3.78	3.64	3.54	3.37	3.20	3.01	2.92	2.82	2.72	2.61	2.50	2.38
26	9.41	6.54	5.41	4.79	4.38	4.10	3.89	3.73	3.60	3.49	3.33	3.15	2.97	2.87	2.77	2.67	2.56	2.45	2.33
27	9.34	6.49	5.36	4.74	4.34	4.06	3.85	3.69	3.56	3.45	3.28	3.11	2.93	2.83	2.73	2.63	2.52	2.41	2.29
28	9.28	6.44	5.32	4.70	4.30	4.02	3.81	3.65	3.52	3.41	3.25	3.07	2.89	2.79	2.69	2.59	2.48	2.37	2.25
29	9.23	6.40	5.28	4.66	4.26	3.98	3.77	3.61	3.48	3.38	3.21	3.04	2.86	2.76	2.66	2.56	2.45	2.33	2.21
30	9.18	6.35	5.24	4.62	4.23	3.95	3.74	3.58	3.45	3.34	3.18	3.01	2.82	2.73	2.63	2.52	2.42	2.30	2.18
40	8.83	6.07	4.98	4.37	3.99	3.71	3.51	3.35	3.22	3.12	2.95	2.78	2.60	2.50	2.40	2.30	2.18	2.06	1.93
60	8.49	5.79	4.73	4.14	3.76	3.49	3.29	3.13	3.01	2.90	2.74	2.57	2.39	2.29	2.19	2.08	1.96	1.83	1.69
120	8.18	5.54	4.50	3.92	3.55	3.28	3.09	2.93	2.81	2.71	2.54	2.37	2.19	2.09	1.98	1.87	1.75	1.61	1.43
∞	7.88	5.30	4.28	3.72	3.35	3.09	2.90	2.74	2.62	2.52	2.36	2.19	2.00	1.90	1.79	1.67	1.53	1.36	1.00